2024年版

過去問題で学ぶ QC検定 3級

QC検定過去問題解説委員会　著
監修・委員長　仁科　健

日本規格協会

発刊にあたって

品質管理検定（QC 検定）は，組織で働く人々の品質管理能力を向上させることで，製品やサービスの質の改善，コストダウン，組織の体質強化を目指し，さらに日本の産業界全体の底上げに役立つ制度として，2005 年 12 月にスタートしました．

本書は，第 31 回（2021 年 3 月）から第 36 回（2023 年 9 月）までの過去 6 回分の 3 級の試験問題を，単に問題の解き方を学ぶだけでなく，実際の現場で活用する方法を含めて学んでいただけるように解説したものです．解説の執筆は，品質管理の第一線で活躍している企業の方々からなる“QC 検定過去問題解説委員会”が担当しました．

現場の品質管理の実務では，検定受検に際して対策書などで得た知識が，必ずしもそのままあてはまるとは限らないかもしれません．ですが，品質管理の知識は，現場で現物を見ながら，現実を踏まえて試行錯誤することによって，さらに磨かれていくものです．その過程での失敗や気づきが生きた経験となって，品質管理の専門家としてのステップアップにつながっていくことと思います．

この過去問題解説書が，品質管理の考え方や手法への理解をさらに高めるきっかけになると同時に，それらの知識を実際の業務の場で実践・活用する際のヒントとなることを願っております．

2023 年 12 月

QC 検定過去問題解説委員会
委員長(監修)　仁科　健

QC 検定過去問題解説委員会名簿

委員長(監修)	仁科　　健	愛知工業大学 教授
副委員長	石井　　成	名古屋工業大学大学院 助教
	川村　大伸	名古屋工業大学大学院 准教授
委員	五十川道博	元 株式会社デンソー
	板津　博典	株式会社東海理化
	伊東　哲二	元 トヨタ車体株式会社
	入倉　則夫	あとりえ IRIKURA
	大岩　洋之	株式会社豊田自動織機
	小野田琢也	株式会社青山製作所
	小林　久貴	株式会社小林経営研究所
	牧　喜代司	トヨタ自動車株式会社
	永井　幹人	元 株式会社 LIXIL
	古藤判次郎	一般財団法人日本規格協会

（順不同，敬称略，所属は執筆時）

目　次

品質管理検定（QC 検定）の概要

1. 品質管理検定（QC 検定）とは

品質管理検定（QC 検定／ https://www.jsa.or.jp/qc/）は，品質管理に関する知識の客観的評価を目的とした制度として，2005 年に日本品質管理学会の認定を受けて，日本規格協会が創設（2006 年より主催が日本規格協会及び日本科学技術連盟となる）したものです．

本検定では，組織（企業）で働く人に求められる品質管理の“能力”を四つのレベルに分類（1～4 級）し，各レベルの能力を発揮するために必要な品質管理の“知識”を筆記試験により客観的に評価します．

本検定の目的（図 1）は，制度を普及させることで，個人の QC 意識の向上，組織の QC レベルの向上，製品・サービスの品質向上を図り，産業界全体のものづくり・サービスづくりの質の底上げに資すること，すなわち QC 知識・能力を継続的に向上させる産業基盤となることです．日本品質管理学会（認定）や日本統計学会（2010 年度統計教育賞受賞）などの外部からも高い評価を受けており，社会貢献度の高い事業としても認識されています．

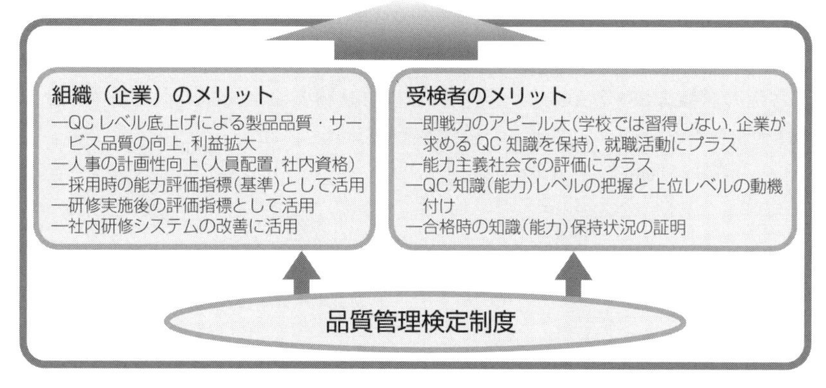

図 1　品質管理検定制度の目的と組織（企業）・受検者のメリット

2. QC 検定の内容

＜各級で認定する知識と能力のレベル並びに対象となる人材像＞

区分	認定する知識と能力のレベル	対象となる人材像
1級・準1級	組織内で発生するさまざまな問題に対して，品質管理の側面からどのようにすれば解決や改善ができるかを把握しており，それらを自分で主導していくことが期待されるレベルです．また，自分自身で解決できないようなかなり専門的な問題については，少なくともどのような手法を使えばよいのかという解決に向けた筋道を立てることができる力を有しているようなレベルです． 組織内で品質管理活動のリーダーとなる可能性のある人に最低限要求される知識を有し，その活用の仕方を理解しているレベルです．	・部門横断の品質問題解決をリードできるスタッフ ・品質問題解決の指導的立場の品質技術者
2級	一般的な職場で発生する品質に関係した問題の多くをQC七つ道具及び新QC七つ道具を含む統計的な手法も活用して，自らが中心となって解決や改善をしていくことができ，品質管理の実践についても，十分理解し，適切な活動ができるレベルです． 基本的な管理・改善活動を自立的に実施できるレベルです．	・自部門の品質問題解決をリードできるスタッフ ・品質にかかわる部署の管理職・スタッフ《品質管理，品質保証，研究・開発，生産，技術》
3級	QC七つ道具については，作り方・使い方をほぼ理解しており，改善の進め方の支援・指導を受ければ，職場において発生する問題をQC的問題解決法により，解決していくことができ，品質管理の実践についても，知識としては理解しているレベルです． 基本的な管理・改善活動を必要に応じて支援を受けながら実施できるレベルです．	・業種・業態にかかわらず自分たちの職場の問題解決を行う全社員《事務，営業，サービス，生産，技術を含むすべて》 ・品質管理を学ぶ大学生・高専生・高校生
4級	組織で仕事をするにあたって，品質管理の基本を含めて企業活動の基本常識を理解しており，企業等で行われている改善活動も言葉としては理解できるレベルです． 社会人として最低限知っておいてほしい仕事の進め方や品質管理に関する用語の知識は有しているというレベルです．	・初めて品質管理を学ぶ人 ・新入社員 ・社員外従業員 ・初めて品質管理を学ぶ大学生・高専生・高校生

品質管理検定レベル表（Ver. 20150130.2）より

各級の試験方法・試験時間・受検料等の＜試験要項＞及び＜合格基準＞は，QC検定センターのウェブサイトをご確認ください．

3. 各級の出題範囲

各級の出題範囲とレベルは下記に示す，QC 検定センターが公表している“品質管理検定レベル表（Ver. 20150130.2）”に定められています．

また，各級に求められる知識内容を俯瞰できるよう，レベル表の補助表として，手法編・実践編マトリックスが公表されています．

表の見方

- 各級の試験範囲は，各欄に示されている範囲だけではなく，その下に位置する級の範囲を含んでいます．例えば，2 級の場合，2 級に加えて 3 級と 4 級の範囲を含んだものが 2 級の試験範囲とお考えください．
- 4 級は，ウェブで公開している“品質管理検定（QC 検定）4 級の手引き（Ver.3.2）”の内容で，このレベル表に記載された試験範囲から出題されます．
- 準 1 級は，1 級試験の一次試験合格者（知識レベルの合格者）に付与するものです．

※凡例 — 必要に応じて，次の記号で補足する内容・種類を区別します．
（　）：注釈や追記事項を記しています．
《　》：具体的な例を示しています．例としてこの限りではありません．
【　】：その項目の出題レベルの程度や範囲を記しています．

（Ver. 20150130.2）

級	試験範囲	
	品質管理の実践	品質管理の手法
1 級 ・ 準 1 級	■品質の概念 ・社会的品質 ・顧客満足（CS），顧客価値 ■品質保証：新製品開発 ・結果の保証とプロセスによる保証 ・保証と補償 ・品質保証体系図 ・品質機能展開 ・DR とトラブル予測，FMEA，FTA ・品質保証のプロセス，保証の網（QA ネットワーク） ・製品ライフサイクル全体での品質保証 ・製品安全，環境配慮，製造物責任 ・初期流動管理 ・市場トラブル対応，苦情とその処理	■データの取り方とまとめ方 ・有限母集団からのサンプリング《超幾何分布》 ■新 QC 七つ道具 ・アローダイアグラム法 ・PDPC 法 ・マトリックス・データ解析法 ■統計的方法の基礎 ・一様分布（確率計算を含む） ・指数分布（確率計算を含む） ・二次元分布（確率計算を含む） ・共分散 ・大数の法則と中心極限定理 ■計量値データに基づく検定と推定 ・3 つ以上の母分散に関する検定

級	試験範囲	
	品質管理の実践	品質管理の手法
1級 ・ 準1級	■品質保証：プロセス保証 ・作業標準書 ・プロセス（工程）の考え方 ・QC 工程図，フローチャート ・工程異常の考え方とその発見・処置 ・工程能力調査，工程解析 ・変更管理，変化点管理 ・検査の目的・意義・考え方（適合，不適合） ・検査の種類と方法 ・計測の基本 ・計測の管理 ・測定誤差の評価 ・官能検査，感性品質 ■品質経営の要素：方針管理 ・方針の展開とすり合せ ・方針管理のしくみとその運用 ・方針の達成度評価と反省 ■品質経営の要素：機能別管理【定義と基本的な考え方】 ・マトリックス管理 ・クロスファンクショナルチーム（CFT） ・機能別委員会 ・機能別の責任と権限 ■品質経営の要素：日常管理 ・変化点とその管理 ■品質経営の要素：標準化 ・標準化の目的・意義・考え方 ・社内標準化とその進め方 ・産業標準化，国際標準化 ■品質経営の要素：人材育成 ・品質教育とその体系 ■品質経営の要素：診断・監査 ・品質監査 ・トップ診断 ■品質経営の要素：品質マネジメントシステム ・品質マネジメントの原則 ・ISO 9001 ・第三者認証制度【定義と基本的な考え方】 ・品質マネジメントシステムの運用 ■倫理・社会的責任【定義と基本的な考え方】 ・品質管理に携わる人の倫理 ・社会的責任 ■品質管理周辺の実践活動 ・マーケティング，顧客関係性管理 ・データマイニング・テキストマイニングなど【言葉として】	■計数値データに基づく検定と推定 ・適合度の検定 ■管理図 ・メディアン管理図 ■工程能力指数 ・工程能力指数の区間推定 ■抜取検査 ・計数選別型抜取検査 ・調整型抜取検査 ■実験計画法 ・多元配置実験 ・乱塊法 ・分割法 ・枝分かれ実験 ・直交表実験《多水準法，擬水準法，分割法》 ・応答曲面法，直交多項式【定義と基本的な考え方】 ■ノンパラメトリック法【定義と基本的な考え方】 ■感性品質と官能評価手法【定義と基本的な考え方】 ■相関分析 ・母相関係数の検定と推定 ■単回帰分析 ・回帰母数に関する検定と推定 ・回帰診断 ・繰り返しのある場合の単回帰分析 ■重回帰分析 ・重回帰式の推定 ・分散分析 ・回帰母数に関する検定と推定 ・回帰診断 ・変数選択 ・さまざまな回帰式 ■多変量解析法 ・判別分析 ・主成分分析 ・クラスター分析【定義と基本的な考え方】 ・数量化理論【定義と基本的な考え方】 ■信頼性工学 ・耐久性，保全性，設計信頼性 ・信頼性データのまとめ方と解析 ■ロバストパラメータ設計 ・パラメータ設計の考え方 ・静特性のパラメータ設計 ・動特性のパラメータ設計
	1級・準1級の試験範囲には2級，3級，4級の範囲も含みます．	

級	試験範囲	
	品質管理の実践	品質管理の手法
2級	■ QC 的ものの見方・考え方 ・応急対策，再発防止，未然防止，予測予防 ・見える化《管理のためのグラフや図解による可視化》，潜在トラブルの顕在化 ■品質の概念 ・品質の定義 ・要求品質と品質要素 ・ねらいの品質とできばえの品質 ・品質特性，代用特性 ・当たり前品質と魅力的品質 ・サービスの品質，仕事の品質 ・顧客満足（CS），顧客価値【定義と基本的な考え方】 ■管理の方法 ・維持と管理 ・継続的改善 ・問題と課題 ・課題達成型 QC ストーリー ■品質保証：新製品開発【定義と基本的な考え方】 ・結果の保証とプロセスによる保証 ・保証と補償 ・品質保証体系図 ・品質機能展開 ・DR とトラブル予測，FMEA，FTA ・品質保証のプロセス，保証の網（QA ネットワーク） ・製品ライフサイクル全体での品質保証 ・製品安全，環境配慮，製造物責任 ・初期流動管理 ・市場トラブル対応，苦情とその処理 ■品質保証：プロセス保証【定義と基本的な考え方】 ・作業標準書 ・プロセス（工程）の考え方 ・QC 工程図，フローチャート ・工程異常の考え方とその発見・処置 ・工程能力調査，工程解析 ・変更管理，変化点管理 ・検査の目的・意義・考え方（適合，不適合） ・検査の種類と方法 ・計測の基本 ・計測の管理 ・測定誤差の評価 ・官能検査，感性品質 ■品質経営の要素：方針管理 ・方針（目標と方策） ・方針の展開とすり合せ【定義と基本的な考え方】	■データの取り方とまとめ方 ・サンプリングの種類《2段，層別，集落，系統》と性質 ■新 QC 七つ道具 ・親和図法 ・連関図法 ・系統図法 ・マトリックス図法 ■統計的方法の基礎 ・正規分布（確率計算を含む） ・二項分布（確率計算を含む） ・ポアソン分布（確率計算を含む） ・統計量の分布（確率計算を含む） ・期待値と分散 ・大数の法則と中心極限定理【定義と基本的な考え方】 ■計量値データに基づく検定と推定 ・検定・推定とは ・1つの母分散に関する検定と推定 ・1つの母平均に関する検定と推定 ・2つの母分散の比に関する検定と推定 ・2つの母平均の差に関する検定と推定 ・データに対応がある場合の検定と推定 ■計数値データに基づく検定と推定 ・母不適合品率に関する検定と推定 ・2つの母不適合品率の違いに関する検定と推定 ・母不適合品数に関する検定と推定 ・2つの母不適合品数の違いに関する検定と推定 ・分割表による検定 ■管理図 ・$\bar{X}$–s 管理図 ・X 管理図 ・p 管理図，np 管理図 ・u 管理図，c 管理図 ■抜取検査 ・抜取検査の考え方 ・計数規準型抜取検査 ・計量規準型抜取検査 ■実験計画法 ・実験計画法の考え方 ・一元配置実験 ・二元配置実験 ■相関分析 ・系列相関《大波の相関，小波の相関》 ■単回帰分析 ・単回帰式の推定 ・分散分析 ・回帰診断《残差の検討》【定義と基本的な考え方】

<table>
<tr><th rowspan="2">級</th><th colspan="2">試験範囲</th></tr>
<tr><th>品質管理の実践</th><th>品質管理の手法</th></tr>
<tr><td>2級</td><td>・方針管理のしくみとその運用【定義と基本的な考え方】
・方針の達成度評価と反省【定義と基本的な考え方】
■品質経営の要素：機能別管理【言葉として】
・マトリックス管理
・クロスファンクショナルチーム（CFT）
・機能別委員会
・機能別の責任と権限
■品質経営の要素：日常管理
・業務分掌，責任と権限
・管理項目（管理点と点検点），管理項目一覧表
・異常とその処置
・変化点とその管理【定義と基本的な考え方】
■品質経営の要素：標準化【定義と基本的な考え方】
・標準化の目的・意義・考え方
・社内標準化とその進め方
・産業標準化，国際標準化
■品質経営の要素：小集団活動
・小集団改善活動（QC サークル活動など）とその進め方
■品質経営の要素：人材育成【定義と基本的な考え方】
・品質教育とその体系
■品質経営の要素：診断・監査【定義と基本的な考え方】
・品質監査
・トップ診断
■品質経営の要素：品質マネジメントシステム【定義と基本的な考え方】
・品質マネジメントの原則
・ISO 9001
・第三者認証制度【言葉として】
・品質マネジメントシステムの運用【言葉として】
■倫理・社会的責任【言葉として】
・品質管理に携わる人の倫理
・社会的責任
■品質管理周辺の実践活動【言葉として】
・顧客価値創造技術（商品企画七つ道具を含む）
・IE，VE
・設備管理，資材管理，生産における物流・量管理</td><td>■信頼性工学
・品質保証の観点からの再発防止，未然防止
・耐久性，保全性，設計信頼性【定義と基本的な考え方】
・信頼性モデル《直列系，並列系，冗長系，バスタブ曲線》
・信頼性データのまとめ方と解析【定義と基本的な考え方】</td></tr>
<tr><td></td><td colspan="2">2級の試験範囲には3級，4級の範囲も含みます．</td></tr>
</table>

級	試験範囲	
	品質管理の実践	品質管理の手法
3級	■ QC 的ものの見方・考え方 ・マーケットイン，プロダクトアウト，顧客の特定，Win-Win ・品質優先，品質第一 ・後工程はお客様 ・プロセス重視（品質は工程で作るの広義の意味） ・特性と要因，因果関係 ・応急対策，再発防止，未然防止，予測予防【定義と基本的な考え方】 ・源流管理 ・目的志向 ・QCD+PSME ・重点指向《選択，集中，局部最適》 ・事実に基づく活動，三現主義 ・見える化《管理のためのグラフや図解による可視化》，潜在トラブルの顕在化【定義と基本的な考え方】 ・ばらつきに注目する考え方 ・全部門，全員参加 ・人間性尊重，従業員満足 (ES) ■品質の概念【定義と基本的な考え方】 ・品質の定義 ・要求品質と品質要素 ・ねらいの品質とできばえの品質 ・品質特性，代用特性 ・当たり前品質と魅力的品質 ・サービスの品質，仕事の品質 ・社会的品質【定義と基本的な考え方】 ・顧客満足 (CS)，顧客価値【言葉として】 ■管理の方法 ・維持と管理【定義と基本的な考え方】 ・PDCA，SDCA，PDCAS ・継続的改善【定義と基本的な考え方】 ・問題と課題【定義と基本的な考え方】 ・問題解決型 QC ストーリー ・課題達成型 QC ストーリー【定義と基本的な考え方】 ■品質保証：新製品開発【定義と基本的な考え方】 ・結果の保証とプロセスによる保証 ・保証と補償【言葉として】 ・品質保証体系図【言葉として】 ・品質機能展開【言葉として】 ・DR とトラブル予測，FMEA，FTA【言葉として】 ・品質保証のプロセス，保証の網（QA ネットワーク）【言葉として】 ・製品ライフサイクル全体での品質保証【言葉として】	■データの取り方・まとめ方 ・データの種類 ・データの変換 ・母集団とサンプル ・サンプリングと誤差 ・基本統計量とグラフ ■ QC 七つ道具 ・パレート図 ・特性要因図 ・チェックシート ・ヒストグラム ・散布図 ・グラフ（管理図別項目として記載） ・層　別 ■新 QC 七つ道具【定義と基本的な考え方】 ・親和図法 ・連関図法 ・系統図法 ・マトリックス図法 ・アローダイアグラム法 ・PDPC 法 ・マトリックス・データ解析法 ■統計的方法の基礎【定義と基本的な考え方】 ・正規分布（確率計算を含む） ・二項分布（確率計算を含む） ■管理図 ・管理図の考え方，使い方 ・$\bar{X}$–R 管理図 ・p 管理図，np 管理図【定義と基本的な考え方】 ■工程能力指数 ・工程能力指数の計算と評価方法 ■相関分析 ・相関係数

級	試験範囲	
	品質管理の実践	品質管理の手法
3級	・製品安全，環境配慮，製造物責任【言葉として】 ・市場トラブル対応，苦情とその処理 ■品質保証：プロセス保証【定義と基本的な考え方】 ・作業標準書 ・プロセス（工程）の考え方 ・QC工程図，フローチャート【言葉として】 ・工程異常の考え方とその発見・処置【言葉として】 ・工程能力調査，工程解析【言葉として】 ・検査の目的・意義・考え方（適合，不適合） ・検査の種類と方法 ・計測の基本【言葉として】 ・計測の管理【言葉として】 ・測定誤差の評価【言葉として】 ・官能検査，感性品質【言葉として】 ■品質経営の要素：方針管理【定義と基本的な考え方】 ・方針（目標と方策） ・方針の展開とすり合せ【言葉として】 ・方針管理のしくみとその運用【言葉として】 ・方針の達成度評価と反省【言葉として】 ■品質経営の要素：日常管理【定義と基本的な考え方】 ・業務分掌，責任と権限 ・管理項目（管理点と点検点），管理項目一覧表 ・異常とその処置 ・変化点とその管理【言葉として】 ■品質経営の要素：標準化【言葉として】 ・標準化の目的・意義・考え方 ・社内標準化とその進め方 ・産業標準化，国際標準化 ■品質経営の要素：小集団活動【定義と基本的な考え方】 ・小集団改善活動（QCサークル活動など）とその進め方 ■品質経営の要素：人材育成【言葉として】 ・品質教育とその体系 ■品質経営の要素：品質マネジメントシステム【言葉として】 ・品質マネジメントの原則 ・ISO 9001	
	3級の試験範囲には4級の範囲も含みます．	

級	試験範囲		
	品質管理の実践	品質管理の手法	
4級	品質管理の実践	品質管理の手法	企業活動の基本
	■品質管理 ・品質とその重要性 ・品質優先の考え方 （マーケットイン，プロダクトアウト） ・品質管理とは ・お客様満足とねらいの品質 ・問題と課題 ・苦情，クレーム ■管　理 ・管理活動（維持と改善） ・仕事の進め方 ・PDCA，SDCA ・管理項目 ■改　善 ・改善（継続的改善） ・QCストーリー（問題解決型QCストーリー） ・3ム（ムダ，ムリ，ムラ） ・小集団改善活動とは（QCサークルを含む） ・重点指向とは ■工程（プロセス） ・前工程と後工程 ・工程の5M ・異常とは（異常原因，偶然原因） ■検　査 ・検査とは（計測との違い） ・適合（品） ・不適合（品）（不良，不具合を含む） ・ロットの合格，不合格 ・検査の種類 ■標準・標準化 ・標準化とは ・業務に関する標準，品物に関する標準（規格） ・色々な標準《国際，国家》	■事実に基づく判断 ・データの基礎（母集団，サンプリング，サンプルを含む） ・ロット ・データの種類（計量値，計数値） ・データのとり方，まとめ方 ・平均とばらつきの概念 ・平均と範囲 ■データの活用と見方 ・QC七つ道具（種類，名称，使用の目的，活用のポイント） ・異常値 ・ブレーンストーミング	・製品とサービス ・職場における総合的な品質（QCD+PSME） ・報告・連絡・相談（ほうれんそう） ・5W1H ・三現主義 ・5ゲン主義 ・企業生活のマナー ・5S ・安全衛生（ヒヤリハット，KY活動，ハインリッヒの法則） ・規則と標準（就業規則を含む）

4級は，ウェブで公開している“品質管理検定（QC検定）4級の手引き（Ver.3.2）”の内容で，このレベル表に記載された試験範囲から出題されます．

QC 検定レベル表マトリックス（手法編）

※凡例 — 必要に応じて，次の記号で補足する内容・種類を区別します．
◎：その内容を実務で運用できるレベル
○：その内容を知識として（定義と基本的な考え方を）理解しているレベル
*：新たに追加した項目
（　）：注釈や追記事項を記しています．
《　》：具体的な例を示しています。例としてこの限りではありません．

		1級	2級	3級
データの取り方とまとめ方	データの種類	◎	◎	◎
	データの変換	◎	◎	◎
	母集団とサンプル	◎	◎	◎
	サンプリングと誤差	◎	◎	◎
	基本統計量とグラフ	◎	◎	◎
	サンプリングの種類(2段, 層別, 集落, 系統など)と性質	◎	◎	
	有限母集団からのサンプリング（超幾何分布など）	◎		
QC 七つ道具	パレート図	◎	◎	◎
	特性要因図	◎	◎	◎
	チェックシート	◎	◎	◎
	ヒストグラム	◎	◎	◎
	散布図	◎	◎	◎
	グラフ（管理図は別項目として記載）	◎	◎	◎
	層別	◎	◎	◎
新 QC 七つ道具	親和図法	◎	◎	○
	連関図法	◎	◎	○
	系統図法	◎	◎	○
	マトリックス図法	◎	◎	○
	アローダイアグラム法	◎	○	○
	PDPC 法	◎	○	○
	マトリックスデータ解析法	◎	○	○
統計的方法の基礎	正規分布（確率計算を含む）	◎	◎	○*
	一様分布（確率計算を含む）	◎		
	指数分布（確率計算を含む）	◎		
	二項分布（確率計算を含む）	◎	◎*	○*
	ポアソン分布（確率計算を含む）	◎	◎*	
	二次元分布（確率計算を含む）	◎		
	統計量の分布（確率計算を含む）	◎	◎*	
	期待値と分散	◎	◎	
	共分散	◎		
	大数の法則と中心極限定理	◎	○*	
計量値データに基づく検定と推定	検定と推定の考え方	◎	◎	
	1つの母平均に関する検定と推定	◎	◎	
	1つの母分散に関する検定と推定	◎	◎	
	2つの母分散の比に関する検定と推定	◎	◎	

QC 検定レベル表マトリックス（手法編・つづき）

		1級	2級	3級
計量値データに基づく検定と推定	2つの母平均の差に関する検定と推定	◎	◎	
	データに対応がある場合の検定と推定	◎	◎	
	3つ以上の母分散に関する検定	◎		
計数値データに基づく検定と推定	母不適合品率に関する検定と推定	◎	◎*	
	2つの母不適合品率の違いに関する検定と推定	◎	◎*	
	母不適合数に関する検定と推定	◎	◎*	
	2つの母不適合数に関する検定と推定	◎	◎*	
	適合度の検定	◎		
	分割表による検定	◎	◎*	
管理図	管理図の考え方，使い方	◎	◎	◎
	$\bar{X}$–R 管理図	◎	◎	◎
	$\bar{X}$–s 管理図	◎	◎	
	X–Rs 管理図	◎	◎	
	p 管理図，np 管理図	◎	◎	○*
	u 管理図，c 管理図	◎	◎	
	メディアン管理図	◎		
工程能力指数	工程能力指数の計算と評価方法	◎	◎	◎
	工程能力指数の区間推定	◎		
抜取検査	抜取検査の考え方	◎	◎	
	計数規準型抜取検査	◎	◎	
	計量規準型抜取検査	◎	◎	
	計数選別型抜取検査	◎		
	調整型抜取検査	◎		
実験計画法	実験計画法の考え方	◎	◎	
	一元配置実験	◎	◎	
	二元配置実験	◎	◎	
	多元配置実験	◎		
	乱塊法	◎		
	分割法	◎		
	枝分かれ実験	◎		
	直交表実験（多水準法，擬水準法，分割法など）	◎		
	応答曲面法・直交多項式	○		
ノンパラメトリック法		○*		
感性品質と官能評価手法		○*		
相関分析	相関係数	◎	◎	◎*
	系列相関（大波の相関，小波の相関など）	◎	◎	
	母相関係数の検定と推定	◎		
単回帰分析	単回帰式の推定	◎	◎	
	分散分析	◎	◎	
	回帰母数に関する検定と推定	◎		
	回帰診断（2級は残差の検討）	◎	○*	
	繰り返しのある場合の単回帰分析	◎		

QC 検定レベル表マトリックス（手法編・つづき）

		1級	2級	3級
重回帰分析	重回帰式の推定	◎		
	分散分析	◎		
	回帰母数に関する検定と推定	◎		
	回帰診断	◎		
	変数選択	◎		
	さまざまな回帰式	◎		
多変量解析法	判別分析	◎		
	主成分分析	◎		
	クラスター分析	○		
	数量化理論	○		
信頼性工学	品質保証の観点からの再発防止・未然防止	◎	◎	
	耐久性，保全性，設計信頼性	◎	○	
	信頼性モデル（直列系，並列系，冗長系，バスタブ曲線など）	◎	◎	
	信頼性データのまとめ方と解析	◎	○*	
ロバストパラメータ設計	パラメータ設計の考え方	◎		
	静特性のパラメータ設計	◎		
	動特性のパラメータ設計	◎		

QC 検定レベル表マトリックス（実践編）

※凡例 — 必要に応じて，次の記号で補足する内容・種類を区別します．

◎：その内容を実務で運用できるレベル
○：その内容を知識として（定義と基本的な考え方を）理解しているレベル
△：言葉として知っている程度のレベル
*：新たに追加した項目
（　）：注釈や追記事項を記しています．
《　》：具体的な例を示しています。例としてこの限りではありません．

		1級	2級	3級
品質管理の基本（QC 的なものの見方／考え方）	マーケットイン，プロダクトアウト，顧客の特定，Win-Win	◎	◎	◎
	品質優先，品質第一	◎	◎	◎
	後工程はお客様	◎	◎	◎
	プロセス重視（品質は工程で作るの広義の意味）	◎	◎	◎
	特性と要因，因果関係	◎	◎	◎
	応急対策，再発防止，未然防止	◎	◎	○
	源流管理	◎	◎	◎
	目的志向	◎	◎	◎
	QCD+PSME	◎	◎	◎
	重点指向	◎	◎	◎

QC 検定レベル表マトリックス（実践編・つづき）

			1級	2級	3級
品質管理の基本（QC 的なものの見方／考え方）		事実に基づく活動，三現主義	◎	◎	◎
		見える化，潜在トラブルの顕在化	◎	◎	○
		ばらつきに注目する考え方	◎	◎	◎
		全部門，全員参加	◎	◎	◎
		人間性尊重，従業員満足（ES）	◎	◎	◎
品質の概念		品質の定義	◎	◎	○
		要求品質と品質要素	◎	◎	○
		ねらいの品質とできばえの品質	◎	◎	○
		品質特性，代用特性	◎	◎	○
		当たり前品質と魅力的品質	◎	◎	○
		サービスの品質，仕事の品質	◎	◎	○
		社会的品質	◎	○	○
		顧客満足（CS），顧客価値	◎	○	△
管理の方法		維持と改善	◎	◎	○
		PDCA，SDCA	◎	◎	◎
		継続的改善	◎	◎	○
		問題と課題	◎	◎	○
		問題解決型 QC ストーリー	◎	◎	◎
		課題達成型 QC ストーリー	◎	◎	○*
品質保証	新製品開発	結果の保証とプロセスによる保証	◎	○	○*
		保証と補償	◎	○	△*
		品質保証体系図	◎	○	△*
		品質機能展開（QFD）	◎	○	△*
		DR とトラブル予測，FMEA，FTA	◎	○	△*
		品質保証のプロセス，保証の網（QA ネットワーク）	◎	○	△*
		製品ライフサイクル全体での品質保証	◎	○	△*
		製品安全，環境配慮，製造物責任	◎	○	△*
		初期流動管理	◎	○	
		市場トラブル対応，苦情とその処理	◎	○	○*
	プロセス保証	作業標準書	◎	○	○
		プロセス（工程）の考え方	◎	○	○
		QC 工程図，フローチャート	◎	○	△
		工程異常の考え方とその発見・処置	◎	○	△
		工程能力調査，工程解析	◎	○	△
		変更管理，変化点管理	◎	○	
		検査の目的・意義・考え方（適合，不適合）	◎	○	○
		検査の種類と方法	◎	○	○
		計測の基本	◎	○	△
		計測の管理	◎	○	△
		測定誤差の評価	◎	○	△*
		官能検査，感性品質	◎	○	△*

QC検定レベル表マトリックス（実践編・つづき）

			1級	2級	3級
品質経営の要素	方針管理	方針（目標と方策）	◎	◎	○
		方針の展開とすり合せ	◎	○	△
		方針管理のしくみとその運用	◎	○	△
		方針の達成度評価と反省	◎	○	△
	機能別管理	マトリックス管理	○	△	
		クロスファンクショナルチーム（CFT）	○	△	
		機能別委員会	○	△	
		機能別の責任と権限	○	△	
	日常管理	業務分掌，責任と権限	◎	◎	○
		管理項目（管理点と点検点），管理項目一覧表	◎	◎	○
		異常とその処置	◎	◎	○
		変化点とその管理	◎	○	△
	標準化	標準化の目的・意義・考え方	◎	○	△
		社内標準化とその進め方	◎	○	△
		産業標準化，国際標準化	◎	○	△
	小集団活動	小集団改善活動（QCサークル活動など）とその進め方	◎	◎	○
	人材育成	品質教育とその体系	◎	○	△
	診断・監査	品質監査	◎	○	
		トップ診断	◎	○	
	品質マネジメントシステム	品質マネジメントの原則	◎	○	△*
		ISO 9001	◎	○	△*
		第三者認証制度	○	△	
		品質マネジメントシステムの運用	◎	△	
倫理／社会的責任		品質管理に携わる人の倫理	○	△	
		社会的責任（SR）	○	△	
品質管理周辺の実践活動		顧客価値創造技術（商品企画七つ道具を含む）	○	△	
		マーケティング，顧客関係性管理	○		
		IE，VE	○	△	
		設備管理，資材管理，生産における物流・量管理	○	△	
		データマイニング，テキストマイニングなど	△		

4. QC 検定のお申込み方法

QC 検定試験では個人での受検申込みのほかに，団体での受検申込みをいただくことができます．

団体受検とは，申込担当者が一定数以上の人数をまとめてお申込みいただく方法で，書類等は一括して担当者の方へ送付します．条件を満たすと受検料に割引が適用されます．

個人受検と団体受検の申込み方法の詳細は，下記 QC 検定センターウェブサイトで最新の情報をご確認ください．

QC 検定に関するお問合せ・資料請求先

一般財団法人日本規格協会　QC 検定センター
〒 108–0073　東京都港区三田 3–13–12 三田 MT ビル
専用メールアドレス　kentei@jsa.or.jp
QC 検定センターウェブサイト　https://www.jsa.or.jp/qc/

QC 検定 3 級過去問題

	第31回															
	問1	問2	問3	問4	問5	問6	問7	問8	問9	問10	問11	問12	問13	問14	問15	問16
手　法																
データの取り方・まとめ方																
QC 七つ道具			●	●	●	●	●	●								
新 QC 七つ道具【定義と基本的な考え方】																
統計的方法の基礎【定義と基本的な考え方】	●															
管理図		●														
工程能力指数																
相関分析																
実　践																
QC 的ものの見方・考え方																
品質の概念【定義と基本的な考え方】											●					
管理の方法									●						●	
品質保証：新製品開発【定義と基本的な考え方】										●						
品質保証：プロセス保証【定義と基本的な考え方】												●				
品質経営の要素：方針管理【定義と基本的な考え方】																
品質経営の要素：日常管理【定義と基本的な考え方】													●			
品質経営の要素：標準化【言葉として】														●		
品質経営の要素：小集団活動【定義と基本的な考え方】																●
品質経営の要素：人材育成【言葉として】																
品質経営の要素：品質マネジメントシステム【言葉として】																

※　この分類は，本書のために作成したものであり，必ずしも QC 検定センターの定める合否の判定条件の分類とは一致しませんので，ご了承ください．

※　上記マトリックスは 3 級としての出題項目を示したものですが，3 級の試験範囲には上記項目にない 4 級の試験範囲を含みます．

出題分野マトリックス

第32回																		第33回															
問1	問2	問3	問4	問5	問6	問7	問8	問9	問10	問11	問12	問13	問14	問15	問16	問17	問18	問1	問2	問3	問4	問5	問6	問7	問8	問9	問10	問11	問12	問13	問14	問15	問16
●																		●															
		●		●	●	●	●													●	●	●											
								●																●									
	●																		●														
			●																						●								
																							●										
									●																	●							
										●																		●		●			
											●	●															●		●				
													●																				
														●																			
															●																●		
																															●		
																																●	
																●																	●
																	●																

QC 検定 3 級過去問題出題分野

	第 34 回															
	問1	問2	問3	問4	問5	問6	問7	問8	問9	問10	問11	問12	問13	問14	問15	問16
手　法																
データの取り方・まとめ方	●															
QC 七つ道具				●	●	●										
新 QC 七つ道具【定義と基本的な考え方】							●									
統計的方法の基礎【定義と基本的な考え方】		●														
管理図			●													
工程能力指数				●												
相関分析																
実　践																
QC 的ものの見方・考え方										●						
品質の概念【定義と基本的な考え方】								●								
管理の方法									●							
品質保証：新製品開発【定義と基本的な考え方】												●				
品質保証：プロセス保証【定義と基本的な考え方】													●		●	
品質経営の要素：方針管理【定義と基本的な考え方】														●		
品質経営の要素：日常管理【定義と基本的な考え方】											●			●		
品質経営の要素：標準化【言葉として】																
品質経営の要素：小集団活動【定義と基本的な考え方】																
品質経営の要素：人材育成【言葉として】																●
品質経営の要素：品質マネジメントシステム【言葉として】																

マトリックス（続）

第35回																	第36回															
問1	問2	問3	問4	問5	問6	問7	問8	問9	問10	問11	問12	問13	問14	問15	問16	問17	問1	問2	問3	問4	問5	問6	問7	問8	問9	問10	問11	問12	問13	問14	問15	問16
●			●															●														
	●			●	●	●											●		●		●	●	●									
							●																	●								
																				●												
		●																														
																				●												
																					●											
								●				●													●							
																										●						
									●																		●					
										●	●		●															●				
																													●			
														●																●		
															●																●	
																●																●

3級問題

第31回（試験日：2021年3月21日）

試験時間：90分

付表をp.161に掲載しています．
必要に応じて利用してください．

【問 1】　正規分布に関する次の文章において，［　　］内に入るもっとも適切なものを下欄の選択肢からひとつ選び，その記号を解答欄にマークせよ．ただし，各選択肢を複数回用いることはない．なお，解答にあたって必要であれば巻末の付表を用いよ．

部品 Q の製造ラインは A ラインと B ラインに分かれている．部品 Q の特性 x の不適合品発生の状況を検討するため，各ラインから 15 日間ランダムに各日 $n=5$ のサンプルを抽出し，ヒストグラムを作成したところ，図 1.1 を得た．

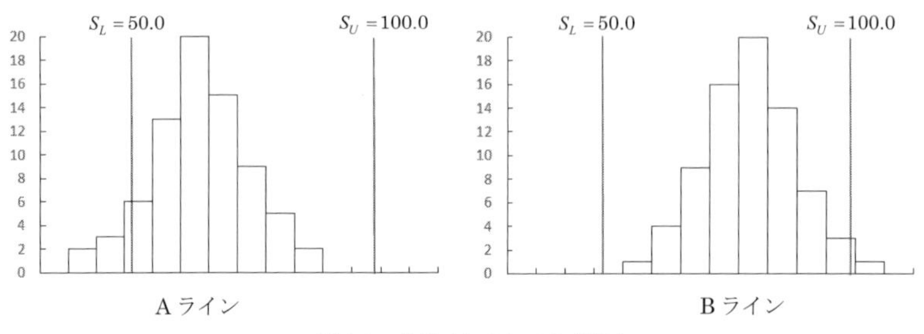

図 1.1　各ラインのヒストグラム

特性値：下限規格 $S_L=50.0$　上限規格 $S_U=100.0$

A ライン：平均値 $\bar{x}_A=64.8$　標準偏差 $s_A=10.35$

B ライン：平均値 $\bar{x}_B=81.2$　標準偏差 $s_B=9.54$

① ヒストグラムから，各ラインとも平均値は規格の中心より偏り，その形状から各ラインのサンプルの特性値 $x_1, x_2, \cdots$ の分布は，母平均 μ，母標準偏差 σ の正規分布に従っていると考えることができると判断した．一般に確率変数 x の正規分布は記号 $N(\mu, \sigma^2)$ で表され，確率変数 x に対して変換式 $u=$ ［ (1) ］ を利用すると，u は母平均 ［ (2) ］，母標準偏差 ［ (3) ］ の標準正規分布に従うことが知られている．この変換法は ［ (4) ］ と呼ばれる．

② 上記①の結果から，各ラインの特性値 x の分布を統計量である平均値と標準偏差に基づく正規分布と考えると，A ラインで下限規格を満足しない不適合品の発生確率は約 ［ (5) ］ となり，上限規格を満足しない不適合品の発生確率はほとんど 0 となる．また，同様に，B ラインで，下限規格を満足しない不適合品の発生確率はほとんど 0 となり，規格上限を満足しない不適合品の発生確率は約 ［ (6) ］ となる．

③ 両ラインでばらつきの小さい B ラインの平均値を，規格の中心に調整できたとすれば，不適合品の発生確率は約 ［ (7) ］ となる．両ラインともに工程能力指数は低く，工程能力指数 $C_p \geq 1.33$ とするには両ラインとも平均値を規格の中心に，標準偏差が ［ (8) ］ 以下となるよう工程の改善が望まれる．

【選択肢】

ア．0　　イ．0.0088　　ウ．0.0244　　エ．0.0764　　オ．1

カ．6.27　　キ．安定化　　ク．標準化　　ケ．$\dfrac{x-\mu}{\sigma}$　　コ．$\dfrac{x-\mu}{\sigma/n}$

【問２】　管理図に関する次の文章で正しいものには○，正しくないものには×を選び，解答欄にマークせよ．

① 群分けするにあたって，群内変動にはできるだけ多くの原因による変動が含まれるようにすることが望ましい．　(9)

② $\overline{X}$ 管理図の管理限界がマイナスの値になることはない．　(10)

③ p 管理図と np 管理図は二項分布を基礎とする管理図である．　(11)

【問 3】 散布図に関する次の文章において，[   ] 内に入るもっとも適切なものを下欄のそれぞれの選択肢からひとつ選び，その記号を解答欄にマークせよ．ただし，各選択肢を複数回用いてもよい．

① 工場 Q では，ある製品の重量(y)のばらつきが問題となっていた．ばらつきの原因の一つとして生地の重量(x)があげられ，この関係を調べるために散布図を作成したところ，図 3.1 を得た．

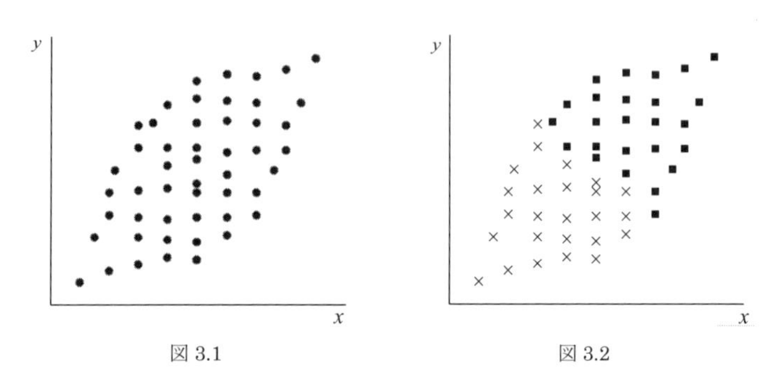

図 3.1　　図 3.2

この図 3.1 の散布図から，生地の重量(x)と製品の重量(y)の間には，[(12)] である．さらに，原因を追究するために，生産装置 A の値を■，生産装置 B の値を×として層別し，散布図を作成したところ，図 3.2 となった．この結果から，生産装置 A における生地の重量(x)と製品の重量(y)の間には，[(13)] であり，生産装置 B では，[(14)] である．

【[(12)] ～ [(14)] の選択肢】
ア．正の相関がありそう　イ．負の相関がありそう　ウ．相関がなさそう
エ．2 次関数の関係がありそう

② 2 つの変数 x と y の間の散布図を作成したところ，図 3.3 の散布図を得た．この散布図の右下の 1 つの●が測定の誤りであることがわかり，その点を除いた散布図（図 3.4）を作成した．さらに，左上のもう 1 つの●もデータ転記の誤りであることがわかり，その点も除いた散布図（図 3.5）を作成した．

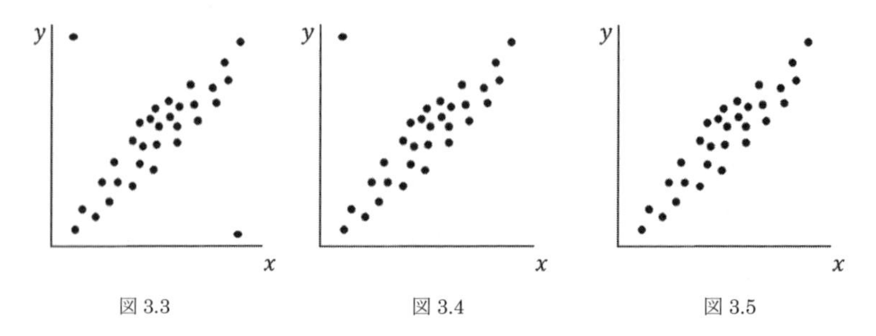

図 3.3　　図 3.4　　図 3.5

この結果から，図 3.3 の相関係数と図 3.4 の相関係数を比較すると，［(15)］といえる．また，図 3.3 の相関係数と図 3.5 の相関係数を比較すると，［(16)］といえる．

【［(15)］［(16)］の選択肢】
ア．図 3.3 の相関係数のほうが大きい　イ．図 3.3 の相関係数のほうが小さい
ウ．ほとんど変わらない

【問 4】 次の文章において，［　］内に入るもっとも適切なものを下欄のそれぞれの選択肢からひとつ選び，その記号を解答欄にマークせよ．ただし，各選択肢を複数回用いることはない．

① 現状とあるべき姿との差異を［(17)］と呼び，これを改善することにした．そのためには，現状把握を通してこれに影響を及ぼすと考えられる要因を推定して整理する必要があるが，このときに有効な手法が［(18)］である．この手法を活用するときに留意すべき重要なポイントは，「量を求む」「自由奔放」「批判厳禁」「他人の意見への便乗」という［(19)］の考え方である．

② 上記①で抽出された要因の中から，［(17)］に影響を与える真の原因を探し出す必要がある．これを［(20)］と呼び，改善を進める場合，このステップをいかに的確に進めることができるかが成果を大きく左右する．その方法として，例えば要因の温度が特性の寸法に影響するかどうかを調査するとした場合，これらはいずれも［(21)］データなので，活用する最適な手法は，［(22)］である．

③ 要因の中から設備を重要要因として取り上げ，これが特性の寸法の分布の形状に影響するかどうかを調査するために，3 台の設備それぞれから 50 個ずつのデータをとった．設備ごとの寸法の分布の形状を把握するのに最適な手法は［(23)］である．また，設備による分布の形状の違いを解析するにあたっては，［(24)］の考え方が重要となる．

【［(17)］，［(19)］～［(21)］の選択肢】
ア．計量値　イ．計数値　ウ．原因　エ．問題　オ．三現主義
カ．原理原則　キ．要因分析　ク．見える化　ケ．ブレーンストーミング

【［(18)］，［(22)］～［(24)］の選択肢】
ア．散布図　イ．管理図　ウ．ヒストグラム　エ．パレート図
オ．チェックシート　カ．特性要因図　キ．層別

【問 5】 ヒストグラムに関する次の文章において，[　　] 内に入るもっとも適切なものを下欄のそれぞれの選択肢からひとつ選び，その記号を解答欄にマークせよ．ただし，各選択肢を複数回用いることはない．

ある化学系工場において生産されている製品で，その品質特性の一つである水分含有率 x についての不適合品が発生した．そこで問題の発生したロットからランダムに製品をサンプリングし，表 5.1 の 48 個のデータを得た．測定単位は 0.01 である．なお，表 5.1 にはデータの 2 乗の値も示してある．

表 5.1　データ表

水分含有率 x				x^2			
2.94	2.94	1.69	2.11	8.6436	8.6436	2.8561	4.4521
2.57	1.97	2.11	2.25	6.6049	3.8809	4.4521	5.0625
2.52	2.11	2.25	2.39	6.3504	4.4521	5.0625	5.7121
3.35	3.35	2.39	1.97	11.2225	11.2225	5.7121	3.8809
2.25	2.39	2.39	2.94	5.0625	5.7121	5.7121	8.6436
2.52	2.66	2.52	2.80	6.3504	7.0756	6.3504	7.8400
2.43	2.11	2.52	3.08	5.9049	4.4521	6.3504	9.4864
1.69	2.25	2.52	1.97	2.8561	5.0625	6.3504	3.8809
2.66	2.66	2.39	2.52	7.0756	7.0756	5.7121	6.3504
2.66	2.52	2.25	3.08	7.0756	6.3504	5.0625	9.4864
2.52	2.66	2.43	2.66	6.3504	7.0756	5.9049	7.0756
2.52	2.66	2.80	2.57	6.3504	7.0756	7.8400	6.6049

① このデータから，次の手順に基づきヒストグラムを作成する．

最大値は 3.35，最小値は 1.69 である．また，データの合計は $\sum x_i = 119.51$，データの 2 乗和は $\sum x_i{}^2 = 303.7673$ である．

1) 仮の区間の数：データ数が 48 なので，$\sqrt{48} = 6.93$ を四捨五入して整数にし，[(25)] になる．

2) 区間の幅：最大値から最小値を引いた範囲を区間の数で割ると 0.2371 である．区間の幅は測定単位の整数倍に丸めて，[(26)] となる．

3) (以下の手順は省略)

一般に，次のようなヒストグラムが得られたときは対処を考える．例えば図 5.1 の形になれば，これは [(27)] と呼ばれる．この場合にはデータを [(28)] する．また，図 5.2 の形になれば，これは [(29)] と呼ばれる．この場合には離れているデータが異常値であるかどうかなどを検討する．

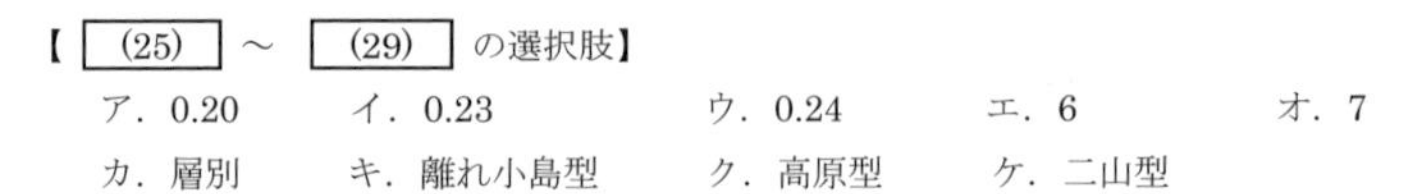

【 [(25)] ～ [(29)] の選択肢】

ア．0.20　　イ．0.23　　ウ．0.24　　エ．6　　オ．7

カ．層別　　キ．離れ小島型　　ク．高原型　　ケ．二山型

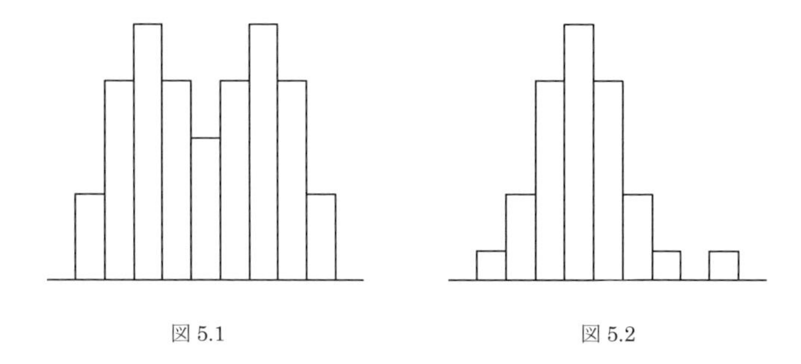

図 5.1　　　　図 5.2

今回のデータに基づきヒストグラムを描くと図 5.3 のようになった．これは左右対称の一般型と呼ばれる．

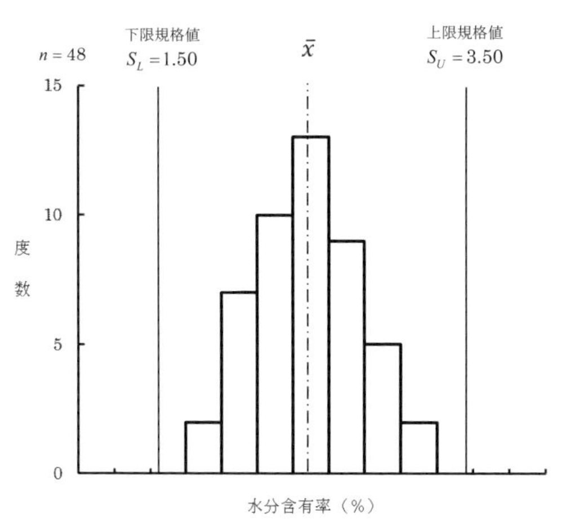

図 5.3　水分含有率のヒストグラム

② 表 5.1 から平均値と標準偏差を求めると，平均値は [(30)] であり，標準偏差は [(31)] となる．さらに，規格値が 2.50 ± 1.00 のとき，工程能力指数 C_p を計算すると [(32)] となり，工程を改善する必要があることがわかった．

【 [(30)] ～ [(32)] の選択肢】

ア．0.24　　イ．0.268　　ウ．0.364　　エ．0.92　　オ．1.03

カ．2.27　　キ．2.490

【問 6】 パレート図に関する次の文章において，[　　] 内に入るもっとも適切なものを下欄のそれぞれの選択肢からひとつ選び，その記号を解答欄にマークせよ．ただし，各選択肢を複数回用いることはない．

ある工場の塗装工程において 5 人の作業者 A，B，C，D，E が，これまで改善を重ねてきた作業標準に従って塗装作業を行っているが，慢性的に不適合が発生している．そこで，パレート図を作成することとした．ある 1 週間の不適合を層別して集計したデータは表 6.1 となった．なお，表 6.1 の記号は，○：たれ，×：異物，△：光沢むら，●：膜厚むら，□：その他を示す．

表 6.1　集計したデータ

	月曜日	火曜日	水曜日	木曜日	金曜日	小計	総計
A	○○○○○ ○ ××××× ●●	○○○○○ ○○○ ××××	○○○○○ ○○ ×× ●	○○○○○ ○○○ ××× ●●	○○○○○ ○○○ ××× ●●	○: 37 ×: 17 △: 0 ●: 7 □: 0	○: 113 ×: 38 △: 7 ●: 20 □: 3
B	○○○○ ×× ●	○○○○ ××	○○○○○ ○	○○○○○ ××× ●●	○○○○○ ○○ ××××× ●	○: 26 ×: 12 △: 0 ●: 4 □: 0	
C	○○○ ××	○○○○○ ●	○○○○ △ □	○○○ ●	○○○○○ ○○ ×	○: 22 ×: 3 △: 1 ●: 2 □: 1	
D	○○○ ××	○○○○○ △ ●	○○○○○ △△ ●● □	○○○○ △ ●	○○○○○ ○ × △ ●	○: 23 ×: 3 △: 5 ●: 5 □: 1	
E	××	●	○ △ □	○ ●	○○○ ×	○: 5 ×: 3 △: 1 ●: 2 □: 1	
小計	○: 16, ×: 13 △: 0, ●: 3 □: 0	○: 22, ×: 6 △: 1, ●: 3 □: 0	○: 23, ×: 2 △: 4, ●: 3 □: 3	○: 21, ×: 6 △: 1, ●: 7 □: 0	○: 31, ×: 11 △: 1, ●: 4 □: 0		

① この週の全体の不適合数に対するパレート図は (33) となる.

【 (33) の選択肢】

ア.

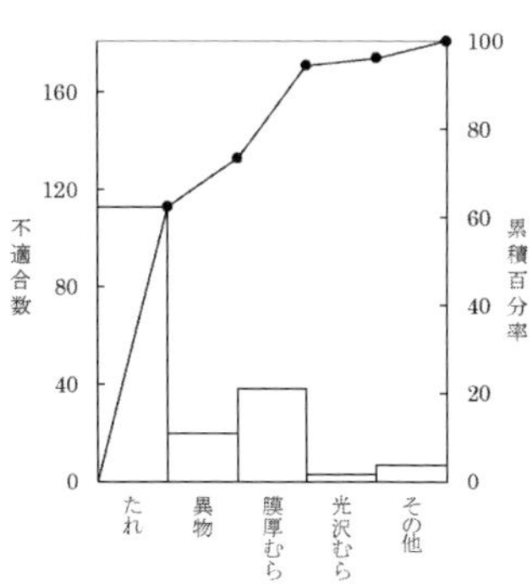

イ.

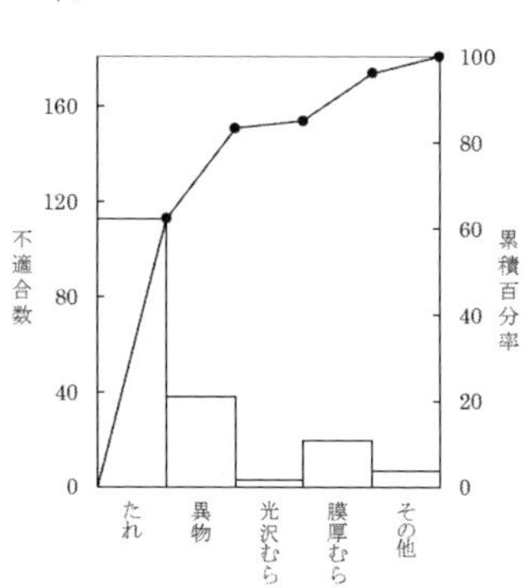

ウ.

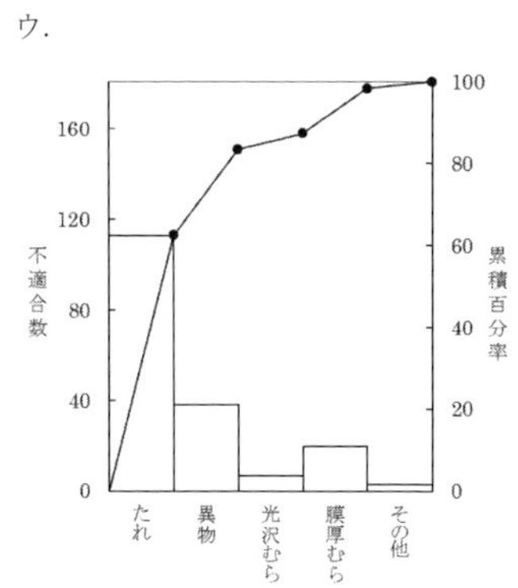

エ.

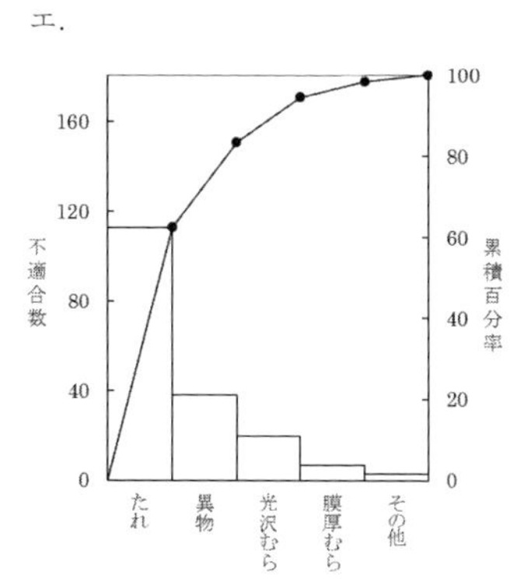

オ.

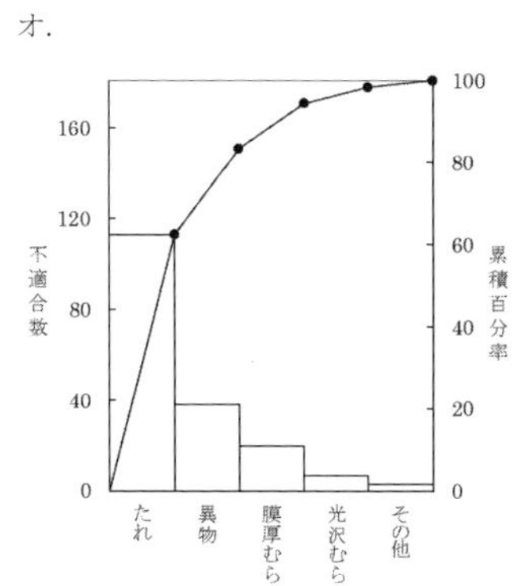

② この週の月曜日の不適合数に対するパレート図は [(34)] となり，木曜日の不適合数に対するパレート図は [(35)] となる．

【 [(34)] [(35)] の選択肢】

ア．

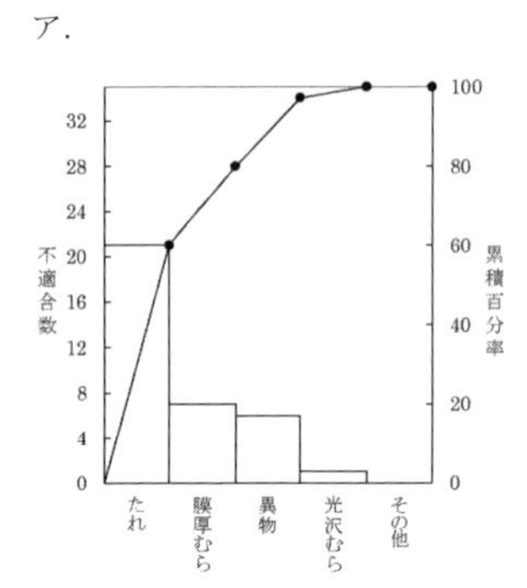

イ．

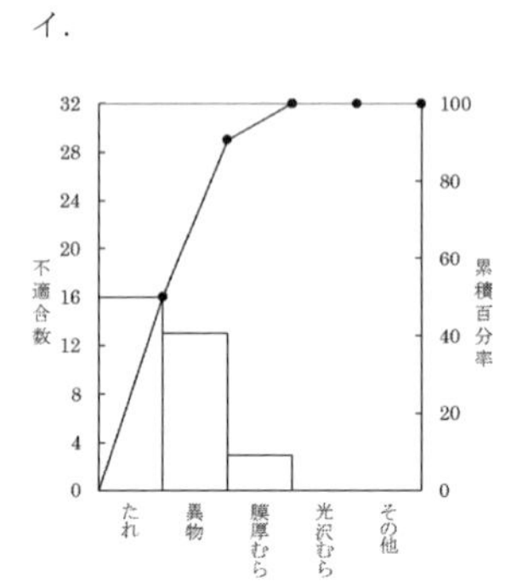

ウ．

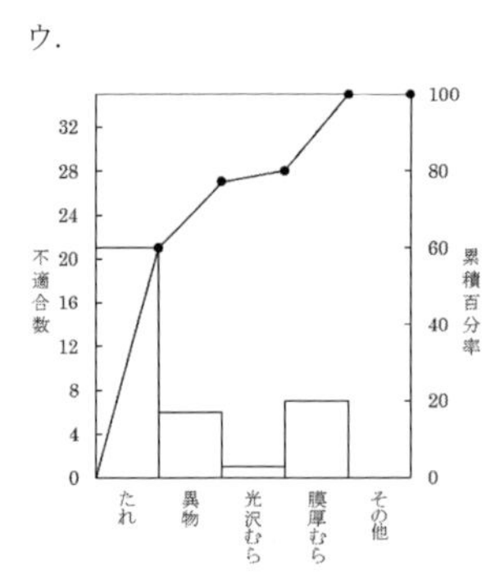

エ．

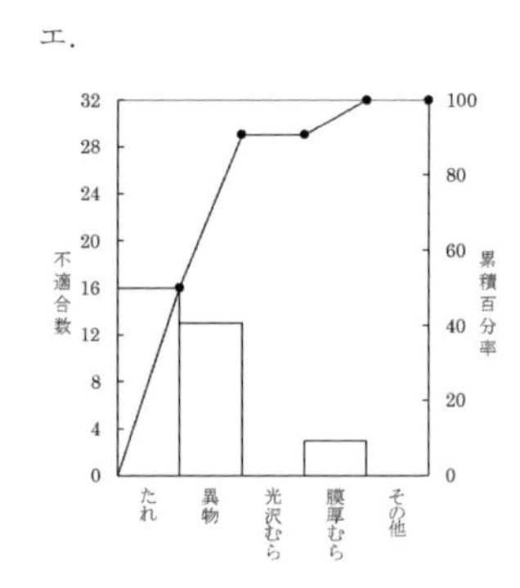

オ．

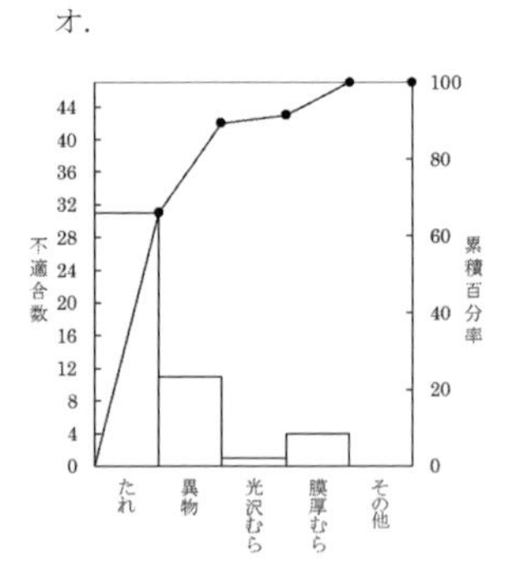

カ．

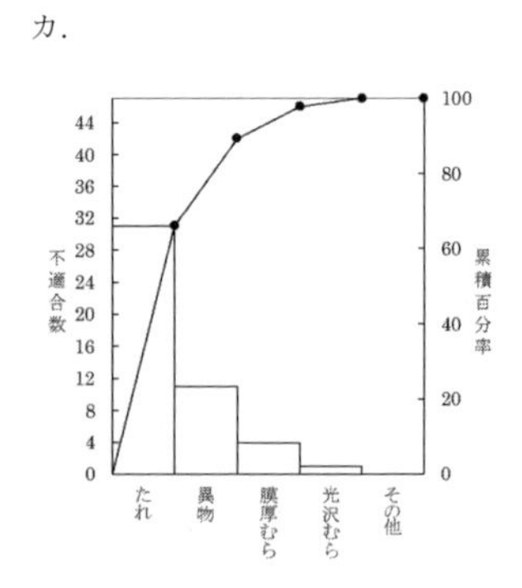

③ さらに，作業者別のパレート図を描いた．作業者 C のパレート図の横軸において，左から 3 番目の項目は [(36)] であり，作業者 D においては，左から 4 番目の項目は [(37)] である．

【 [(36)] [(37)] の選択肢】
ア．たれ　イ．異物　ウ．光沢むら　エ．膜厚むら　オ．その他

【問 7】 チェックシートに関する次の文章において，[ ] 内に入るもっとも適切なものを下欄のそれぞれの選択肢からひとつ選び，その記号を解答欄にマークせよ．ただし，各選択肢を複数回用いることはない．

① 不適合の発生状況を機械，作業者，作業時間帯で [(38)] して，不適合が発生したときに該当箇所をチェックする．表 7.1 は成形シートに関するチェックシートであり，[(39)] のチェックシートである．

表 7.1　成形シートに関する [(39)] のチェックシート

機械	作業者	時間帯 8:00～10:00	 10:00～12:00	 13:00～15:00	 15:00～17:00	 17:00～19:00	計
A	佐藤	○○△	○×△ ×	○△		××	11
	鈴木	○××	○△×	×△	○△	○○	12
B	高橋	○○×	△△×	○△	○○	○	11
	田中	△△○× ○	○○×	×△	△	○	12
計		14	13	8	5	6	46

記号（不適合項目）：○シワ　△濁り　×異物

② 表 7.1 より，不適合項目は，[(40)] の発生件数が最も多い．[(41)] や作業者で [(38)] しても不適合の発生件数にあまり違いが見られない．時間帯については，[(42)] の不適合の発生件数がもっとも多くなっている．

③ さらに，あらかじめ製品を図示して，不適合が発生するたびに製品の不適合箇所をチェックする [(43)] チェックシートを用いて，不適合発生箇所を視覚的に把握する．

【[(38)] [(39)] [(43)] の選択肢】

ア．不適合要因調査用　　イ．不適合位置調査用　　ウ．度数分布調査用
エ．点検・確認用　　オ．層別　　カ．結合

【[(40)] ～ [(42)] の選択肢】

ア．シワ　　イ．濁り　　ウ．異物　　エ．機械
オ．時間帯　　カ．8:00～10:00　　キ．10:00～12:00　　ク．13:00～15:00
ケ．15:00～17:00　　コ．17:00～19:00

【問８】 グラフに関する次の文章において，[　　] 内に入るもっとも適切なものを下欄のそれぞれの選択肢からひとつ選び，その記号を解答欄にマークせよ．ただし，各選択肢を複数回用いることはない．

① グラフは，データの大きさを図形で表し，視覚に訴えたり，データの大きさの変化を示したりして理解しやすくした図である．グラフには，細かな数値の変化を気にせず，[(44)] の姿をとらえることができる効用があるので職場の管理や [(45)] には欠かせない道具である．

【 [(44)] [(45)] の選択肢】
ア．部分　　イ．細部　　ウ．全体　　エ．改善

② 折れ線グラフは，[(46)] の変化に伴い [(47)] が変化する場合に使われ，横軸に [(46)] ，縦軸に比較する [(47)] をとり，それらの関係を折れ線で結んだグラフである．[(46)] とともに対象とするデータの背後にある [(48)] がどのような変化をしているかをとらえようとする道具である．[(49)] や工程能力図も折れ線グラフの一種である．

③ 円グラフは，データの内訳の割合を円の中の扇形の面積で表したグラフである．[(50)] グラフは，内訳の量や割合を [(50)] の長さで表したグラフであり，１本の [(50)] グラフだけでは円グラフと同じ役割をもつだけであるが，このグラフを何本か並べて描くと量や割合の変化が一目で比較でき，棒グラフと円グラフの両方の働きをもたせることができるので広く活用されている．

【 [(46)] ～ [(50)] の選択肢】
ア．線　　イ．ヒストグラム　　ウ．レーダーチャート　　エ．帯　　オ．数量
カ．時間　　キ．母集団　　ク．真実　　ケ．管理図

【問 9】 品質管理の基本に関する次の文章において，[　　] 内に入るもっとも適切なものを下欄のそれぞれの選択肢からひとつ選び，その記号を解答欄にマークせよ．ただし，各選択肢を複数回用いることはない．

① 品質管理の基本は“ [(51)] に基づく管理”である．目的にあわせて客観的に把握できるデータをとり， [(51)] を示し，現状の把握， [(52)] と結果の関係の確認などを行いながら，工程の [(53)] 管理にも対応することが重要である．

【 [(51)] ～ [(53)] の選択肢】
ア．事実　　イ．維持　　ウ．数値　　エ．原因　　オ．観察

② データ分析の結果，判明した好ましくない事象に対して処置をとるが，その処置は [(54)] 系にフィードバックし， [(55)] を管理することが重要である．安定した [(55)] からは，安定した良い品質をつくり出すことができる．そのためにも特性と要因との因果関係を調べる工程解析を十分に行い， [(54)] 系の管理項目の設定と，これに対応した品質特性の管理方式を設定し， [(55)] を重視した [(56)] を運用していくことが重要である．

【 [(54)] ～ [(56)] の選択肢】
ア．管理　　イ．結果　　ウ．要因　　エ．解析　　オ．工程

③ 事後処理としての是正処置も重要であるが，好ましくない事象を発生させないための施策も必要である．一般的には設計段階で，好ましくない事象をそもそも発生させないために， [(57)] やFTAといった手法を用いて検討がなされる．

【 [(57)] の選択肢】
ア．KYT　　イ．FMEA　　ウ．PDCA

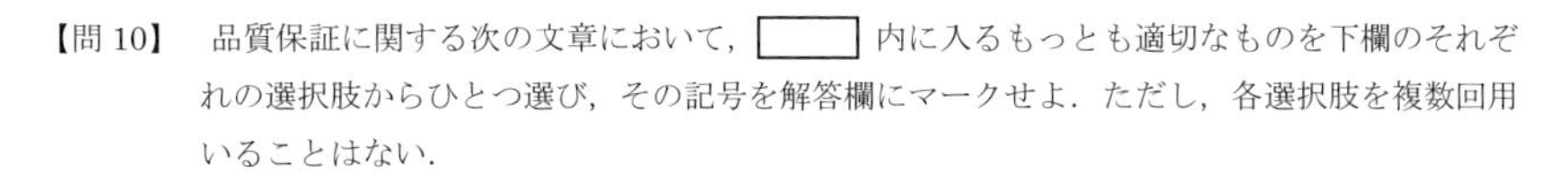

【問 10】　品質保証に関する次の文章において，[　　] 内に入るもっとも適切なものを下欄のそれぞれの選択肢からひとつ選び，その記号を解答欄にマークせよ．ただし，各選択肢を複数回用いることはない．

①　本来，お客様は [(58)] を信用して物を買うのであるから，[(58)] としては当然お客様に対して品質を保証しなくてはならない．そのために品質保証活動は重要である．

②　特定のお客様の場合には，品質ならびに価格は [(58)] とお客様の話し合いで決まるものである．すなわち，売買とは両者の [(59)] ともいえる．そうなると [(58)] はその [(59)] を守るための品質保証が必要となる．

【[(58)] [(59)] の選択肢】

ア．消費者　イ．事例　ウ．条約　エ．生産者　オ．管理
カ．改善　キ．契約　ク．標準化

③　品質保証活動とは，製品企画から販売・サービスに至る全ステップで，それぞれ定められた事項を保証することにより，品質保証に関係する会社方針および諸計画を達成するための体系的活動をいう．この活動においては，保証業務と [(60)] を明確に定めておく必要がある．そのために日本で従来から有効に活用されているツールに [(61)] がある．これは，どのように品質を実現し，保証していくかを明確に規定するために，設計，製造，販売，品質管理などの各部門の製品が企画されてから顧客に使用されるまでの各ステップにおける役割を明確に示したフロー図をいう．

④　それでも万が一，不適合が出てしまったときには，迅速な処置が必要となる．そのため，苦情・クレームの受付から現地訪問，現物と発生状況などの調査，応急処置までを遅滞なく確実に実施できる社内体制を確立する必要がある．さらに苦情・クレームが発生した原因を明確にし [(62)] を図ることも当然必要であり，顧客満足の向上を図るため，品質保証を補完する活動として重要である．

【[(60)] ～ [(62)] の選択肢】

ア．社内教育　イ．管理図　ウ．保証責任者　エ．標準化　オ．再発防止
カ．検査員　キ．品質保証体系図

【問 11】 次の文章において，[ ] 内に入るもっとも適切なものを下欄のそれぞれの選択肢からひとつ選び，その記号を解答欄にマークせよ．ただし，各選択肢を複数回用いることはない．

① 設計では顧客の要求品質を的確に把握し，この品質を具体的な設計の言葉で性能や機能に落とし込み，製品規格や仕様・図面として表現する必要がある．これを [(63)] と呼び製造段階での目標となることから，[(64)] の品質ともいう．

【[(63)] [(64)] の選択肢】

ア．顧客品質　イ．使用　ウ．ねらい　エ．代用特性
オ．出荷　カ．設計品質　キ．製造品質　ク．目標値

② 製造段階では，設計で意図した製品を作るために4Mを一生懸命に管理している．しかしながら，100%設計の意図したとおりの製品を作ることは容易ではない．結果として出来上がった製品の品質を [(65)] と呼び，これは，設計の品質に対する満足の度合いと考えることができる．このできばえを評価する具体的な指標としては [(66)] や工程能力指数などが代表的である．

【[(65)] [(66)] の選択肢】

ア．製造品質　イ．企画品質　ウ．出荷品数
エ．工程品質　オ．市場クレーム件数　カ．設計変更件数
キ．社内検査不適合品率　ク．市場返品率

③ あるネジメーカーでは，顧客固有の寸法要求に合わせたネジを特別注文品として納入しているが，顧客が要求する全長の範囲 680mm±0.3%に対し，設計では 681mm±0.3%と指定していたことが判明した．図 11.1 にある A，B，C という値の製品を顧客に出荷した場合，それぞれどのような内容と推定できるか．A の製品は [(67)] ，B の製品は [(68)] ，C の製品は [(69)] と推定できる．

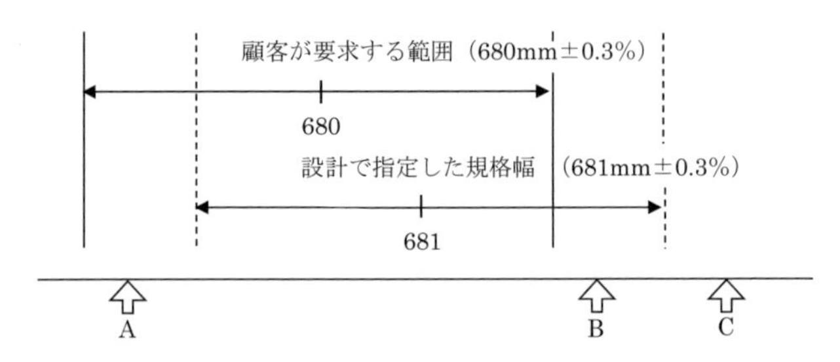

図 11.1　顧客が要求する範囲と設計で指定した規格幅の状況

【 (67) ～ (69) の選択肢】

ア．工程検査では合格として判定されて出荷されたものであるが，顧客からのクレームが発生する

イ．工程検査で不合格として検出されるべきものが流出したもので，顧客からのクレームが発生する

ウ．工程検査では合格として判定されて出荷されたもので，顧客からのクレームにはならない

エ．工程検査で不合格として検出されるべきものが流出したものであるが，顧客からのクレームにはならない

【問 12】 次の文章において，[　　] 内に入るもっとも適切なものを下欄のそれぞれの選択肢からひとつ選び，その記号を解答欄にマークせよ．ただし，各選択肢を複数回用いることはない．

J 社の製造現場では，プロセス保証のために次の取組みを行っている．

① 工程設計において，正しい作業をするために，作業の目的，条件，方法，結果の確認方法などを検討し，理解しやすく間違わずに作業できるように図や写真を用いるなど工夫をこらして [(70)] を作成している．

② 作業における管理すべき項目について [(71)] を作成し，作業全般の管理項目を明確化している．この文書は，製品・サービスの生産・提供に関する一連のプロセスを図表に表し，このプロセスの流れに沿ってプロセスの各段階で，誰が，いつ，どこで，何を，どのように管理したらよいかを一覧にまとめたものである．

③ 作業をする前に，[(70)] を順守して正しい作業ができるように [(72)] を行い，製品知識と作業手順を理解させたうえで，確実な作業を実施している．

④ 製造品質を安定した状態にしていくためのプロセス保証の基本は [(73)] であるという認識のもとで，全工程において職場の美化，躾（しつけ）の徹底などの活動を推進し，“品質は工程で作り込む”ことを実践している．

【[(70)] ～ [(73)] の選択肢】

ア．重点指向　　イ．魅力的品質　　ウ．QC 工程図　　エ．保証の網
オ．作業標準　　カ．ねらいの品質　　キ．5S　　ク．DR（デザインレビュー）
ケ．再発防止　　コ．教育・訓練

⑤ 作業者の全員が [(74)] の考え方に基づいて業務を遂行することで，“不適合品は受け取らない，不適合品を作らない，不適合品は次の工程に流さない”ようにし，良い製品，満足してもらえる製品だけを次の工程に渡すことを実行している．

⑥ 日常の作業開始にあたっては，[(75)] を用いて機械・設備，材料・部品などの状態を確認している．

⑦ 工程設計において，“安定した良いプロセスから，安定した良い状態が生み続けられる”の考え方に基づき，[(76)] を取り入れてヒューマンエラーの防止を行っている．

【[(74)] ～ [(76)] の選択肢】

ア．重点指向　　イ．点検用チェックシート　　ウ．教育・訓練　　エ．見える化
オ．源流管理　　カ．後工程はお客様　　キ．プロダクトアウト　　ク．応急対策
ケ．ポカヨケ

【問13】 次の文章において，[　　] 内に入るもっとも適切なものを下欄のそれぞれの選択肢からひとつ選び，その記号を解答欄にマークせよ．ただし，各選択肢を複数回用いることはない．

① 組織の各部門で日常的に実施されるべき [(77)] について，その業務目的を効率的に達成するために必要なすべての活動が日常管理である．日常管理を円滑に進めていくためには，日常的に実施されなければならない [(77)] を一覧表に整理し，各業務の達成度合いを測るものさしである管理項目と，維持したい [(78)] を明らかにすることが必要である．ここに [(78)] とは，「安定したまたは計画どおりの，プロセスの状態を表す値または範囲」のことである．さらに，日常の業務遂行時に発生する異常を見過ごさないために，正常か否かの判断基準，そして発生した異常に対して処置が適切に実施できる手順を，明確にしておくことも重要である．

② 管理項目とは，目標の達成を管理するために [(79)] として選定した項目であり，日常的には管理項目により結果を確認し，必要に応じて原因に対して再発防止策をとることが必要である．管理項目は，目標から外れたものを確認する結果系の管理項目と，悪さを引き起こす原因を確認し，異常の発生を防ぐ要因系の管理項目とに区別する場合がある．この場合，結果系の管理項目を [(80)] と呼び主に上位職者が，要因系の管理項目を [(81)] と呼び下位職者が管理するのが一般的である．

③ 製造現場では，4M（人，機械・設備，原材料，方法）などを管理し，安定した状態でものづくりが行われていることが求められる．しかし，例えば，設備が故障して修理後に再稼働させた，作業者が急病で違う作業者に急きょ変わったなど，通常と違うときに不適合が発生することが多い．日常管理では，プロセスが管理状態にないことを発見し，製品の品質に与える影響を極小化し，安定した状態を維持する [(82)] の管理が重要になる．プロセスにおける4Mなどが変わる時点を明確にし，特別の注意を払って監視することによって，異常をいち早く検出し，必要な処置を行ううえで [(82)] の管理が有効である．

【[(77)] ～ [(79)] の選択肢】

ア．確認点　　イ．評価尺度　　ウ．点検作業　　エ．上位方針　　オ．業務分掌
カ．測定尺度　　キ．管理水準　　ク．標準

【[(80)] ～ [(82)] の選択肢】

ア．点検点　　イ．評価尺度　　ウ．点検作業　　エ．確認点　　オ．応急処置
カ．変化点　　キ．測定尺度　　ク．管理点

【問 14】 標準化に関する次の文章において，［　　］内に入るもっとも適切なものを下欄のそれぞれの選択肢からひとつ選び，その記号を解答欄にマークせよ．ただし，各選択肢を複数回用いることはない．

① 統一や［(83)］を図ることにより，関係者間で利益または利便が，［(84)］に得られることを目的として，手順・方法・手続き・考え方などについて定めた取決めが標準である．

② 現存する問題，または今後発生が考えられる問題に対して，現状も考慮し，最適と考えられる秩序を設定することを目的に，［(85)］でかつ繰り返し使用するための決まりをつくる活動が標準化である．

③ 企業内で，従業員が生産や管理などの業務を，効率的かつ円滑に遂行するためには，決まりを設定し，それを順守しながら日々の活動を行うことが基本となる．この決まりの設定にあたっては，社内関係者の［(86)］により，［(87)］かつ合理的な方法で決めることが重要である．企業内で行う決まりの設定そして活用，この一連の活動が社内標準化である．

【［(83)］～［(85)］の選択肢】

ア．簡単　イ．共通　ウ．方策　エ．単純化　オ．円滑化
カ．公正　キ．目標　ク．適当

【［(86)］［(87)］の選択肢】

ア．全社的　イ．合意　ウ．業務　エ．客観的　オ．組織的
カ．主観的

【問15】 次の文章において，[　　] 内に入るもっとも適切なものを下欄のそれぞれの選択肢からひとつ選び，その記号を解答欄にマークせよ．ただし，各選択肢を複数回用いることはない．

① 問題解決型QCストーリーは次の手順で実施されるのが一般的である．

手順１ [(88)]
手順２ 現状の把握と目標の設定
手順３ 要因の解析
手順４ [(89)]
手順５ [(90)]
手順６ [(91)]
手順７ [(92)]
手順８ 反省と今後の対応

【[(88)] ～ [(92)] の選択肢】

ア．標準書の改定　　イ．対策の立案　　ウ．対策会議の実施
エ．攻め所の確認　　オ．効果の確認　　カ．成功シナリオの追求
キ．対策の実施　　ク．テーマの選定　　ケ．目標の認定
コ．標準化と管理の定着

② ①の“手順３ 要因の解析”で，要因の候補を把握する段階では，広い視野でたくさんの要因を探しだすことが大切であり，これらを“なぜなぜ”のように論理的に整理し，それから新たな要因に気づくためには特性要因図を用いるとよい．
また，ある要因が，いろいろな方向で影響したり，要因同士の結びつきが複雑に絡み合う場合には，要因間の関係を矢線で表現する [(93)] を使い，その関係を整理することも良策である．
絞り込んだ要因が，本当に結果に影響しているかを確かめるときに，それが [(94)] 要因の場合には，散布図を用いて，特性と要因の関係を確認することも大切である．

【[(93)] [(94)] の選択肢】

ア．計数的　　イ．パレート図　　ウ．連関図　　エ．ヒストグラム
オ．現実的　　カ．抽象的　　キ．親和図　　ク．計量的
ケ．管理図

【問 16】 QC サークルに関する次の文章で正しいものには○，正しくないものには×を選び，解答欄にマークせよ．

① QC サークルは，特定の問題を解決するために結成されるもので，目的が達成されると解散して活動は終了する． (95)

② QC サークルは第一線の職場で働く人たちで結成されるものであるから，管理者が常に徹底的に関わって口を出すことが望ましい． (96)

③ QC サークル活動は，職場の中のいろいろな重要問題を取り上げて解決し，その結果を維持・改善し続けていく活動である． (97)

④ グループ編成をするときに異質な人が集まると意見の集約ができないので，なるべく同じような能力や技量を持った人を集めるとよい． (98)

⑤ QC サークル大会などの社外活動への参加は，視野を広げることもでき，QC サークル活動を効果的に進めるうえでの情報収集やスキルの向上に有効である． (99)

第 31 回　解答記入欄

問	番号	解答
問 1	1	
	2	
	3	
	4	
	5	
	6	
	7	
	8	
問 2	9	
	10	
	11	
問 3	12	
	13	
	14	
	15	
	16	
問 4	17	
	18	
	19	
	20	
	21	
	22	
	23	
	24	
問 5	25	

問	番号	解答
問 5	26	
	27	
	28	
	29	
	30	
	31	
	32	
問 6	33	
	34	
	35	
	36	
	37	
問 7	38	
	39	
	40	
	41	
	42	
	43	
問 8	44	
	45	
	46	
	47	
	48	
	49	
	50	

問	番号	解答
問 9	51	
	52	
	53	
	54	
	55	
	56	
	57	
問 10	58	
	59	
	60	
	61	
	62	
問 11	63	
	64	
	65	
	66	
	67	
	68	
	69	
問 12	70	
	71	
	72	
	73	
	74	
	75	

問 12	76	
問 13	77	
	78	
	79	
	80	
	81	
	82	
問 14	83	
	84	
	85	
	86	
	87	
問 15	88	
	89	
	90	
	91	
	92	
	93	
	94	
問 16	95	
	96	
	97	
	98	
	99	

3 級問題

第 32 回（試験日：2021 年 9 月 5 日）

試験時間：90 分

付表を p.161 に掲載しています．
必要に応じて利用してください．

【問 1】 基本統計量に関する次の文章において，[　　] 内に入るもっとも適切なものを下欄のそれぞれの選択肢からひとつ選び，その記号を解答欄にマークせよ．ただし，各選択肢を複数回用いることはない．

7 個のデータ 9.6，10.7，11.0，9.8，10.5，10.2，10.4（mm）に対して基本統計量を求める．

① 中心的傾向の表し方

a) 平均値$\bar{x}$を求めると [(1)] となる．

b) 中央値$\tilde{x}$を求めると [(2)] となる．

【[(1)] [(2)] の選択肢】

ア．9.80	イ．10.08	ウ．10.20	エ．10.30	オ．10.31
カ．10.33	キ．10.35	ク．10.37	ケ．10.40	コ．10.45

② ばらつき程度の表し方

a) 範囲 R を求めると [(3)] となる．

b) 平方和 S を求めると [(4)] となる．

c) 標準偏差 s を求めると [(5)] となる．

【[(3)] ～ [(5)] の選択肢】

ア．0.207	イ．0.241	ウ．0.271	エ．0.357	オ．0.455
カ．0.491	キ．0.800	ク．1.400	ケ．1.449	コ．2.140

【問 2】 正規分布に関する次の文章において，［　　］内に入るもっとも適切なものを下欄のそれぞれの選択肢からひとつ選び，その記号を解答欄にマークせよ．ただし，各選択肢を複数回用いることはない．なお，解答にあたって必要であれば巻末の付表を用いよ．

① 一般的に，［(6)］にある工程で製造された製品の計量値データ（例えば，製品の寸法，重さなど）の分布は，左右対称な釣り鐘型をした正規分布の形に近いことが知られている．

② 正規分布の形状は，［(7)］で決まる．

【［(6)］［(7)］の選択肢】

ア．不安定状態　　イ．安定状態　　ウ．異常状態
エ．偶然状態　　オ．緊急事態　　カ．母平均
キ．母標準偏差　　ク．母平均と母標準偏差　　ケ．母相関係数

③ ある製品の寸法 x(mm)が，正規分布 $N(12.0, 0.2^2)$ に従うとする．このとき，x が 12.5 以上となる確率は［(8)］である．また，x が 11.7 から 12.3 の間に入る確率は［(9)］である．

【［(8)］［(9)］の選択肢】

ア．0.0019　　イ．0.0062　　ウ．0.0228　　エ．0.0668　　オ．0.4332
カ．0.4938　　キ．0.5668　　ク．0.8664　　ケ．0.9876　　コ．0.9938

【問 3】 次の文章において，[　　] 内に入るもっとも適切なものを下欄の選択肢からひとつ選び，その記号を解答欄にマークせよ．ただし，各選択肢を複数回用いることはない．

ある工場では，2 つのラインを使って同じ製品を生産している．現在，不適合品率は 4%程度であるが，この不適合品率を 1%以下に改善したいと考えている．そこで，日々発生する不適合品の数を調べ，その結果をもとに改善の方向性を検討することにした．その結果，表 3.1 の不適合品数のデータが得られた．なお，両ラインでの日々の生産数は同じである．

表 3.1 データ表

機械	不適合項目	日付							計
		4/1	4/2	4/3	4/4	4/5	4/8	4/9	
1 ライン	○○不良	2	0	3	1	5	4	2	17
	△△不良	0	3	2	6	0	4	1	16
	□□不良	4	1	1	0	0	1	1	8
	◇◇不良	4	5	2	6	1	3	7	28
	その他	2	3	0	3	1	1	2	12
2 ライン	○○不良	0	3	3	2	0	1	4	13
	△△不良	1	1	0	0	2	1	3	8
	□□不良	0	1	2	4	2	0	1	10
	◇◇不良	8	3	6	2	5	9	4	37
	その他	2	2	2	3	0	1	5	15
計		23	22	21	27	16	25	30	164

① データの収集と整理を簡単に行うための手法としてチェックシートが活用される．使用目的に応じて 2 種類のチェックシートがある．表 3.1 は，[(10)] チェックシートである．

② 現状の不適合品率 4%を 1%以下にするためには，不適合品の総数の 75%の削減が必要となる．そのためには，不適合品率が上位を占める不適合項目に着目するのがよい．各項目の占有率と不適合品数を把握するのに最適な手法は [(11)] である．

③ 改善のヒントとして，不適合品数が日々どのような推移をしているかに着目することも重要である．不適合品数の推移に傾向はないか，特定の日に多発していないかなどの視点で分析するのも有効である．そのための最適な手法は [(12)] である．

④ データを分析する際に，ラインや日付ごとに差（違い）がないかを分析し，もし違いがあればそこに改善のヒントを得ることができる．このように，全体のデータをいくつかの類似のグループごとに分けることを [(13)] という．

⑤ 上記データを分析すると，◇◇不良がもっとも多いことがわかる．そこで，まず，この改善を進めることになるが，その際に，この不良に影響すると考えられる要因を全員で検討し，整理する．この場合に最適な手法は [(14)] である．

⑥ もし◇◇不良が計量値データの場合には，100個程度のサンプルから得られた測定データをもとに，その分布の状態や工程能力を検討することができる．そのための最適な手法は [(15)] である．

【選択肢】

ア．円グラフ　イ．折れ線グラフ　ウ．調査・記録用　エ．点検・確認用
オ．パレート図　カ．特性要因図　キ．ヒストグラム　ク．層別
ケ．散布図

【問 4】 管理図に関する次の文章において，[   ] 内に入るもっとも適切なものを下欄のそれぞれの選択肢からひとつ選び，その記号を解答欄にマークせよ．ただし，各選択肢を複数回用いることはない．

ある製品の製造工程において，解析用 $\bar{X}-R$ 管理図（標準値が与えられていない場合の $\bar{X}-R$ 管理図）を作成するために，製品の品質特性について群の大きさ n=5のデータを 20 日間収集した．その結果，20 日間の各群の平均値 $\bar{X}$ と範囲 R の合計は，$\sum\bar{X}$=1185.8，$\sum R$=228 であった．

① $\bar{X}$ 管理図の管理線を計算すると，中心線 CL = [(16)]，上側管理限界線 UCL = [(17)]，下側管理限界線 LCL = [(18)] となる．
R 管理図の管理線を計算すると，中心線 CL = [(19)]，上側管理限界線 UCL = [(20)]，下側管理限界線 LCL は考えないとなる．
ただし，表 4.1 の管理限界線を計算するための係数表を用いること．

表 4.1 管理限界線を計算するための係数表

n	A_2	D_3	D_4
2	1.880	—	3.267
3	1.023	—	2.575
4	0.729	—	2.282
5	0.577	—	2.114
6	0.483	—	2.004
7	0.419	0.076	1.924
8	0.373	0.136	1.864
9	0.337	0.184	1.816
10	0.308	0.223	1.777

【[(16)] ～ [(20)] の選択肢】
ア．11.20　イ．11.40　ウ．17.98　エ．22.8　オ．24.1
カ．50.98　キ．52.71　ク．59.29　ケ．65.87　コ．67.60

② 管理図では，データをいくつかの組に分けることを [(21)] という．この目的は，工程の偶然変動による変動（群内変動）の大きさを求めることと，群内変動の平均の変化（群間変動）を見ることの 2 つがある．[(21)] を行う場合に大切な点は次のとおりである．
a) 群内にはできるだけ偶然変動によるばらつきのみが入るようにし，異常原因を [(22)] ようにする．
b) 異常原因によるばらつきが，できるだけ群間の変動として [(23)] ようにする．

【[(21)] ～ [(23)] の選択肢】
ア．分割　イ．見いだす　ウ．含まない　エ．無視する　オ．現れない
カ．群分け　キ．含む　ク．現れる

【問５】　チェックシートに関する次の文章において，［　　］内に入るもっとも適切なものを下欄の選択肢からひとつ選び，その記号を解答欄にマークせよ．ただし，各選択肢を複数回用いることはない．

チェックシートは，品質管理の改善活動における，現状把握の初期の段階でよく用いられる手法のひとつである．簡単にチェックしてデータを表や図に分類して表すことで，どの項目に不具合が集中しているかなど全体を見渡すことができる大変便利な道具である．そのため，チェックシートの作成手順を正しく理解しておく必要がある．以下にその手順を示す．

手順１．［(24)］の明確化
何のためにチェックするのか，どのようにチェック結果を活用するのかをはっきりさせる．

手順２．チェックシートの選択
チェックシートにはさまざまな種類があるが，どのような種類のチェックシートを用いるかを決める．

手順３．チェックシートの作成
チェックシートをどのような体裁にするか決定する．そのために，次の項目に留意する．
a)　欲しい［(25)］が得られること．
b)　関連部署の意見を集約して，データが簡単にとれて，［(26)］しやすくしておくこと．
c)　5W1H の項目などよく考慮すること．
d)　点検項目は，作業の順序と合わせること．

手順４．チェックの実施
チェックシートを用いて，現場に行って現物をよく［(27)］して，その時点で記入する．

手順５．必要事項の記入
データを集計した結果など必要事項を記入する．

【選択肢】
ア．観察　　イ．実験　　ウ．言語データ　　エ．整理　　オ．情報
カ．目的　　キ．記号

【問 6】 パレート図に関する次の文章において，[　　] 内に入るもっとも適切なものを下欄のそれぞれの選択肢からひとつ選び，その記号を解答欄にマークせよ．ただし，各選択肢を複数回用いることはない．

表 6.1 は 7 月 1 日～7 月 5 日の 5 日間，機械 A と機械 B に分けて，日用品容器のラベル貼り付け工程で発生した不適合数について，該当する項目にチェックを記入した結果である．ただし，計および小計の欄の数値は集計途中である．この集計表に基づいて，パレート図を作成した．

表 6.1　集計表

不適合項目	機械別	7 月 1 日	7 月 2 日	7 月 3 日	7 月 4 日	7 月 5 日	計	小計
破れ	機械 A	/		/		///	5	11
	機械 B			//		////	6	
汚れ	機械 A	///	卌/	///	卌//	/	20	29
	機械 B	///	//	/		///	9	
文字欠け	機械 A	//			///	////		
	機械 B	///	///	/		/		
位置ずれ	機械 A	///	///	卌	卌	///		
	機械 B	////	////	////	卌/	//		
しわ	機械 A	//	///	////	/	/		
	機械 B	//	//	//	///	//		
印字ミス	機械 A	////	/	/	///	卌		
	機械 B	//	//	///	//	////		
めくれ	機械 A	/	/	/	///	////		
	機械 B				////	卌/		

① この 5 日間において，不適合数がもっとも少なかった不適合項目は [(28)] で，2 番目に少なかった不適合項目は [(29)] である．

【[(28)] [(29)] の選択肢】
ア．破れ　　イ．汚れ　　ウ．文字欠け　　エ．位置ずれ　　オ．しわ
カ．印字ミス　　キ．めくれ

② 2 つの機械の小計について，この 5 日間の小計の不適合数に関するパレート図は [(30)] となる．ただし，①で考察した不適合数が少ない 2 項目は「その他」としてまとめている．不適合数のもっとも多い 2 つの不適合項目に対処し，これらの項目の不適合数をゼロ件にすることができれば，全体の不適合数は現在の [(31)] %の件数となる．

【 (30) の選択肢】

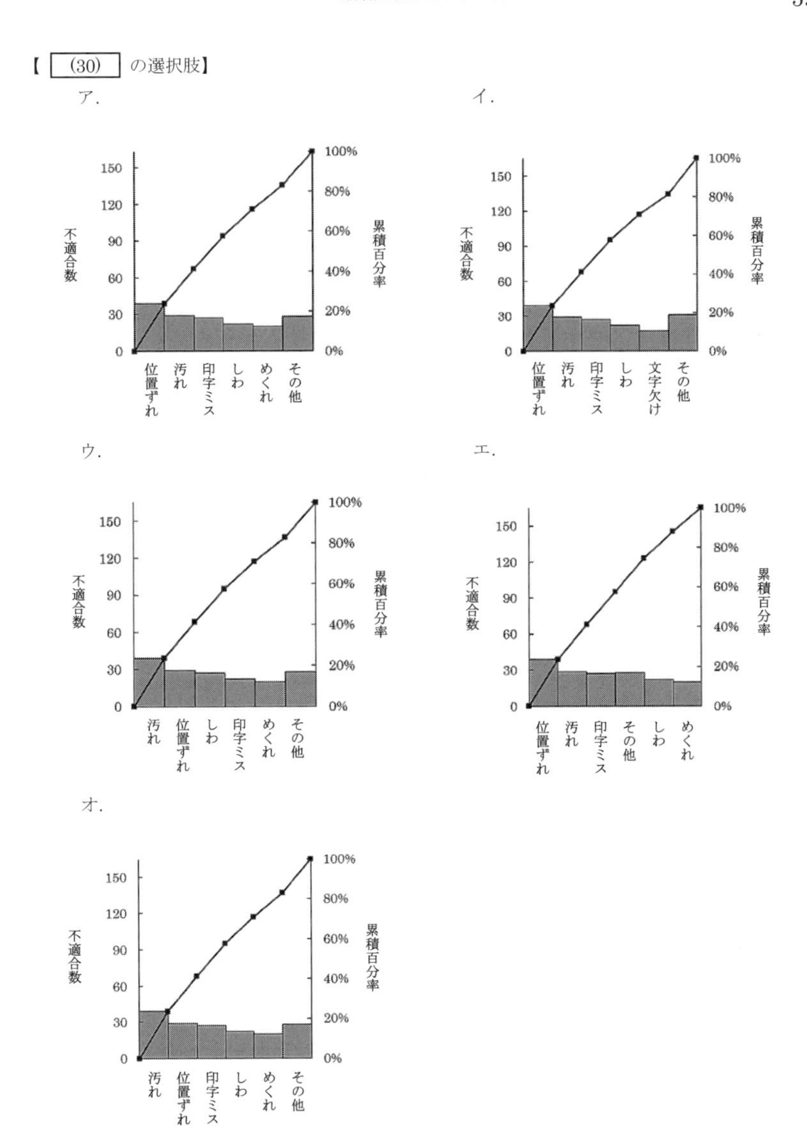

【 (31) の選択肢】

ア. 23.6　　イ. 41.2　　ウ. 57.6　　エ. 58.8　　オ. 76.4

③　機械Aについて，この5日間の不適合数に関するパレート図は以下となる．図の下側の不適合項目欄は，左から順に「 (32) 」となる．ただし②と同様に，2 項目を「その他」としてまとめている．

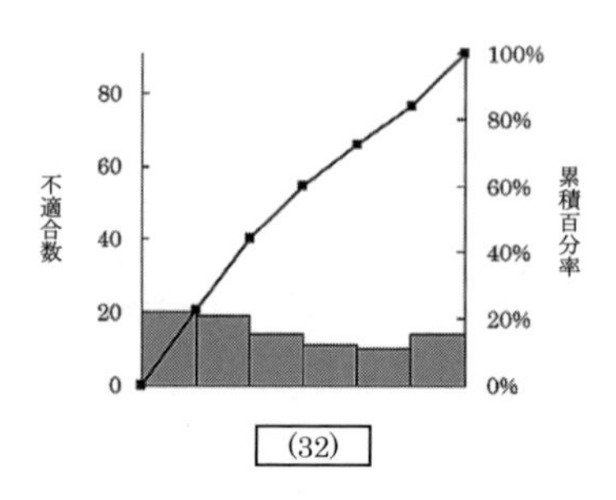

【 (32) の選択肢】

ア．位置ずれ，汚れ，印字ミス，しわ，めくれ，その他
イ．位置ずれ，汚れ，印字ミス，その他，しわ，めくれ
ウ．汚れ，位置ずれ，印字ミス，しわ，文字欠け，その他
エ．汚れ，位置ずれ，印字ミス，その他，しわ，めくれ
オ．汚れ，位置ずれ，印字ミス，しわ，めくれ，その他

【問7】 特性要因図に関する次の文章において，［　］内に入るもっとも適切なものを下欄の選択肢からひとつ選び，その記号を解答欄にマークせよ．ただし，各選択肢を複数回用いることはない．

QC七つ道具のひとつに特性要因図がある．特性要因図は，問題の因果関係を整理し原因を追究するのに適しており，特定の品質特性に対して影響していると考えられる要因を系統的に示したものである．“魚の骨”とも呼ばれている．

特性要因図は，現場で問題となっていて改善の必要な［(33)］を具体的に取り上げる．

① まず初めに右側に［(33)］を書いて四角(［　］)で囲み，左から水平の矢印で背骨を書く．

② 次に要因の洗い出しは，4Mなどに区別した大分類を四角(［　］)で囲み，背骨に向けた矢印で大骨を書いていく．このやり方を大骨展開法ともいう．

③ 大分類（4M）ごとに関連する項目を整理し，［(33)］に影響すると思われる要因を皆で考え，中分類の項目から大骨に向けた矢印で中骨を書き，さらに小分類の項目から中骨に向けた矢印の小骨を書いて，特性要因図の形を作っていく．このやり方を小骨拡張法ともいう．

④ 同様に，小骨に関連する項目を整理して，小骨に向けた［(34)］を書く．

⑤ 特性要因図が出来上がったら，要因に抜けがないか皆で確かめ，抜けがあったら書き加えることが大切である．

⑥ 最後に，工程名，製品名，作成部署，作成日など［(35)］を記入して完成させる．

⑦ 特性要因図は，［(33)］と要因との関係を明らかにしていくことから，［(36)］に有効である．

⑧ 特性要因図は，新しい作業者を教育する場合に用いることで，作業のポイントや重要度について［(37)］を深めるためにも有効である．

【選択肢】

ア．発生要因　　イ．工程管理　　ウ．理解　　エ．孫骨　　オ．必要事項
カ．課題達成　　キ．影響度　　ク．品質特性

【問 8】 層別に関する次の文章において，[　　] 内に入るもっとも適切なものを下欄のそれぞれの選択肢からひとつ選び，その記号を解答欄にマークせよ．ただし，各選択肢を複数回用いてもよい．

① Q 社では，2 つの工場 A と B で製品を製造している．表 8.1 は，ある 1 日に A 工場と B 工場のそれぞれで製造された製品について，適合品数と不適合品数をまとめたものである．

表 8.1　A 工場と B 工場における適合品数と不適合品数

	適合品数	不適合品数
A 工場	4,900	100
B 工場	2,900	100

A 工場と B 工場の不適合品率を比較してみると [(38)] である．

② ①の A 工場と B 工場では製品 X と製品 Y の 2 種類の製品を製造しており，表 8.1 はそれらを合算したものであった．そこで，製品で層別したところ，表 8.2（製品 X について）と表 8.3（製品 Y について）が得られた．

表 8.2　製品 X の適合品数と不適合品数

	適合品数	不適合品数
A 工場	960	40
B 工場	2,160	90

表 8.3　製品 Y の適合品数と不適合品数

	適合品数	不適合品数
A 工場	3,940	60
B 工場	740	[(39)]

製品 X について A 工場の不適合品率は [(40)] %である．製品 X について A 工場と B 工場の不適合品率を比較してみると [(41)] であり，製品 Y について A 工場と B 工場の不適合品率を比較してみると [(42)] である．

【[(38)] [(41)] [(42)] の選択肢】

ア．A 工場の不適合品率　＜　B 工場の不適合品率
イ．A 工場の不適合品率　＝　B 工場の不適合品率
ウ．A 工場の不適合品率　＞　B 工場の不適合品率

【[(39)] の選択肢】

ア．10　　イ．20　　ウ．30　　エ．40　　オ．50

【[(40)] の選択肢】

ア．1.50　　イ．2.00　　ウ．2.04　　エ．4.00　　オ．4.17

【問９】 新QC七つ道具を活用する場面に関する次の文章において，［　　］内に入るもっとも適切なものを下欄の選択肢からひとつ選び，その記号を解答欄にマークせよ．ただし，各選択肢を複数回用いることはない．

① 計画を実施していくうえで，予期せぬ［(43)］を防止するために，事前に考えられるさまざまな結果を予測し，プロセスの進行をできるだけ望ましい方向に導く方法がPDPC法である．

② 問題に対する解決手段を時系列的に配列し，実施計画を策定する段階で手段が［(44)］である場合に，納期短縮の工夫や遂行の効率化を図るのに利用するのがアローダイアグラム法である．

③ 一般的に，行に属する要素の対象と，列に属する要素である評価項目との関係を表す［(45)］を解析することによって，評価項目を集約し，対象間や評価項目間の［(46)］を捉えるのに利用するのがマトリックス・データ解析法である．

④ 複雑な原因の絡み合う問題の多様な原因において，それらの［(47)］を論理的に掘り下げて整理し根本的な解決のための原因を見つけるために利用するのが連関図法である．

⑤ 混沌とした問題についての多様な意見や推定および事実などを言語データとして表し,その言語データ間の［(48)］によって統合し，問題の［(49)］を捉えるのに利用するのが親和図法である．

⑥ 目的を設定し，その目的に対する方策を系統的にひとつずつ［(50)］へと展開し，具体的な実施事項を見いだすために利用するのが系統図法である．

【選択肢】

ア．因果関係　　イ．親和性　　ウ．小さな方策　　エ．全体像
オ．トラブル　　カ．確定　　キ．分類　　ク．総合的な特徴
ケ．二元的な配置　　コ．数値データ

【問 10】 次の文章において，[ ] 内に入るもっとも適切なものを下欄のそれぞれの選択肢からひとつ選び，その記号を解答欄にマークせよ．ただし，各選択肢を複数回用いることはない．

① 顧客の満足する製品・サービスを提供するには，市場調査などを通じて顧客がどのような製品・サービスを求めているかを把握し，開発・設計を行うことが大切であり，この考え方を [(51)] と呼んでいる．反対に，企業の一方的な立場から作ったものを売るという考え方をプロダクトアウトと呼んでいる．

② 顧客だけでなく，社内の業務においても次の工程を含めた後の工程に喜んで受け取ってもらえるように仕事を進める考え方を [(52)] と呼んでいる．そのためには，自工程の役割をよく知ること，後工程をよく知ること，後工程の立場に立って考えて行動すること，前後工程との風通しをよくすることなどが大切である．

③ 問題の解決にあたっては限られた経営資源の有効活用の観点に立って，考えられる多くの原因の中から効果が大きくなるものに焦点を絞って解決するという [(53)] の考え方が大切である．

【[(51)] ～ [(53)] の選択肢】

ア．製品指向　イ．量第一　ウ．マーケットイン　エ．コスト第一
オ．重点指向　カ．総花主義　キ．原因指向　ク．後工程はお客様
ケ．品質向上　コ．品質第一

④ 問題の現状把握や原因追究にあたっては経験や勘も大切であるが，それだけに頼らずに事実を [(54)] によってよく観察し，さらに可能な限り客観的な数値データとしてとらえ調査・分析を行うようにするのがよい． [(54)] は物事の本質を見極めようとするときに大切な考え方である．

⑤ 問題解決を行うには，まず計画を立てる(Plan)，計画どおりに実施してみる(Do)，結果が計画どおりかを確認する(Check)，計画どおりにいかなかった場合あるいは予想外に悪かった場合には，なぜそうなったのかの原因を追究し，次に行うときの計画に反映させる(Act)，ようにする．以上の繰返しを “ [(55)] のサイクルを回す” という．

⑥ 問題が発生した場合は，直ちに望ましくない状況や現象を除去する応急対策が必要である．そして，同じ原因で問題を二度と起こさないように問題の発生原因を追究し，真の原因に対して手を打ち [(56)] を図ることが大切である．さらに，計画段階で発生すると考えられる問題をあらかじめ洗い出し，事前に対策を講じる未然防止も大切である．

⑦ 結果がうまくいった場合はどうしてそうなったのか，うまくいかなかった場合はなぜそうなったのかを明確にし，それらをもとに最良な状態を [(57)] しておくことが，失敗を繰り返さずにすませることになる．これを怠ると歯止めがきかずに，改善してもいつの間にかもとに戻ってしまい，せっかくの改善の成果が持続しないことになる．ここに [(57)] とは，効果的かつ効率的な組織運営を目的として，共通に，かつ繰り返して使用するための取決めを定めて活用する活動である．

【 (54) ～ (57) の選択肢】

ア．標準化　イ．変化点管理　ウ．再発防止　エ．反省　オ．管理
カ．補償　キ．方針展開　ク．三現主義　ケ．記録

【問 11】 次の文章において， 内に入るもっとも適切なものを下欄の選択肢からひとつ選び，その記号を解答欄にマークせよ．ただし，各選択肢を複数回用いることはない．

① 製品やサービスの良し悪し（品質）は，製品やサービスに本来備わっている機能や要素（特性）が顧客のニーズや期待を満たしている (58) と考えられる．製品やサービスの品質を構成する要素として例えば次の３つの品質が考えられる．

a) 企画品質と (59) の品質
b) 製造の品質
c) 営業やアフターサービスの品質

② 製品の製造やサービスの提供においては，顧客が求めているニーズはどのようなものか，製品ならば機能・性能，サービスならばその内容を (60) の品質として定め，それを実現する方法を検討し，その結果，どの程度，製造した製品や提供したサービスで実現できたかが (61) の品質である．

③ 品質において，照明が点灯するように，当然，その品質が備わっていて当たり前なものを当たり前品質という．当たり前品質は備わっていても顧客満足の程度は普通であり，もし備わっていない場合は，顧客満足の程度は大きく低下する．一方で，調光できる照明のように，照明の本来の機能に加味された機能が備わっているものを (62) 品質という．この品質は，備わっていれば顧客満足の程度が大きく上昇するが，もし備わっていない場合でも，顧客の満足の程度は普通に維持される．

【選択肢】

ア．価値　イ．できばえ　ウ．程度　エ．標準的　オ．ねらい
カ．魅力的　キ．付加的　ク．目的・計画　ケ．設計

【問 12】 次の文章において，[　　] 内に入るもっとも適切なものを下欄のそれぞれの選択肢からひとつ選び，その記号を解答欄にマークせよ．ただし，各選択肢を複数回用いることはない．

① 新規事業への対応や現状を大幅に改善する場合などに用いる方法として，課題達成型 QC ストーリーがある．課題達成型 QC ストーリーは，次の手順で実施されることが多い．

手順 1 テーマの選定

手順 2 [(63)]

手順 3 方策の立案

手順 4 [(64)]

手順 5 [(65)]

手順 6 [(66)]

手順 7 [(67)]

手順 8 反省と今後の計画

【[(63)] ～ [(67)] の選択肢】

ア．現状の把握と目標の設定　イ．成功シナリオの実施　ウ．対策の立案
エ．攻め所と目標の設定　オ．効果の確認　カ．標準化と管理の定着
キ．成功シナリオの追求　ク．対策の実施　ケ．重点指向の取組み
コ．要因の解析

② 課題達成型 QC ストーリーの手順 4 では，絞り込まれた予想効果の大きな方策について，実現方法を具体的に検討する．それを実現させる方法や手順をフローチャートや [(68)] などを活用して具体的な活動にまとめる．この活動を実施できるとしたときの期待効果を予測する．さらに，実施上の問題点や障害を取り除く手段を検討し，総合的に利害損失の評価を行う．

【[(68)] の選択肢】

ア．FMEA　イ．系統図　ウ．PDPC 法　エ．連関図法

【問13】　次の文章は，管理の方法について述べたものである．下線部の発言内容のうち，品質管理の考え方として正しいものには○，正しくないものには×を解答欄にマークせよ．

① A菓子製造会社の生産戦略部長は，“当社は，品質管理の推進が同業他社と比べ，遅れている．ともかく当たり前だが，まずは起こったトラブルの再発防止に努めなければならない．そして，起こる可能性のある，あるいは気がついていないトラブルを未然に防ぐ活動も必要である．”と言った．　(69)

② ある会社の戦略会議で，“まず来年度の目標を設定すること．そしてその達成のためシステムを構築しなければならないが，その際にはシステム稼動に伴うリスクを抽出し，問題を解決しなければならない．”という意見が出た．これに対し，ある担当者は，“システムは稼動してみなければリスクもわからないので，まずは一刻も早く何かしらのシステムを稼動し，その後にリスクを考えることでよいのではないでしょうか．”と言った．　(70)

③ K自動車製造会社の品質推進課長が，“今回，組立第三ラインにおいて，組立作業標準どおり作業を行っていないことが判明した．関係者に対し，正しい作業方法を直ちに教育するとともに，標準作業順守の重要性について再度教育をするように．”と製造部門の課長に指示した．これを聞いた工場長は，“作業標準どおり行っていないのは，作業標準がわかりにくいためであり，わかりやすく書きなおせば教育はいらない．”と反対した．　(71)

【問 14】 品質保証に関する次の文章の説明内容において，もっとも関連がある語句を下欄の選択肢からひとつ選び，その記号を解答欄にマークせよ．ただし，各選択肢を複数回用いることはない．

① 品質保証にかかわる課・部門などの部署を横軸に，商品企画～設計～製造～サービスなどの一連の活動を縦軸に表示し，それぞれの活動にかかわる部門，各活動のつながりなどをひとつの図にまとめたもの． (72)

② 設計の適切な段階で，関係する設計部門以外の部門を含めて，その段階の設計のアウトプットをもとに，評価・検討を行う活動． (73)

③ 要求品質展開表と品質特性展開表を二元的に配置し，その関係を表したもの． (74)

④ 故障の木解析とも呼ばれ，システムやプロセス全体に対して発生が好ましくない事象をトップ事象として取り上げ，その未然防止を図る手法． (75)

【選択肢】

ア．官能検査　イ．品質表　ウ．FMEA　エ．FTA
オ．デザインレビュー　カ．保証の網　キ．QC 工程図　ク．QOL
ケ．品質保証体系図　コ．幹葉表示

【問 15】 プロセス保証に関する次の文章において，［　　］内に入るもっとも適切なものを下欄のそれぞれの選択肢からひとつ選び，その記号を解答欄にマークせよ．ただし，各選択肢を複数回用いることはない．

① プロセス保証とは，プロセスの最終的なアウトプットが［(76)］と合致するようにするための一連の活動である．そして，プロセス保証を効果的に行うために，プロセスの標準化が重要である．プロセスの標準化を進める際には，インプットをアウトプットに変換するための人・設備類・必要な技術などの［(77)］を明確にするとよい．

【［(76)］［(77)］の選択肢】
ア．経営資源　イ．方針管理　ウ．教育計画　エ．目的や基準
オ．工程の管理や改善

② ［(78)］はプロセスの標準化を進めるツールのひとつである．これを作成するにあたっては，記号を用いてプロセスの流れを記述する．また，各工程の重要な品質特性に対する管理方式を［(79)］の視点から定めるとよい．

【［(78)］［(79)］の選択肢】
ア．工程 FMEA　イ．5W1H　ウ．5 ゲン主義　エ．方針展開
オ．成果主義　カ．重点指向　キ．QC 工程図

③ プロセス保証を進めるにあたり，検査方式の設計も重要である．検査の種類は多くあるが，例えば，統計的な理論に基づいて定められた方式にしたがって得たサンプルのみを検査する方法は［(80)］と呼ばれる．また，検査対象物による検査方式を分類した際に，検査によって製品価値が失われず，検査された製品でも次工程へ流すことができるような検査を［(81)］という．

【［(80)］［(81)］の選択肢】
ア．非破壊検査　イ．出荷検査　ウ．全数検査　エ．受入検査
オ．定期検査　カ．抜取検査　キ．一部検査　ク．破壊検査

【問 16】 次の文章において，［　　］内に入るもっとも適切なものを下欄のそれぞれの選択肢からひとつ選び，その記号を解答欄にマークせよ．ただし，各選択肢を複数回用いることはない．

① TQM 活動で経営目標を効率的に達成するためには，一般的に日常管理と方針管理を併用して進める．図 16.1 は日常管理と方針管理との関係を示している．［(82)］は現状を［(83)］する活動が基本であるが，さらに好ましい状態へ［(84)］する活動も含まれる．［(85)］は，この好ましい状態へのレベルアップの程度ではなく，より［(86)］するレベルにまで改善したい課題を取り上げて推進する．そしてそのレベルを［(82)］によって把握し，結果と原因の関係を正しく把握して，結果を制御し［(83)］管理に努めて経営基盤を安定させる．経営基盤の安定が見込めれば，［(86)］すべきレベルの重要課題を取り上げて，［(85)］により人・もの・金などの経営資源を重点的に配分し経営のレベルアップを推進する．効率よく TQM 活動で経営目標の達成を図っていくには，このように，まず［(82)］を導入し，その後に［(85)］を導入することが好ましい．方針管理では，目標達成の結果に着眼するだけでなく，特に好ましくない結果に至った要因にアクションをとることが大切となる．

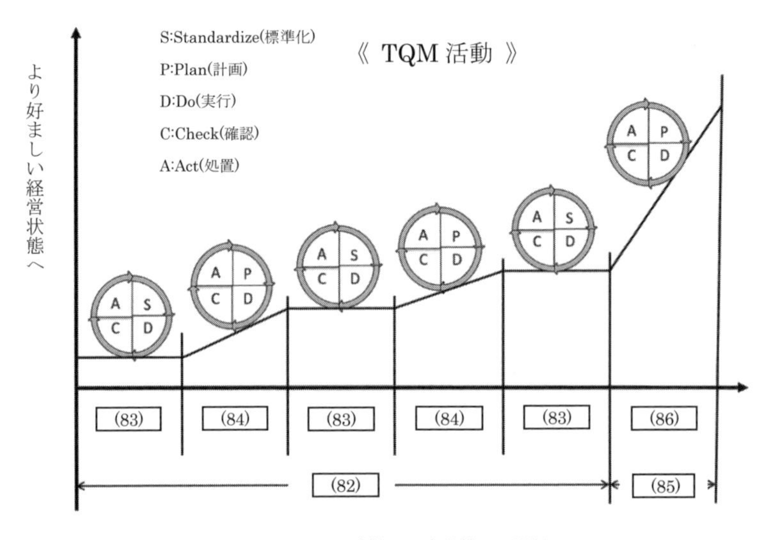

図 16.1 日常管理と方針管理の関係

【［(82)］～［(86)］の選択肢】

ア．日常管理　イ．目標管理　ウ．方針管理　エ．プロセス管理
オ．維持　カ．標準化　キ．改善　ク．小集団活動
ケ．現状打破　コ．QC 教育

② 方針管理を進める大まかなステップは次のとおりである.

ステップ１：中長期計画や社内外の情勢や前年度の反省から (87) .

ステップ２：トップダウンやボトムアップによるすり合わせを行い目標や方策へと (88) .

ステップ３：実行可能な実施計画書を作成し実施スケジュールを定めて (89) .

ステップ４：プロセス重視で，都度未達成要因の解析を行う．またトップ診断により活動状況をチェックする.

ステップ５：阻害要因に対する対応や進捗の遅れ，新たに発生した問題に対する処置（アクション）を行う.

ステップ６：今年度の方針未達成原因の分析や方針管理の仕組みなどを反省して次年度への振り返りを行う.

【 (87) ～ (89) の選択肢】

ア．目標値を配分する　　イ．方針の展開をする
ウ．方針を策定する　　エ．方針を分割する
オ．社内から方針を募集する　　カ．方針策定者を決める
キ．方針の見直しをする　　ク．方針の達成状況を評価する
ケ．方針を実施する　　コ．方針管理の仕組みを見直す

【問17】 小集団改善活動に関する次の文章で正しいものには○，正しくないものには×を選び，解答欄にマークせよ.

① 小集団改善活動は中長期的な視点に立って継続的に推進することが必要である. (90)

② 小集団改善活動は現場第一線の自発的な活動であるべきであるから，組織のトップが活動にかかわるのは好ましくない. (91)

③ 小集団改善活動は組織の活性化を図るものであるから，個人に対する評価や表彰などはなじまない. (92)

④ 小集団改善活動には人材育成の果たす役割が大きく，多くの人が積極的に教育や研修に参加できる状況を作り出すことが重要である. (93)

【問18】 新人社員のBさんと上司のA係長との人材育成に関する会話の次の文章において，[　　] 内に入るもっとも適切なものを下欄のそれぞれの選択肢からひとつ選び，その記号を解答欄にマークせよ．ただし，各選択肢を複数回用いることはない．

A係長：Bさんは入社して半年が経過したので，そろそろ品質管理の知識を身につけてもらおうと思っている．

Bさん：え，つい先日，長かった新人研修を終えてきたばかりですが…….

A係長：それは一般的な挨拶や話し方，電話応対などをはじめとする社会人として最初に身につけておくべき常識を学んできたのであって，次は当社の経営管理手法であるTQMを推進するために，必要な知識を習得してもらいたい．

Bさん：そういえば，先輩からTQMの特徴と概要を教えてもらいましたが，その中で“品質管理は，[(94)] に始まり [(94)] に終わる”と言っていました．

A係長：その言葉は，TQMの推進における品質管理の [(94)] を実施することの重要性を比喩しており，品質管理に関する考え方と，その考え方を具現化する手法の [(94)] が展開されているんだ．

Bさん：具体的にはどのようなことを行うのですか．

A係長：品質管理の [(94)] を組織的に実施していくために，[(95)] 別教育体系が整備されており，役員や部門長，職長，一般社員など組織における立場・役割に応じて求められるTQMに関する研修プログラムが用意されている．Bさんは新人だから新入社員コースを受講してもらうが，そこでは，大きく分けて [(96)]，QC手法（QC七つ道具），[(97)] の手順の3つのプログラムの理解をとおして，小集団改善活動である [(98)] 活動が実践できるように構成されている．

Bさん：[(96)] でしたら，先輩から業務を教わりながら品質第一とか，管理のサイクルの意味をわかりやすく説明してもらいました．

A係長：それは，[(99)] といって，業務遂行の具体的な事例のもとで実践的に習得する指導方法のことで，今度受講してもらうような通常業務から離れて行う研修のことを [(100)] というんだ．[(100)] では集中的に知識・技術・技能を学習できるメリットのほかに，受講者との情報交換，コミュニケーションなどネットワーク構築にも役に立つんだよ．きっとBさんの同期も何人か受講することになると思うよ．

Bさん：それを聞いて安心しました．しっかりと品質管理の基礎を勉強してきます．

【[(94)] [(95)] の選択肢】

ア．方針　イ．日常　ウ．部門　エ．顧客　オ．指導
カ．職能　キ．階層　ク．QCサークル　ケ．教育

【 (96) ～ (100) の選択肢】

ア．再発防止　　イ．QC的ものの見方・考え方　　ウ．問題解決
エ．課題達成　　オ．未然防止　　カ．QCサークル
キ．プロジェクト　　ク．自己啓発　　ケ．Off-JT
コ．OJT

第32回　解答記入欄

問	番号	解答
問1	1	
	2	
	3	
	4	
	5	
問2	6	
	7	
	8	
	9	
問3	10	
	11	
	12	
	13	
	14	
	15	
問4	16	
	17	
	18	
	19	
	20	
	21	
	22	
	23	
問5	24	
	25	
問5	26	
	27	
問6	28	
	29	
	30	
	31	
	32	
問7	33	
	34	
	35	
	36	
	37	
問8	38	
	39	
	40	
	41	
	42	
問9	43	
	44	
	45	
	46	
	47	
	48	
	49	
	50	
問10	51	
	52	
	53	
	54	
	55	
	56	
	57	
問11	58	
	59	
	60	
	61	
	62	
問12	63	
	64	
	65	
	66	
	67	
	68	
問13	69	
	70	
	71	
問14	72	
	73	
	74	
	75	

問 15	76	
	77	
	78	
	79	
	80	
	81	
問 16	82	
	83	
	84	
	85	
	86	
	87	
	88	
	89	
問 17	90	
	91	
	92	
	93	
問 18	94	
	95	
	96	
	97	
	98	
	99	
	100	

3 級問題

第 33 回（試験日：2022 年 3 月 20 日）

試験時間：90 分

付表を p.161 に掲載しています．
必要に応じて利用してください．

【問 1】 データの取り方・まとめ方に関する次の文章において，[ ] 内に入るもっとも適切なものを下欄のそれぞれの選択肢からひとつ選び，その記号を解答欄にマークせよ．ただし，各選択肢を複数回用いることはない．

① 品質管理では，工程やロットのように問題解決の対象を母集団と考え，ここからサンプルを抽出する．そして，母集団からサンプルを抜き取ることを [(1)] という．

【[(1)] の選択肢】
ア．サンプリング　　イ．抜取検査　　ウ．工程管理

② データには，強度や温度などのように量を計測して得られるデータと生産した製品個数の不適合品の数のように個数や件数を数えたデータがある．前者のように量を計測して得られるデータを [(2)] と呼び，後者のように個数を数えて得られるデータを [(3)] と呼ぶ．[(2)] は，計測された量を用いて，中心的な位置を表す尺度とばらつきを表す尺度を算出して活用することが多い．

【[(2)] [(3)] の選択肢】
ア．計量値データ　　イ．計数値データ　　ウ．母数　　エ．統計量

③ [(2)] の場合，中心的な位置を表す尺度には [(4)] などが用いられ，ばらつきを表す尺度には [(5)] などが用いられる．

【[(4)] [(5)] の選択肢】
ア．平均や標準偏差　　イ．平均やメディアン　　ウ．分散，標準偏差や範囲
エ．モード，レンジやミッドレンジ

④ これに対して，[(3)] の場合，規定要求事項を満たしていない品物の数である [(6)] ，その品物全体に対する割合である [(7)] や，欠点数，欠点率などが用いられる．

【[(6)] [(7)] の選択肢】
ア．適合品数　　イ．適合品率　　ウ．不適合品数　　エ．不適合品率

【問 2】 正規分布に関する次の文章において，[ ] 内に入るもっとも適切なものを下欄のそれぞれの選択肢からひとつ選び，その記号を解答欄にマークせよ．なお，解答にあたって必要であれば巻末の付表を用いよ．

① 一般に，工程やロットなどの母集団からサンプルを取り，そのサンプルを測定して得られるデータが [(8)] データである場合，そのデータは正規分布に従うことが多い．

【[(8)] の選択肢】
ア．計数値　　イ．計量値　　ウ．言語　　エ．離散

② 正規分布は母平均 μ と母分散 σ^2 の 2 つの値で分布が確定し，一般に記号で $N(\mu,\sigma^2)$ と書く．正規分布 $N(\mu,\sigma^2)$ に従う確率変数 x は，式 [(9)] によって，標準正規分布 [(10)] に従う確率変数 u に変換される．

【[(9)] の選択肢】
ア．$u=\sqrt{\dfrac{x-\mu}{\sigma}}$　　イ．$u=\dfrac{x-\mu}{\sigma}$　　ウ．$u=\sqrt{\dfrac{x}{\sigma}}$　　エ．$u=\dfrac{x}{\sigma}$　　オ．$u=\dfrac{\sqrt{x-\mu}}{\sigma}$

カ．$u=\dfrac{x-\mu}{\sigma^2}$　　キ．$u=\sqrt{x-\mu}$　　ク．$u=x-\mu$

【[(10)] の選択肢】
ア．$N(-1,1^2)$　　イ．$N(0,1^2)$　　ウ．$N(1,1^2)$　　エ．$N(0,10^2)$　　オ．$N(50,10^2)$

③ ある組立工程の完成品の寸法（mm）が母平均 45，母分散 2^2 の正規分布に従うとき，この工程で生産される製品が上側規格値 50 以下になる確率は [(11)] となる．

【[(11)] の選択肢】
ア．0.0062　　イ．0.0129　　ウ．0.1056　　エ．0.8944　　オ．0.9871
カ．0.9938

④ 正規分布 $N(\mu,\sigma^2)$ では，データが $\mu\pm1\sigma$ の範囲に入る確率は [(12)] となる．

【[(12)] の選択肢】
ア．0%　　イ．68.3%　　ウ．95.4%　　エ．99.7%　　オ．100.0%

【問 3】 次の散布図について，その説明としてもっとも適切なもの，および相関係数に関してもっとも値が近いものを下欄のそれぞれの選択肢からひとつ選び，その記号を解答欄にマークせよ．ただし，各選択肢を複数回用いることはない．

① 説明：(13)　相関係数 ＝ (17)

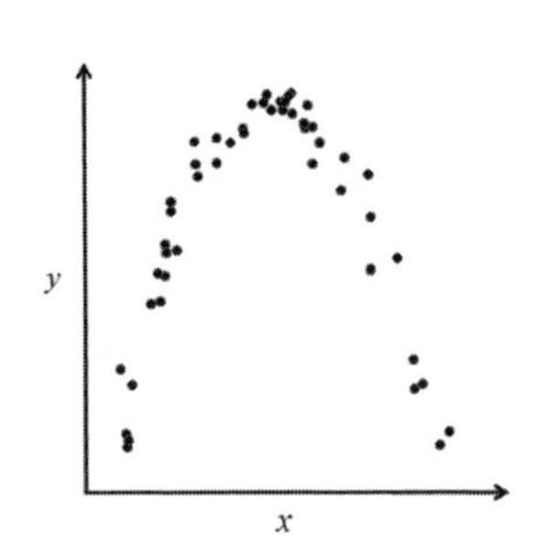

② 説明：(14)　相関係数 ＝ (18)

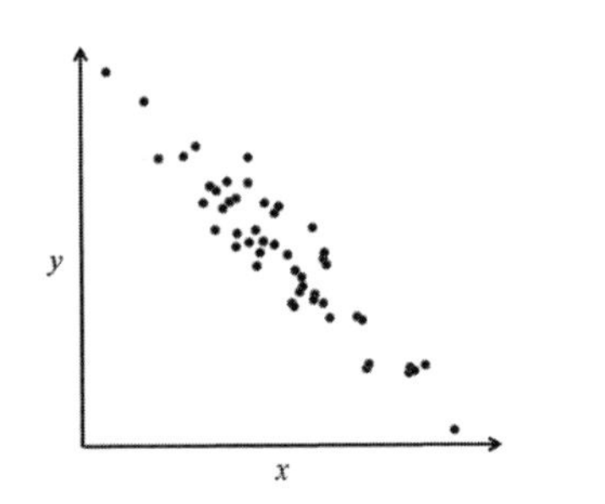

③ 説明：(15)　相関係数 ＝ (19)

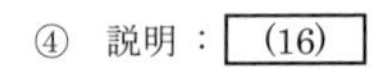

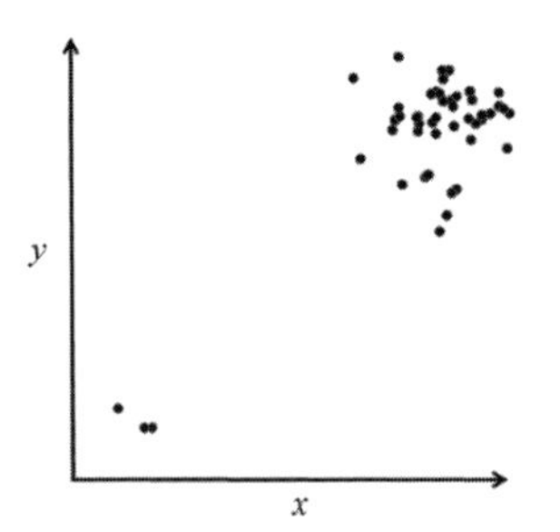

④ 説明：(16)　相関係数 ＝0.42

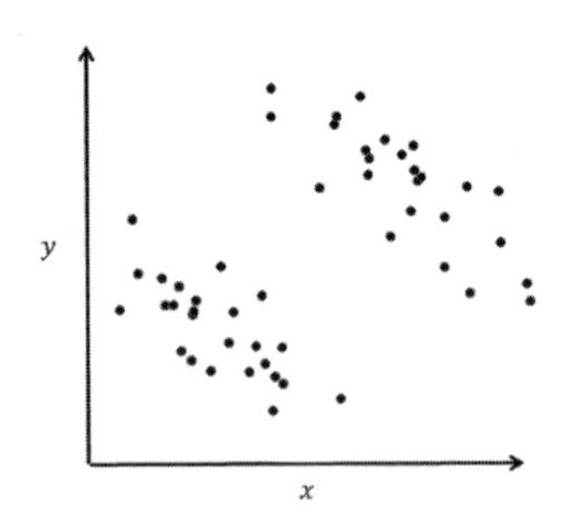

【 (13) ～ (16) の選択肢】

ア．正の相関がある．　　イ．負の相関がある．

ウ．曲線的な関係がある．　　エ．外れ値を除けば無相関に見える．

オ．層別が必要である．

【 (17) ～ (19) の選択肢】

ア．−0.94　　イ．0.05　　ウ．　0.81

【問4】　特性要因図に関する次の文章において，［　］内に入るもっとも適切なものを下欄の選択肢からひとつ選び，その記号を解答欄にマークせよ．ただし，各選択肢を複数回用いることはない．

JSA食品に勤めているAさんは，Bさん，Cさん，Dさん，Eさんの5人で業務にあたっているが，ときどき業務が決められた時間内に終わらないことがある．そこで，メンバー5人で集まり，その原因について検討してみたところ，いろいろな意見が出た．それらを整理するために，特性要因図にまとめてみることにした．

図4.1は，特性を「業務が時間内に終わらない」として，大要因を「上司」「業務プロセス」「コミュニケーション」「メンバーの意識」として，要因を記入し始めた途中段階の特性要因図である．

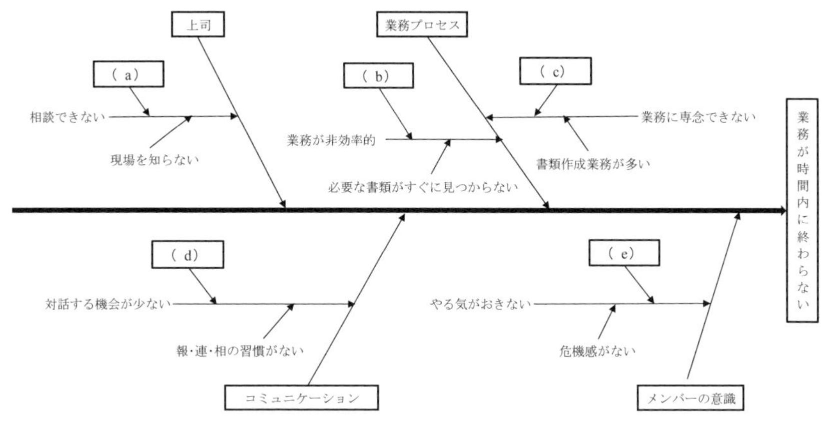

図4.1　特性要因図（途中段階）

Aさんからは，現在，会社に通勤することが制限され，テレワーク中心になっていて，簡単にメンバーで話し合うことができないことが原因ではないかという意見が出たので，「テレワーク中心になっている」を要因とし，図の［(20)］の位置に記入した．

Bさんからは，マンネリ化していてモチベーションが上がらず，やらされている業務があるとの意見が出たので，「やらされ感がある」を要因とし，図の［(21)］の位置に記入した．

Cさんからは，業務をしているときに多くの会議が入ってきて業務に集中できないのが原因ではないかという意見が出たので，「会議が多い」を要因とし，図の［(22)］の位置に記入した．

Dさんからは，わからないことがあったときに，すぐにでも上司に相談したいが，上司は多くの業務を抱えていてなかなか相談することができないことが原因ではないかという意見が出たので，「忙しすぎる」を要因とし，図の［(23)］の位置に記入した．

Eさんからは，業務手順が標準化されておらず，5人のメンバーの誰が担当するかによってばらつきが生じていることが原因ではないかという意見が出たので，「作業手順が不明確」を要因とし，図の［(24)］の位置に記入した．

【選択肢】

ア．a　　イ．b　　ウ．c　　エ．d　　オ．e

【問 5】 グラフに関する次の文章において，[　　] 内に入るもっとも適切なものを下欄のそれぞれの選択肢からひとつ選び，その記号を解答欄にマークせよ．ただし，各選択肢を複数回用いることはない．

ある会社では，製品 Q を 3 つの工場で製造している．製品 Q は外観により 1 級～4 級の区別がある．最近 1 週間の各工場の級別生産数を調べたところ，表 5.1 の結果となった．

表 5.1　級別生産数

級	工場 A	工場 B	工場 C
1 級	85 個	35 個	55 個
2 級	50 個	21 個	45 個
3 級	40 個	35 個	60 個
4 級	75 個	49 個	40 個
合計	250 個	140 個	200 個

① 工場 A の 1 級～4 級の生産割合を表すグラフは [(25)]，工場 B の 1 級～4 級の生産割合を表すグラフは [(26)]，工場 C の 1 級～4 級の生産割合を表すグラフは [(27)] である．

【[(25)] ～ [(27)] の選択肢】

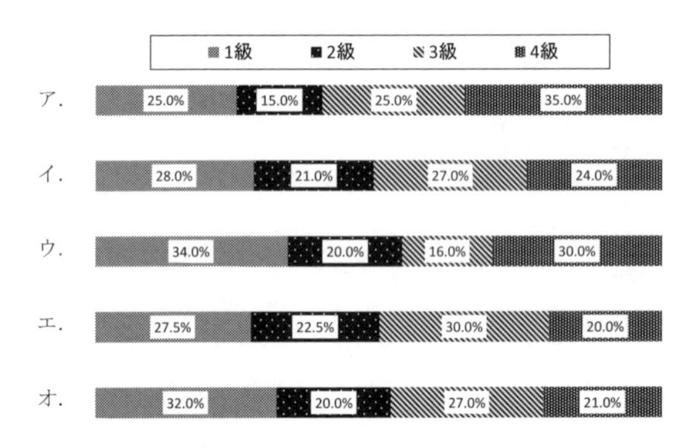

② 1 級の割合がもっとも大きい工場は [(28)] である．

【[(28)] の選択肢】

ア．工場 A　　イ．工場 B　　ウ．工場 C

③ 1 級の割合と 4 級の割合の比の値がもっとも大きい工場は [(29)] である．

【[(29)] の選択肢】

ア．工場 A　　イ．工場 B　　ウ．工場 C

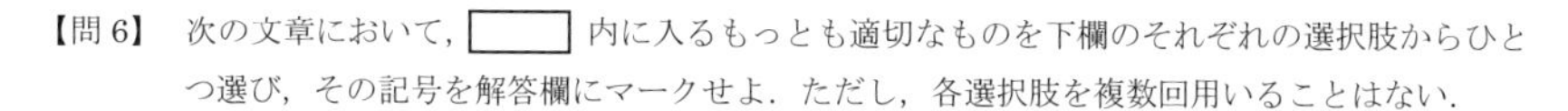
【問6】 次の文章において，［　　］内に入るもっとも適切なものを下欄のそれぞれの選択肢からひとつ選び，その記号を解答欄にマークせよ．ただし，各選択肢を複数回用いることはない．

① 安定した工程がもつ特定の成果に対する合理的に到達可能な能力を［(30)］という．通常は，工程のアウトプットである品質特性を対象とし，品質特性の分布が正規分布とみなされるとき，［(31)］で表される．特性の規定された公差すなわち規格の上限から規格の下限を引いた値を $6s$ で除した値を［(32)］という．ここに，s は標準偏差を表す．製品規格が片側しかない場合，平均値と規格値の隔たりを $3s$ で除した値を用いることもある．また，ヒストグラム，グラフ，管理図などによって図示することもある．［(30)］を表すために主として時間的順序で品質特性の観測値を打点した図を［(33)］という．

② 製品の品質に要求される規格値は，社内の標準または社外の規格あるいは仕様書などによって決められるのが普通である．これと工程の品質データとを比較する場合には，個々のデータで比較することが必要である．さらに，規格との対比を行うならば，個々の測定値を全部使ってヒストグラムを作り，これを規格と比較する．ヒストグラムが規格の上限と下限の中に十分ゆとりをもっておさまっていれば，この工程は，規格に対して［(34)］にあり，工程能力指数 C_p は［(35)］となる．これに対して，平均値が規格の中心にあるとき，ヒストグラムが規格の上限や下限からはみ出していれば，ばらつきを小さくするための処置をとらなければならない．
また，規格の上限や下限からはみ出していなくても規格に対してゆとりがない場合には，この工程は規格に対して［(36)］にあり，工程能力指数 C_p は［(37)］となる．

【［(30)］の選択肢】
ア．工程能力　　イ．生産能力　　ウ．標準偏差

【［(31)］の選択肢】
ア．平均値 $\pm s$ または $3s$　　イ．平均値 $\pm 2s$ または $4s$　　ウ．平均値 $\pm 3s$ または $6s$

【［(32)］の選択肢】
ア．工程能力指数　　イ．生産能力指数　　ウ．変動係数

【［(33)］の選択肢】
ア．シューハート管理図　　イ．工程能力図　　ウ．特性要因図

【［(34)］［(36)］の選択肢】
ア．不満足な状態　　イ．満足な状態

【［(35)］［(37)］の選択肢】
ア．$C_p < 1$　　イ．$C_p < 1.67$　　ウ．$C_p > 1$　　エ．$C_p > 1.67$

【問 7】 新 QC 七つ道具に関する下記の表において, [ ] 内に入るもっとも適切なものを下欄のそれぞれの選択肢からひとつ選び, その記号を解答欄にマークせよ. ただし, 各選択肢を複数回用いることはない.

表 7.1 新 QC 七つ道具に関する形状と用途

名　称	形　状	用　途
親和図法		(42)
連関図法	(38)	(43)
系統図法	(39)	
マトリックス図法		(44)
アローダイアグラム法		
PDPC 法	(40)	(45)
マトリックス・データ解析法	(41)	

【 (38) ～ (41) の選択肢】

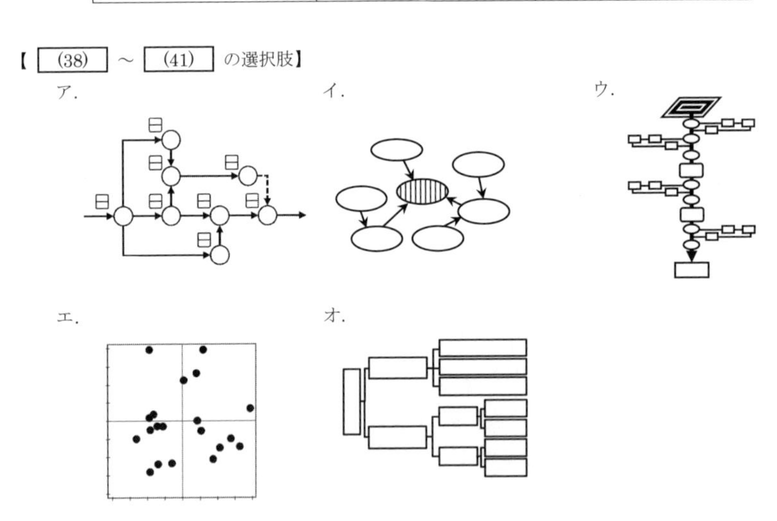

【 (42) ～ (45) の選択肢】

ア．対応関係にある要素の関係を 2 次元表で整理し，付置した交点に着目して問題発生の起点となる糸口を発見することができる手法である．

イ．事前に考えられる不測の事態を予測してあらかじめ手段を考え，実行段階において考えられる可能性を考えておいて手遅れを防ぐことができる手法である．

ウ．問題が発生した場合，なぜなぜ分析などの手法を併用して問題発生のプロセス順にそれぞれを矢線で結び，絡み合った問題の原因を特定することができる手法である．

エ．部の方針策定などの漠然とした大きな課題が与えられたとき，思考が定まらず混沌とした状態から得られた言語データを，それらの類似性に基づき整理することによって，何が問題かを明確にしたり，解決方法を得たりすることができる手法である．

【問 8】 管理図に関する次の文章において，[　　] 内に入るもっとも適切なものを下欄のそれぞれの選択肢からひとつ選び，その記号を解答欄にマークせよ．ただし，各選択肢を複数回用いることはない．

ある自動車用部品の製造工程では，その品質特性のデータを製造ロットごとに 4 個計測して，$\bar{X}-R$ 管理図により工程管理を行うことにした．この品質特性の 1 ロットあたり 4 個の計測値の平均値 $\bar{X}$ とその範囲 R を計算すると，25 ロット分の $\bar{X}$ と R の平均値は $\bar{\bar{X}}=49.992$，$\bar{R}=1.932$ となった．

① 解析用管理図として，$\bar{X}$ 管理図の管理限界線を計算すると，上側管理限界線は $UCL=$ [(46)]，下側管理限界線は $LCL=$ [(47)] となり，R 管理図の管理限界線を計算すると，上側管理限界線は $UCL=$ [(48)]，下側管理限界線は「示されない」となる．ただし，表 8.1 の管理限界線を計算するための係数表を用いた．

表 8.1　管理限界線を計算するための係数表

n	A_2	D_4
2	1.880	3.267
3	1.023	2.575
4	0.729	2.282
5	0.577	2.114

【[(46)] ～ [(48)] の選択肢】

ア．4.409　イ．4.975　ウ．9.077　エ．47.094　オ．48.016
カ．48.584　キ．51.400　ク．51.97　ケ．52.89

② 解析用管理図から工程が管理状態であることが確認できたので，①で求めた管理限界線を工程管理用として使用していたところ，下記のデータを得た．
表 8.2 におけるそれぞれの管理図のデータから読み取ることができる情報としてもっとも適切なものは，データ a は [(49)]，データ b は [(50)] である．

表 8.2　工程から得られたデータ

群 No.		1	2	3	4	5	6	7	8	9	10
データ a	$\bar{X}$	50.20	49.68	50.75	51.33	50.43	51.33	51.00	51.48	51.23	51.53
	R	1.8	1.3	0.7	3.4	1.9	2.6	2.7	2.9	1.3	1.6
データ b	$\bar{X}$	49.65	49.78	50.90	50.15	50.00	49.03	50.48	50.08	50.48	49.50
	R	2.0	1.4	3.2	1.9	2.6	5.6	3.5	4.6	4.8	3.7

【[(49)] [(50)] の選択肢】

ア．工程平均が大きくなった　イ．工程平均が小さくなった
ウ．群内変動が大きくなった　エ．群内変動が小さくなった
オ．統計的管理状態

【問９】 次の文章において，□内に入るもっとも適切なものを下欄のそれぞれの選択肢からひとつ選び，その記号を解答欄にマークせよ．ただし，各選択肢を複数回用いることはない．

① 消費者の立場やニーズをあまり考えず，[(51)]の一方的な立場から製品化を行い，その製品を販売するのがプロダクトアウトであり，[(52)]に適合する製品を，生産者が企画・設計・製造・販売するのがマーケットインである．成熟化した社会の中で企業がとるべき行動は，消費者が望む使用品質を満たす製品を開発や改良し，販売し，品質保証するマーケットインが基本である．

② このマーケットインを実現するためには，顧客を重視する[(53)]の考え方が基本になければならない．製品に対して，顧客が自分のもつ要望を充足していると感じている状態が[(54)]である．

【[(51)]～[(54)]の選択肢】

ア．アンケート　イ．市場ニーズ　ウ．顧客満足　エ．国内標準
オ．顧客指向　カ．販売価格　キ．企業側　ク．顧客分析
ケ．経営資源

③ [(54)]を向上させていくためには，顧客が期待（明示された）した以上の[(55)]が重要である．[(54)]に関する条件を考える際に考慮すべきことは，顧客が製品を買う前（期待への充足，ブランド力など），買うとき（機能・性能，安価なランニングコストなど），使い始めたとき（使いやすい，わからないときの対応など），使い込んだとき（あきないこと，劣化しない品質など），廃棄するとき（少ない環境負荷，しやすさなど）までの製品の[(56)]全体にわたり考えることである．

【[(55)][(56)]の選択肢】

ア．収益　イ．アフターサービス　ウ．戦略　エ．ライフサイクル
オ．コスト低減　カ．資産　キ．価値の提供　ク．数値化
ケ．エコライフ

【問 10】 次の文章において，[　　] 内に入るもっとも適切なものを下欄のそれぞれの選択肢からひとつ選び，その記号を解答欄にマークせよ．ただし，各選択肢を複数回用いることはない．

A 氏が勤務する会社において，不適合品が顧客へ流出してしまうトラブルが発生した．A 氏は検査体制を現状より厳しくして，検査のみで不適合品の流出を防ぎ，この活動を社内の改善報告会で発表した．しかし，上司からは品質管理におけるアプローチとして不十分であるとのコメントを受けた．

① A 氏のとったアプローチは，不適合品の流出を防ぐための当面の [(57)] である．しかし，この対応だけでは不十分である．なぜならば，検査体制を厳しくしても，依然として不適合品が製造されるからである．したがって，不適合品の発生に対する真の原因を究明して [(58)] を図る必要がある．

【[(57)] [(58)] の選択肢】

ア．従業員満足　　イ．全部門・全員参加　　ウ．再発防止　　エ．マーケットイン
オ．応急対策　　カ．プロダクトアウト

② A 氏は上司からのコメントを受け，不適合品発生の改善を進めることにした．まず，[(59)] に基づいて問題に関する事実を観察し，[(60)] の考え方によって改善の対象とする不適合を絞り込んだ．次に，絞り込まれた不適合に関連するデータを収集した．これにより，問題となっている品質特性の平均値に問題があるのか，[(61)] に問題があるのかなどを把握することができる．

【[(59)] ～ [(61)] の選択肢】

ア．ばらつき　　イ．目標設定　　ウ．散布図　　エ．三現主義
オ．ヒストグラム　　カ．主観的判断　　キ．重点指向　　ク．経営資源

③ A 氏は対象となる品質特性と [(62)] の関係を解析し，不適合品の発生に対する真の原因を究明し，改善をした．これは，検査で品質を確保するのではなく，[(63)] で品質を作り込むという品質管理の考え方を実践したことを意味する．最終的に A 氏は不適合品が発生した問題を解決し，不適合品の流出を防ぐことができた．この改善成果は A 氏の会社のみに利益をもたらすだけでなく，顧客と [(64)] の関係構築に発展した．

【[(62)] ～ [(64)] の選択肢】

ア．相関係数　　イ．人間性尊重　　ウ．Win-Win　　エ．変更管理
オ．相殺効果　　カ．要因　　キ．未然防止　　ク．プロセス

【問 11】 品質の概念に関する次の文章において，［　　］内に入るもっとも適切なものを下欄のそれぞれの選択肢からひとつ選び，その記号を解答欄にマークせよ．ただし，各選択肢を複数回用いることはない．

① 製品やサービスの品質を構成しているさまざまな性質をその内容によって分解して項目化したものが品質要素である．また，品質要素を客観的に測定・評価できるようにしたものが［(65)］であり，鉛筆の芯を例にとると，芯の太さ，曲げ強さ，色の濃さ，なめらかさなどである．芯の太さ，曲げ強さ，色の濃さは直接測定できるが，測定技術が不足して測定困難ななめらかさにおいては，要求される［(65)］と関係が強い測定可能なものを用いて測定・評価する．これを［(66)］という．なめらかさに関係が強く測定可能な摩擦係数を［(66)］に採用して測定・評価することが該当する．

② 組織は，提供する製品やサービスを通じて顧客の満足が得られる価値，すなわち顧客価値を実現することが大切である．そのとき，提供する製品やサービスが，顧客にとって充足されれば満足するが，充足されなくても仕方がないと受け取られる［(67)］が重要になる．

③ 顧客の求める要求品質を技術的に具体化し，製造の目標となる品質を設計品質，あるいは［(68)］という．そして，実際に製造して実現した品質を製造品質といい，［(68)］をどの程度満たしているかを表したものとして［(69)］ともいう．

【［(65)］～［(67)］の選択肢】

ア．当たり前品質　　イ．魅力的品質　　ウ．品質計画　　エ．品質保証
オ．代用特性　　カ．品質特性　　キ．評価特性

【［(68)］［(69)］の選択肢】

ア．製品設計　　イ．工程設計　　ウ．できばえの品質　　エ．サービス品質
オ．ねらいの品質　　カ．最終品質　　キ．仕事の品質

【問 12】 管理の方法に関する次の文章において，[ ] 内に入るもっとも適切なものを下欄のそれぞれの選択肢からひとつ選び，その記号を解答欄にマークせよ．ただし，各選択肢を複数回用いることはない．

① 日常管理では，問題が発生すれば不具合に対する改善活動を行う．仕事には，現状を維持する [(70)] と，好ましい状態へ改善していく [(71)] がある．

② 日常管理を行うには，作業・業務のアウトプットとして測定される成果の指標，例えば，クレーム件数，不適合品率などの [(72)] と，これらを生み出しているプロセス系の管理項目である [(73)] を適切に設定することが重要である．

【[(70)] ～ [(73)] の選択肢】

ア．要因系管理項目　　イ．PDCA サイクル　　ウ．SDCA サイクル
エ．財務系管理項目　　オ．PDPC サイクル　　カ．結果系管理項目

③ まず結果の管理項目を設定し，この特性に対しプロセス系の管理項目について特性要因図などを使って [(74)] を考慮検討して設定する．

④ 管理の方法において，課長などの管理者は，業務目的の達成度合を評価できるよう結果系で管理する．係長や担当者は，その要因系である個々の業務や作業をチェックする．このように，職位に応じて役割分担し，確実に管理していくことが大切である．適正な管理を行うには，[(75)] となる「ものさし」と，その「ものさし」で測った場合の [(76)] を設定する．そして，チェックのインターバル，役割分担を決定し，[(77)] や業務管理表によって管理する．

【[(74)] ～ [(77)] の選択肢】

ア．QC 工程図　　イ．4M　　ウ．5S　　エ．QC ストーリー
オ．管理水準　　カ．管理尺度　　キ．3H　　ク．校正基準

【問 13】 次の文章において，[ ] 内に入るもっとも適切なものを下欄のそれぞれの選択肢からひとつ選び，その記号を解答欄にマークせよ．ただし，各選択肢を複数回用いることはない．

① 顧客のニーズや期待を満たし顧客が [(78)] する製品やサービスを提供するには，市場調査・製品企画・開発設計・生産・販売・アフターサービスなど一連のプロセスにおいて，安定した良いプロセスを構築し，品質の優れた製品やサービスを生み出すことが必要となる．そのためには，プロセスの保証を重視した取組みを確実に実施し達成することが大切となる．

② 安定した良いプロセスの構築には，顧客のニーズや期待に応える [(79)] の品質を設定し，この計画された品質どおりの製品やサービスの [(80)] の品質を作り出すことができるプロセスの構築がまず大切である．

③ 製造部門のプロセス保証を行うには，設計部門が示した [(79)] の品質に合致した製品を経済的に納期どおりに生産し顧客に提供するために，十分に検討された作業標準を作成するとともに，管理すべき [(81)] を定め，それをどのように監視するかを決める必要がある．そのうえでQC工程図を作成し，プロセスの流れに沿って誰が，いつ，どこで，どのように管理すればよいかを明確にすることで，計画した [(80)] の品質を実現するプロセスが形となる．

④ プロセスを常に管理された状態に維持するには，プロセスの実態について [(82)] を示すデータで把握し，統計的手法を活用して解析を行い，プロセスが異常と判断された場合は，直ちに異常が発生したプロセスと影響を受けた製品に応急処置をとり，同時に真の原因を突き止め，再度同じ原因で異常を発生させることがないよう恒久処置を行って [(83)] を図る必要がある．

【[(78)] ～ [(80)] の選択肢】

ア．注目　　イ．できばえ　　ウ．設定　　エ．満足　　オ．ねらい　　カ．実際

【[(81)] ～ [(83)] の選択肢】

ア．平均値　　イ．品質特性　　ウ．ばらつき　　エ．事実　　オ．未然防止

カ．再発防止

【問 14】 次の文章において，[　　] 内に入るもっとも適切なものを下欄のそれぞれの選択肢からひとつ選び，その記号を解答欄にマークせよ．ただし，各選択肢を複数回用いることはない．

① 品質管理活動を効果的に実施するためには，研究・開発，企画・設計から製造・販売，さらには営業，経理，人事，総務に至るまで，経営者を始めとして全社員が実施することが不可欠である．この活動を TQM，すなわち，[(84)] という．

② TQM を実施するには，まずトップダウン活動である [(85)] を進める．この活動は，現状打破機能をねらい，品質方針を定め，目標を達成するため企業組織全体の協力のもとで行われる．そのため,「ヒト・モノ・カネ」といった資源の比較的大規模な投入が必要となる．その進め方は，経営方針により，年度活動計画を立案・実施し，その成果を [(86)] で評価する．

【[(84)] ～ [(86)] の選択肢】

ア．総合的品質管理　イ．プロセス管理　ウ．統計的品質管理　エ．方針管理
オ．経営戦略　カ．トップ診断　キ．ベンチマーキング　ク．日常管理

③ 他方で，自らの組織の分掌業務を確実かつ効率的に達成するために必要な活動として，[(87)] がある．この活動は，維持管理や比較的小規模な改善の機能を担うため，あまり資源を投入することなく，管理のレベルアップによる改善が中心となる．この活動のひとつに [(88)] がある．

④ これら二つの活動から得られた成果を，日常の業務で継続していくためには [(89)] を行う．[(89)] を行ううえで重要なことは，PDCA のサイクルを回すことであり，これらの活動をより効果的に行うために，組織階層ごとに [(90)] を実施することが重要である．

【[(87)] ～ [(90)] の選択肢】

ア．QC 教育　イ．デザインレビュー　ウ．日常管理　エ．QC サークル活動
オ．品質保証　カ．標準化　キ．方針管理　ク．プロセスアプローチ

【問 15】 標準化に関する次の文章において，[ ] 内に入るもっとも適切なものを下欄のそれぞれの選択肢からひとつ選び，その記号を解答欄にマークせよ．ただし，各選択肢を複数回用いることはない．

① 標準化のねらいは，[(91)] が標準化の [(92)] を十分に理解し，協力できるようなものでなくてはならない．

② 標準化による [(93)] は，関係する組織や人々に分配されるので，その範囲が広ければ広いほど標準化の有効性は高いものになる．

③ 設定された標準は，その後の活用状況を見て，不都合なところがあれば [(94)] するか，または廃止する．

【[(91)]～[(94)] の選択肢】

ア．制定　イ．手法　ウ．効果　エ．方針　オ．必要性
カ．関係者　キ．次工程　ク．改訂　ケ．手順

④ 社内標準化を実施するにあたっては，[(95)]，IEC などの国際標準，JIS，ANSI などの国家標準，産業界などで定めた [(96)] 標準との整合性も検討して進めなければならない．

【[(95)][(96)] の選択肢】

ア．団体　イ．世界　ウ．共通　エ．ISO　オ．JAS

【問 16】 次の文章において，[　　] 内に入るもっとも適切なものを下欄のそれぞれの選択肢からひとつ選び，その記号を解答欄にマークせよ．ただし，各選択肢を複数回用いることはない．

① 従業員がグループ（一般的には 10 人以下）をつくり問題の解決や課題の達成を行っていくのが小集団改善活動であり，グループ員の仕事への意欲を高めながら，企業の目的を達成しようとするものである．この活動形態は二つに大別され，一つ目は明確な課題がありこの課題が達成されると [(97)] する目的別グループであり，二つ目は同じ職場の人たちが集まり，職場の問題解決を図り，職場のある限り [(98)] する職場別グループで，この代表的な小集団改善活動が QC サークル活動である．

② QC サークル活動は，第一線の職場（各部門組織の実務を担当する職場）で働く人々がグループをつくり，製品・サービス・仕事などの職場の問題や課題を [(99)] に解決していくことで，自己啓発や相互啓発を促し，メンバーの [(100)] を高めながら明るい活力に満ちた職場づくりをすることが目的である．

③ 「人間の [(100)] を発揮し，[(101)] の可能性を引き出す．人間性を尊重して，[(102)] のある明るい職場をつくる．企業の体質改善・発展に寄与する．」ことが QC サークル活動の基本理念である．

【 [(97)] [(98)] の選択肢】

ア．保証　イ．中止　ウ．永続　エ．分散　オ．修正　カ．解散
キ．処理

【 [(99)] ～ [(102)] の選択肢】

ア．活躍　イ．生きがい　ウ．シナジー効果　エ．友情　オ．能力
カ．他動的　キ．無限　ク．実現性　ケ．自主的　コ．達成

第33回　解答記入欄

問1	1	
	2	
	3	
	4	
	5	
	6	
	7	
問2	8	
	9	
	10	
	11	
	12	
問3	13	
	14	
	15	
	16	
	17	
	18	
	19	
問4	20	
	21	
	22	
	23	
	24	
問5	25	

問5	26	
	27	
	28	
	29	
問6	30	
	31	
	32	
	33	
	34	
	35	
	36	
	37	
問7	38	
	39	
	40	
	41	
	42	
	43	
	44	
	45	
問8	46	
	47	
	48	
	49	
	50	

問9	51	
	52	
	53	
	54	
	55	
	56	
問10	57	
	58	
	59	
	60	
	61	
	62	
	63	
	64	
問11	65	
	66	
	67	
	68	
	69	
問12	70	
	71	
	72	
	73	
	74	
	75	

問	番号	
問 12	76	
	77	
問 13	78	
	79	
	80	
	81	
	82	
	83	
問 14	84	
	85	
	86	
	87	
	88	
	89	
	90	
問 15	91	
	92	
	93	
	94	
	95	
	96	

問	番号	
問 16	97	
	98	
	99	
	100	
	101	
	102	

3 級問題

第 34 回（試験日：2022 年 9 月 4 日）

試験時間：90 分

付表を p.161 に掲載しています．
必要に応じて利用してください．

【問 1】　基本統計量に関する次の文章を読んで，それぞれの設問の指示に従って答えよ．

〔1〕次の文章の ［　　］ 内に入るもっとも適切なものを下欄の選択肢からひとつ選び，その記号を解答欄にマークせよ．ただし，各選択肢を複数回用いることはない．

ある製品の特性を測定して次のデータが得られた．

データ　:　12　14　15　18　42

基本統計量を計算すると，

平均値＝ ［(1)］，　メディアン＝ ［(2)］，
平方和＝ ［(3)］，　不偏分散　＝ ［(4)］

となる．

【［(1)］～［(4)］の選択肢】

ア．14　イ．15　ウ．19.2　エ．20.2
オ．153.2　カ．264.5　キ．528.9　ク．612.8

〔2〕上記データの中で 42 は異常値と思われるので，これを除いた 4 個のデータから基本統計量を計算し，5 個の場合と比較した結果についての以下の文章で，正しいものには“ア”，正しくないものには“イ”を選び，解答欄にマークせよ．

① 平均値の値はあまり変わらないが，メディアンの値は大きく変化する．［(5)］

② 不偏分散の値は,全データの場合と比較して,異常値を除いた 4 個の場合のほうが大きくなる．［(6)］

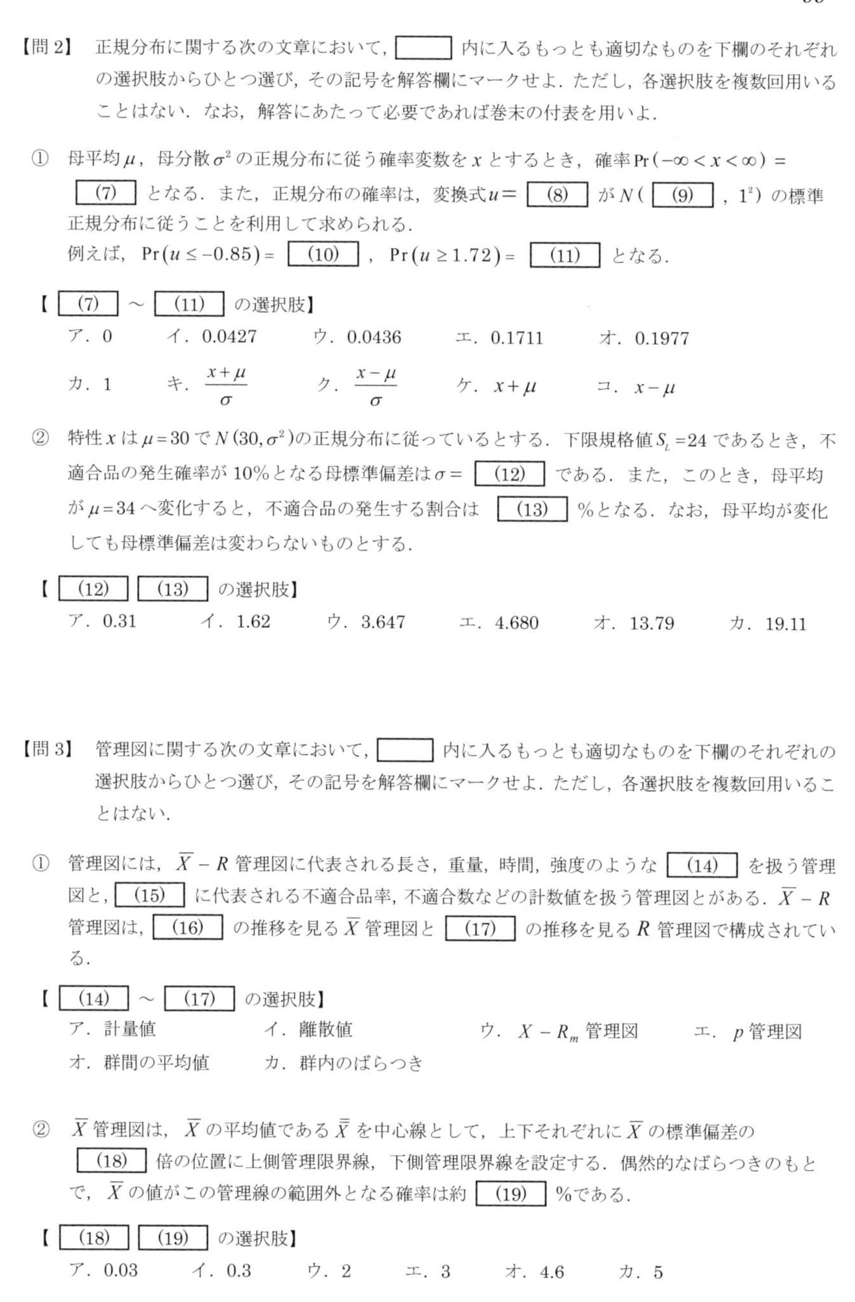

【問 2】 正規分布に関する次の文章において，[　　] 内に入るもっとも適切なものを下欄のそれぞれの選択肢からひとつ選び，その記号を解答欄にマークせよ．ただし，各選択肢を複数回用いることはない．なお，解答にあたって必要であれば巻末の付表を用いよ．

① 母平均 μ，母分散 σ^2 の正規分布に従う確率変数を x とするとき，確率 $\Pr(-\infty < x < \infty) =$ [(7)] となる．また，正規分布の確率は，変換式 $u=$ [(8)] が $N($ [(9)] $, 1^2)$ の標準正規分布に従うことを利用して求められる．
例えば，$\Pr(u \leq -0.85) =$ [(10)]，$\Pr(u \geq 1.72) =$ [(11)] となる．

【[(7)] ～ [(11)] の選択肢】

ア．0　イ．0.0427　ウ．0.0436　エ．0.1711　オ．0.1977

カ．1　キ．$\dfrac{x+\mu}{\sigma}$　ク．$\dfrac{x-\mu}{\sigma}$　ケ．$x+\mu$　コ．$x-\mu$

② 特性 x は $\mu=30$ で $N(30, \sigma^2)$ の正規分布に従っているとする．下限規格値 $S_L=24$ であるとき，不適合品の発生確率が 10%となる母標準偏差は $\sigma=$ [(12)] である．また，このとき，母平均が $\mu=34$ へ変化すると，不適合品の発生する割合は [(13)] %となる．なお，母平均が変化しても母標準偏差は変わらないものとする．

【[(12)] [(13)] の選択肢】

ア．0.31　イ．1.62　ウ．3.647　エ．4.680　オ．13.79　カ．19.11

【問 3】 管理図に関する次の文章において，[　　] 内に入るもっとも適切なものを下欄のそれぞれの選択肢からひとつ選び，その記号を解答欄にマークせよ．ただし，各選択肢を複数回用いることはない．

① 管理図には，$\overline{X}-R$ 管理図に代表される長さ，重量，時間，強度のような [(14)] を扱う管理図と，[(15)] に代表される不適合品率，不適合数などの計数値を扱う管理図とがある．$\overline{X}-R$ 管理図は，[(16)] の推移を見る $\overline{X}$ 管理図と [(17)] の推移を見る R 管理図で構成されている．

【[(14)] ～ [(17)] の選択肢】

ア．計量値　イ．離散値　ウ．$X-R_m$ 管理図　エ．p 管理図

オ．群間の平均値　カ．群内のばらつき

② $\overline{X}$ 管理図は，$\overline{X}$ の平均値である $\overline{\overline{X}}$ を中心線として，上下それぞれに $\overline{X}$ の標準偏差の [(18)] 倍の位置に上側管理限界線，下側管理限界線を設定する．偶然的なばらつきのもとで，$\overline{X}$ の値がこの管理線の範囲外となる確率は約 [(19)] %である．

【[(18)] [(19)] の選択肢】

ア．0.03　イ．0.3　ウ．2　エ．3　オ．4.6　カ．5

【問 4】 問題解決の進め方に関する次の文章において，［　　］内に入るもっとも適切なものを下欄のそれぞれの選択肢からひとつ選び，その記号を解答欄にマークせよ．ただし，各選択肢を複数回用いることはない．

ある家電製品の外装塗装を行っているA工場では，製品の増産に伴い外装塗装不適合の増加が問題となっており，改善チームを編成し，問題解決に取り組むことになった．まずは，外装塗装不適合の発生状況を調べるため，図4.1のパレート図を作成したところ，膜厚不適合が全体の約50%を占めていることがわかり，この膜厚不適合の低減を図るため，現状調査の分析を行うことになった．

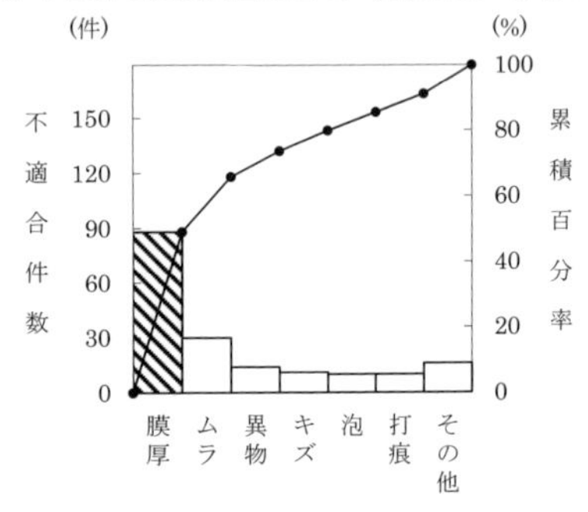

図 4.1　外装塗装不適合のパレート図

① 外装塗装は2本の塗装ラインで構成されており，3社から塗料を購入している．改善チームは，より詳細に発生状況を調べるため，図4.1のパレート図を塗料メーカー別，塗装ライン別に層別したところ，表4.1を得た．なお，各塗料メーカーの使用量は等しいとする．

表 4.1　塗料メーカー別とライン別に層別した外装塗装不適合のデータ

塗料メーカー	A社		B社		C社		合計
ライン ＼ 不適合項目	ライン1	ライン2	ライン1	ライン2	ライン1	ライン2	
膜厚	5	30	3	38	0	12	88
ムラ	1	6	1	9	2	11	30
異物	5	1	2	2	4	0	14
キズ	1	3	3	2	1	1	11
泡	3	0	4	1	2	0	10
打痕	2	2	1	0	4	1	10
その他	1	2	2	3	3	5	16
合計	18	44	16	55	16	30	179

a) 塗料メーカーA社のパレート図は, (20) である.

b) 塗料メーカーB社のパレート図は, (21) である.

c) 塗料メーカーC社のパレート図は, (22) である.

d) ライン1のパレート図は, (23) である.

e) ライン2のパレート図は, (24) である.

【 (20) ～ (24) の選択肢】: 選択肢のパレート図は一部の情報を省略している.

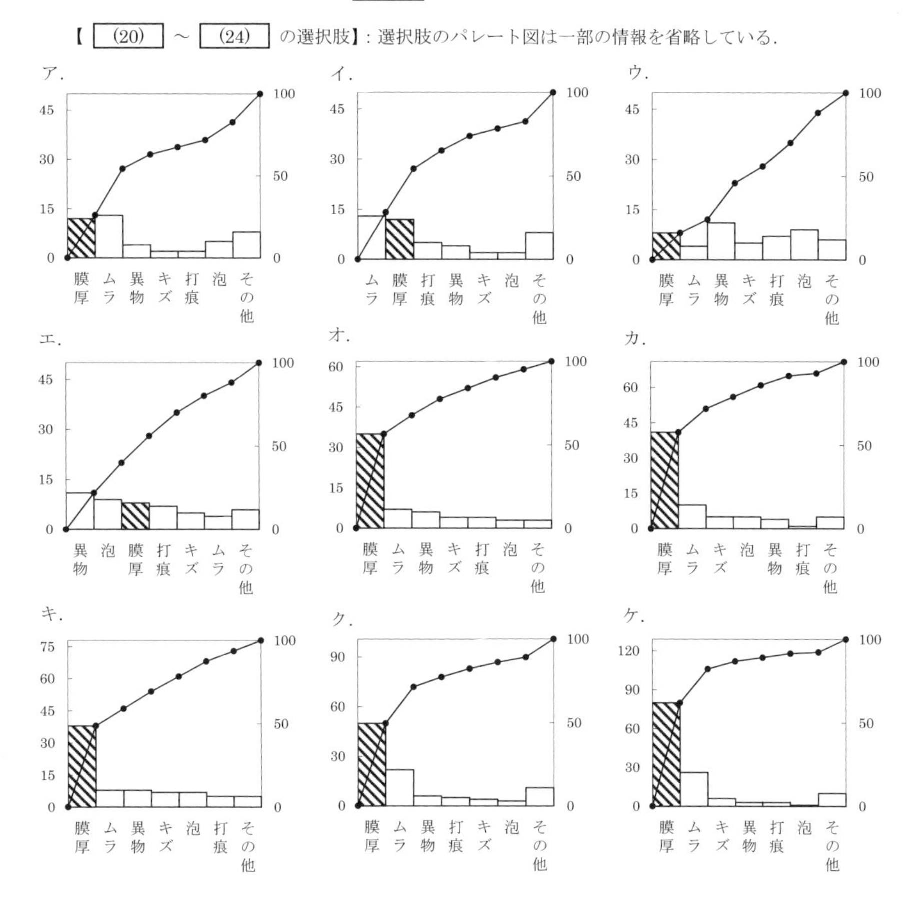

② 改善チームは現状把握の深掘りの方法について話し合いを行った. その結果, 膜厚不適合件数は離散データであるが, 膜厚は外装塗装品個々の連続データとして測定し, 規格値に基づき良否判定しているため, 膜厚測定を行い, ライン別に膜厚の平均とばらつきを調査することにした. 膜厚の規格は 34.0±6.0 (μm) で管理されており, 各ラインからランダムに 50 個抜き取り, ヒストグラムを作成したところ, 図 4.2 を得た.

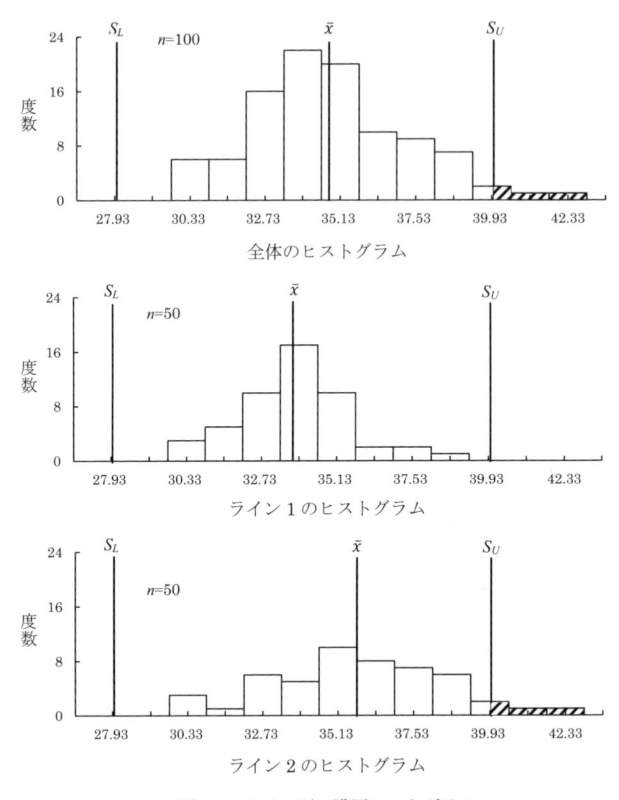

図 4.2　ライン別の膜厚ヒストグラム

図 4.2 の全体ヒストグラムより，平均値は規格中心より少し上側であり，規格外れがある．層別したヒストグラムでは，ライン１は平均値がほぼ中央であり，平均値は 33.776（μm），標準偏差は 1.762（μm）であるので，C_p は [(25)]，C_{pk} は [(26)] となる．ライン２は規格外れがあり，全体ヒストグラムの規格外れはライン２の影響であることがわかる．平均値は 35.736（μm），標準偏差は 2.704（μm）であり，C_p は [(27)]，C_{pk} は [(28)] となる．
以上の結果，改善チームは，膜厚の問題はライン２の平均値のかたよりとばらつきが大きいことに起因しており，ライン２とライン１との塗装条件の違いの調査が必要であると考察し，次の要因の解析に進むことにした．

【 [(25)] ～ [(28)] の選択肢】

ア．0.263　　イ．0.526　　ウ．0.546　　エ．0.740　　オ．0.954
カ．1.093　　キ．1.135　　ク．1.177　　ケ．1.479

【問5】 チェックシートに関する次の文章において，[　　] 内に入るもっとも適切なものを下欄の選択肢からひとつ選び，その記号を解答欄にマークせよ．ただし，各選択肢を複数回用いることはない．

品質管理を進めるには，正しく事実をつかみ，正しい判断をしてアクションに結びつけることが大切である．そのためには現場と現物をよく観察し，その結果をデータで客観的に判断しなければならない．忙しい職場で実際に作業をしながらデータをとるには，目的に合ったデータが簡単にとれ，しかもデータが整理しやすい用紙を，あらかじめチェックシートという形で準備し活用すると効果的である．チェックシートは，各職場の仕事の種類やチェックする目的によって様式が異なってくるので，職場の関係者全員でいろいろな事例を集めて研究し，知恵を出し合い各職場に適したものを作り上げることが大切である．

① [(29)] 調査用チェックシートは，これまでのいろいろな不適合の発生状況を調べ，これからも発生すると考えられる [(29)] をあらかじめ用紙に記入しておき，不適合が発生するたびに該当欄にチェックマークを記入するものである．発生した不適合の種類や内容がわかるチェックシートである．いろいろな不適合が発生している場合には，それらの原因は異なると考えられるから，[(29)] 別に発生頻度を調べ，その割合の高いものや頻度が増える傾向にあるものから優先して手を打っていく必要がある．

② [(29)] 調査用チェックシートで調査した結果を正しいアクションに結びつけるには，不適合の原因を追究しなければならない．どのような原因が影響しているかを調べるために，それぞれの発生状況を時間別，機械別，材料別，作業者別，作業方法別などに [(30)] してチェックマークを記入するようにしたものが [(31)] 調査用チェックシートである．

③ 例えば，塗装面のキズ・ブツ・タレ，鋳物の巣・ワレ・シワ，布の織ムラ・汚れなどといった不適合の低減をはかるには，不適合の発生位置，発生頻度や不適合の分布の仕方などに着目すると原因の追究がしやすい．[(32)] 調査用チェックシートは，調査対象となる製品のスケッチや展開図を記入した用紙を用意し，不適合が発生するたびに，その発生位置にチェックマークを記入するものである．どこに，どのような不適合が，どれくらい発生しているかを知ることができ，製品の外観不適合の調査などに適しているチェックシートである．

④ 品質特性値が寸法・温度・硬度・濃度・収量などの [(33)] の場合，その分布の調査にはヒストグラムが用いられるが，ヒストグラムは必要なデータを全部取り終わった後に，たくさんのデータから計算して級分けをし，度数分布図を作成するので手間がかかる．[(34)] 調査用チェックシートは，あらかじめ特性値を級分けしておき，データが得られるたびに該当する級にチェックマークを記入するもので，簡単に規格値との関係や分布の形が得られる．

【選択肢】

ア．計数値	イ．層別	ウ．適合項目	エ．不適合項目
オ．計量値	カ．不適合要因	キ．結果	ク．不適合位置
ケ．適合位置	コ．工程分布 または 度数分布		

【問 6】 ヒストグラムに関する次の表において，[　　] 内に入るもっとも適切なものを下欄の選択肢からひとつ選び，その記号を解答欄にマークせよ．ただし，各選択肢を複数回用いることはない．

表 6.1 ヒストグラムの種類

名称	分布形状	説　明	ポイント
[(35)] 形		中央付近にデータ数がもっとも多く，中心から離れるにしたがい減少．ほぼ左右対称の形状．	工程が安定しているときによく現れる．
[(36)] 形 または くし歯形		棒グラフの高さが互い違い．[(36)] やくしの歯の形状．	区間幅を測定のきざみの整数倍にしていなかったり，測定方法にくせがあったりした場合に現れる．
右 [(37)] 形 (左 [(37)] 形)		ヒストグラムの平均値が分布の中心より左（右）寄りにある． 右側（左側）では度数が徐々に少なくなり左右非対称な形状．	規格値などで下限(上限)が押さえられており，ある値以下（以上）をとらない場合などに現れる．
左 [(38)] 形 (右 [(38)] 形)		端の切れた形状．ある値を境にデータが存在しない．	全数検査後，規格外れを選別して取り除いた場合に現れる． 測定誤差，検査ミス，測定値の操作などがないかを確認することが必要．
[(39)] 形		棒グラフの高さが平坦さを示すような [(39)] 状の形状．	平均値が多少異なる複数の分布が混合した場合に現れる．層別して比較検討することが必要．
[(40)] 形		中心付近の度数が少なく，左右に山がある形状．	平均値の異なる 2 つの分布が混合した場合に現れる．層別が必要．
[(41)] 形		右端または左端に [(41)] がある形状．	異なった分布からのデータがわずかに混入した場合などに現れる．

【選択肢】

ア．離れ小島　　イ．絶壁　　ウ．ふた山　　エ．歯抜け　　オ．一般

カ．測定　　キ．高原　　ク．検査　　ケ．裾引き　　コ．規格

【問 7】 新 QC 七つ道具の各手法に関する用途と活用例をまとめた表 7.1 において，[ ] 内に入るもっとも適切なものを下欄のそれぞれの選択肢からひとつ選び，その記号を解答欄にマークせよ．ただし，各選択肢を複数回用いることはない．

表 7.1 新 QC 七つ道具の各手法に関する用途と活用例

手法	用途	活用例
親和図法	(42)	(46)
連関図法		(47)
系統図法	(43)	
PDPC 法		(48)
アローダイアグラム法	(44)	
マトリックス図法		(49)
マトリックス・データ解析法	(45)	

【 (42) ～ (45) の選択肢】

ア．二元的に配置された数値データについて，データのもつ情報をなるべく多く表すことのできる代表特性を求めることによって，データ全体を見通しよく整理する場合に使用される．

イ．多数の事実や発想について，それらの類似性に着目して，統合された表題のもとでまとめることによって整理し，あるべき姿や問題の構造を明らかにする場合に使用される．

ウ．問題に影響している要因間の関係を整理し，問題を解決するための手段を多段階に展開することによって最適手段を追求する場合に使用される．

エ．事態の進展にともない，さまざまな結果が想定される問題について，望ましい結果に行き着くプロセスを決める場合に使用される．

オ．特定の計画を進めていくために必要な作業の関連をネットワークで表し，最適な日程計画を立てて効率的に進ちょく管理する場合に使用される．

【 (46) ～ (49) の選択肢】

ア．汚れ不良の現象と原因を二元表の形式で対応付け，さらに，その原因を発生源である工程と関連付けることによって，各工程での不良低減の重点を明確にすることになった．

イ．陶器を海外の顧客に無事届けるために，輸送途上で予測されるさまざまな事態を想定してこれを回避するための方策を検討し，それらの流れを明らかにすることになった．

ウ．小集団活動（QC サークル活動）をうまく運営するために，メンバーから現状の問題事項をあげてもらい，それらの類似性から問題事項をより少数の事項に整理することになった．

エ．慢性的な不良の原因を追究するため，原因間の因果関係を明確に図示することによって原因間の関連を明らかにすることになった．

オ．顧客と約束した期日までに工事を完了するために，各作業の順序関係やスケジュールを明確にすることになった．

【問 8】 品質の概念に関する次の文章において，[　　] 内に入るもっとも適切なものを下欄のそれぞれの選択肢からひとつ選び，その記号を解答欄にマークせよ．ただし，各選択肢を複数回用いることはない．

① 品質とは，JIS Q 9000:2015（品質マネジメントシステム－基本及び用語）では「対象に本来備わっている特性の集まりが，要求事項を満たす程度」と定義されている．すなわち要求事項は，買い手が求めているニーズや期待であり，特性がそれをどれだけ満たしているかの程度が品質である．買い手である顧客の要求する品質の特性は，直接測定できるもののほかに，肌ざわり，味わい深さ，使いやすさなど人の感覚器官によって感知される [(50)] がある．また，真の特性を直接測定することが困難な場合，真の特性と一定の関係（相関関係など）にある別の特性を測定することがある．この特性を [(51)] という．

② 設計品質は，製造する製品の品質特性を具体的に示したものである．製造の目標として設定された品質なので，[(52)] とも呼ばれる．一方，製造品質は，設計品質をねらって製造した製品の実際の品質のことで，[(53)] とも呼ばれる．製造された完成品や中間製品は，ロットの合格率，工程の不適合品率，平均値・ばらつきなどが設計品質とどの程度合致しているかによって評価されるので，[(54)] の品質と呼ぶこともある．

【[(50)] ～ [(54)] の選択肢】

ア．代用特性　イ．できばえの品質　ウ．条件特性　エ．官能特性
オ．方針特性　カ．合成品質　キ．ねらいの品質　ク．最適品質
ケ．不適合　コ．適合

③ 品質特性が充足されていても，とりたてて満足することもないが，充足されていなければ使用者が強い不満を感じる品質要素を [(55)] という．一方，期待以上に充足されれば大変満足し，充足されなくても特に不満を感じずそのまま受け入れられる品質要素を [(56)] という．

【[(55)] [(56)] の選択肢】

ア．顧客満足　イ．失望品質　ウ．魅力的品質　エ．過剰品質
オ．当たり前品質

【問9】 図9.1は，QCストーリーの一般的手順を示したものである．［　］内に入るもっとも適切なものを下欄のそれぞれの選択肢からひとつ選び，その記号を解答欄にマークせよ．ただし，各選択肢を複数回用いることはない．

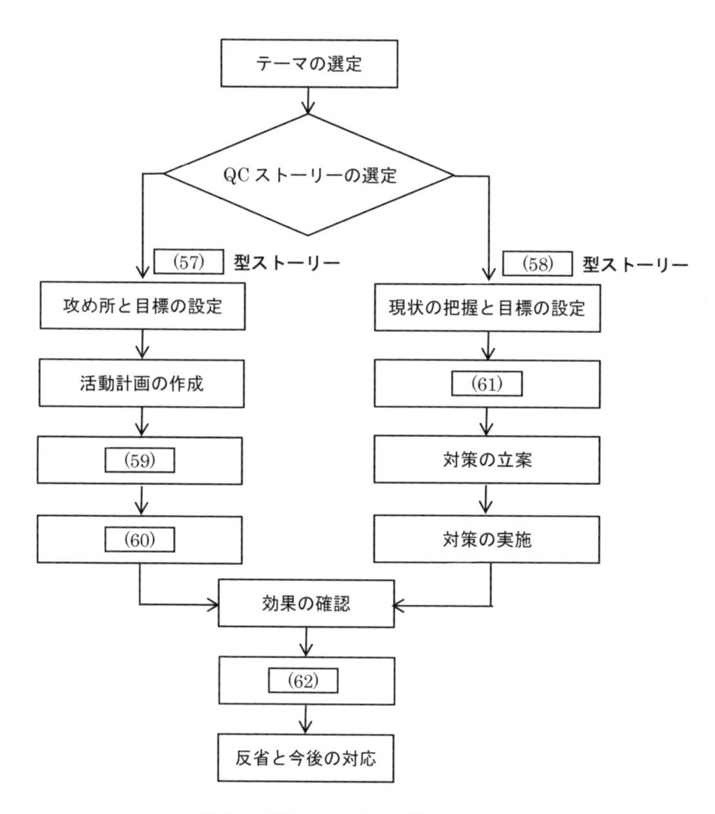

図9.1　QCストーリーの手順

【［(57)］［(58)］の選択肢】

ア．再発防止　　イ．未然防止　　ウ．問題解決　　エ．課題達成

【［(59)］～［(62)］の選択肢】

ア．データ分析　　イ．要因の解析　　ウ．教育訓練の実施
エ．標準化と管理の定着　　オ．成功シナリオの追究と実施　　カ．方策の立案
キ．攻め所の実施　　ク．攻め所の追究

【問 10】 次の文章の説明内容について，もっとも関係の深い用語を下欄の選択肢からひとつ選び，その記号を解答欄にマークせよ．ただし，各選択肢を複数回用いることはない．

① ミスが発生したら機械を作動しないようにする (63)
② 工具管理板により工具の管理を行う (64)
③ なるべく早い段階で，根本的な原因を究明し対策を行う (65)
④ 仕事の成果としての実績評価項目 (66)
⑤ 消費者の要求する品質を的確に把握する (67)

【選択肢】

ア．目で見る管理　イ．重点指向　ウ．源流管理　エ．プロダクトアウト
オ．エラープルーフ　カ．QCD　キ．PDCA　ク．Win-Win
ケ．マーケットイン

【問 11】 次の文章において，[ ] 内に入るもっとも適切なものを下欄の選択肢からひとつ選び，その記号を解答欄にマークせよ．ただし，各選択肢を複数回用いることはない．

管理とは，経営目的に沿って，人，物，金，情報などさまざまな資源を最適に計画し，運用し，統制する手続きおよびその活動である．その管理のひとつである日常管理には，自らの担当業務の目的を効率的に達成するために必要なすべての管理活動が含まれる．

維持活動（ (68) サイクル）は，定められた (69) に基づき業務を実施し， (70) による確認を行い，問題が発生すれば本来あるべき姿に戻す処置を行っていく．

一方，改善活動（ (71) サイクル）は，改善の目的，目標を決め，達成に必要な計画を策定し，計画どおり実施し，効果の確認を行い有効であれば標準化を行う．

なお， (70) については，関係者の誰もが同じ判断ができるよう，できる限り定量化し，(72) を設定する．

【選択肢】

ア．PDCA　イ．SDCA　ウ．PDPC　エ．標準　オ．勘と経験
カ．管理会計　キ．管理項目　ク．管理水準　ケ．5S　コ．初期流動管理

【問 12】　次の文章において，［　　］内に入るもっとも適切なものを下欄のそれぞれの選択肢からひとつ選び，その記号を解答欄にマークせよ．ただし，各選択肢を複数回用いることはない．

① 設計・開発の計画は，単に日程計画を立てるということだけでなく，設計・開発のプロセスに沿って段階を決め，どの段階でどのようなことを行うのか，それぞれの役割，その役割を果たすための［(73)］，必要な資源などを明らかにすることが重要である．設計・開発には多くの人がかかわるので，関係者間の［(74)］をどのように実施するかを決める必要がある．

【［(73)］［(74)］の選択肢】
ア．アローダイアグラム　　イ．責任と権限　　ウ．上下関係　　エ．相互連携
オ．社会的品質　　カ．補償

② 新製品の開発では，どのような製品を目指すのかという設計へのインプットが重要となる．ボールペンで例えれば，設計のインプットは，具体的な芯先の形状・寸法，インクの粘度や性質などをどのレベルにするかの目標が該当する．設計の目標が設定された段階で実施する［(75)］は，当事者の設計・開発部門だけでなく購買部門，製造部門，品質保証部門，営業部門などから専門家の参加が望まれ，さまざまな観点で多くの意見を出し合う．場合によっては材料や部品などの供給者も参加し，設計・開発の節目となる各段階で［(75)］が実施され，次の段階に進んでよいかどうかの検討がなされる．

③ 設計・開発の段階では，設計・開発からのアウトプットと設計・開発へのインプットを比較し，設計・開発のアウトプットが設計・開発のインプットとして決められた目標などを満たしているかどうかを［(76)］に確認する設計検証が何度となく行われる．また，最終製品が使用時に顧客の［(77)］を満たせるかどうかなどの妥当性を確認することが行われる．これをボールペンで例えれば，所望の書き味が得られているかどうかを試作品などで実際に確認することが相当する．

【［(75)］～［(77)］の選択肢】
ア．統計的　　イ．デザインレビュー　　ウ．目標展開　　エ．工程保証
オ．客観的　　カ．品質機能展開　　キ．ニーズ　　ク．苦情処理

【問 13】 次の文章において，[　　] 内に入るもっとも適切なものを下欄の選択肢からひとつ選び，その記号を解答欄にマークせよ．ただし，各選択肢を複数回用いることはない．

① QC 工程図は，製品・サービスの生産・提供に関する一連のプロセス（工程）を図表に表し，このプロセスの流れに沿ってプロセスの各段階で，誰が，いつ，どこで，何をどのように管理したらよいかを一覧化し，工程で [(78)] すべき品質特性と，その工程で [(79)] すべき要因系の条件およびその管理方法を定めたものである．プロセスによる [(78)] を行っていくうえで QC 工程図は，[(80)] ための重要なツールである．

② 工程で [(78)] すべき品質特性がどの程度規格を満足しているかを定量的に示す [(81)] は，工程の実力を表す指標である．その値が 1.33 より大きければ，ほとんどの製品が規格に適合することが予想され，[(82)] につながる重要な指標である．

【選択肢】

ア．一個造って一個検査する　　イ．保証　　ウ．工程変更
エ．品質を工程で作り込む　　オ．製品開発　　カ．顧客満足
キ．順（遵）守実行　　ク．工程能力指数　　ケ．契約書
コ．QA ネットワーク

【問 14】 次の文章において，方針管理の特徴を記述しているものには“ア”，日常管理の特徴を記述しているものには“イ”を選び，その記号を解答欄にマークせよ．

① 今年の重点課題を整理して取り組むべき計画を立案するときは，上位の目標や重点課題，方策などを考慮して進める． [(83)]

② 職務分掌にて自分の役割，やるべきことを整理し，管理項目およびその目標値を決めて PDCA を回しながら仕事の質の向上を図る． [(84)]

③ 今年度の年度目標が達成できたかどうかを経営トップが年度末に診断して，問題や課題を整理し次年度の方針に反映させる． [(85)]

④ 経営目的を達成するために，中長期計画および年度方針を定めて，それを社内の全組織が協力して効率的な活動を進める． [(86)]

【問 15】 次の文章において，[　　] 内に入るもっとも適切なものを下欄のそれぞれの選択肢からひとつ選び，その記号を解答欄にマークせよ．ただし，各選択肢を複数回用いることはない．

品質マネジメントシステムは，多くのプロセスにより構成されていて，外部から提供されるプロセス，製品およびサービスの管理は重要なプロセスのひとつである．

① このプロセスにおいては，その最初の段階で供給者の品質保証に関する組織としての能力を [(87)] し，継続的に改善することが基本となる．ここに，組織としての能力とは，技術力，[(88)]，財務力，要員，設備等に関する能力のことで，この能力を正しく [(87)] するための [(89)] を明確にしておく必要がある．

【[(87)] ～ [(89)] の選択肢】
ア．評価　イ．力量　ウ．市場　エ．採用　オ．基準
カ．マネジメント力

② 外部から提供される製品およびサービスは，顧客に提供する製品およびサービスに影響を与えるため，要求事項を満たしているか否かを検証する必要がある．この検証行為を，一般的には，受入検査という．受入検査には，

a) 製品の品質が安定しておらず，要求仕様を満たしていないおそれがあるときなどに行うもので，受入製品のすべてを適合品と不適合品とに区分するための [(90)] 検査

b) 製品の品質が安定している場合で，ロットを合否判定する抜取検査

c) 製品の品質が安定している場合で，ほかの品質情報でロットを合否判定する [(91)] 検査

などの種類があり，供給者の組織としての能力，実績，影響の [(92)] を考慮して検査方法を決定して実施する．

③ 品質マネジメントシステムのプロセスの一部をアウトソースする場合には，アウトソースしたプロセスの検証として，アウトソース先が組織として能力が確立され，標準どおりの作業が適切に [(93)] されていることを把握する必要がある．このための有効な手段としてアウトソース先に対する第 [(94)] 監査を行うことがある．

【[(90)] ～ [(94)] の選択肢】
ア．確率　イ．実行　ウ．検証　エ．無試験　オ．程度
カ．全数　キ．改善　ク．一者　ケ．二者　コ．三者

【問 16】 次の文章において，□内に入るもっとも適切なものを下欄のそれぞれの選択肢からひとつ選び，その記号を解答欄にマークせよ．ただし，各選択肢を複数回用いることはない．

① 企業において総合的品質管理（以下，TQM と略）を実践するためには，それを具現化するための組織としての能力が不可欠であり，組織能力を醸成するための人材育成は重要な経営活動のひとつである．企業で行う品質管理教育は，顧客や社会のニーズを満たす製品やサービスを，効果的かつ効率的に提供するうえで必要な価値観，知識や技能，(95) への適応力の向上を身につける体系的な教育活動が基本となる．

② TQM を実践していくためには，組織で働く一人ひとりが，それぞれの立場や役割を理解したうえで，顧客（後工程も含む）や社会のニーズを満たすよう，(96) にプロセスやシステムの維持向上，改善および革新に取り組むことが求められる．具体的には，品質・質，プロセス，システム，維持・改善などの基本的な (97) の理解，並びに顧客重視，プロセス重視，標準化，PDCA サイクル，全員参加，重点指向，事実に基づく管理などの行動原則の理解と適応力の醸成である．

③ 企業を取り巻く経営環境の変化に対応するためには組織能力の確保が必要であり，人材育成活動の重要さが増している．品質管理教育は短期的に効果が得られるものではないため，中長期的かつ (98) な視点から戦略的に取り組むことが求められる．

【(95) の選択肢】

ア．過失　イ．感覚　ウ．実務　エ．保証　オ．達成

【(96) ～ (98) の選択肢】

ア．総合的　イ．視覚的　ウ．部門最適　エ．継続的　オ．断続的
カ．顧客　キ．用語や概念　ク．見える化

第 34 回　解答記入欄

問	番号	解答
問 1	1	
	2	
	3	
	4	
	5	
	6	
問 2	7	
	8	
	9	
	10	
	11	
	12	
	13	
問 3	14	
	15	
	16	
	17	
	18	
	19	
問 4	20	
	21	
	22	
	23	
	24	
	25	

問	番号	解答
問 4	26	
	27	
	28	
問 5	29	
	30	
	31	
	32	
	33	
	34	
問 6	35	
	36	
	37	
	38	
	39	
	40	
	41	
問 7	42	
	43	
	44	
	45	
	46	
	47	
	48	
	49	
問 8	50	

問	番号	解答
問 8	51	
	52	
	53	
	54	
	55	
	56	
問 9	57	
	58	
	59	
	60	
	61	
	62	
問 10	63	
	64	
	65	
	66	
	67	
問 11	68	
	69	
	70	
	71	
	72	
問 12	73	
	74	
	75	

問 **12**	76	
	77	
問 **13**	78	
	79	
	80	
	81	
	82	
問 **14**	83	
	84	
	85	
	86	
問 **15**	87	
	88	
	89	
	90	
	91	
	92	
	93	
	94	
問 **16**	95	
	96	
	97	
	98	

3 級問題

第 35 回（試験日：2023 年 3 月 19 日）

試験時間：90 分

付表を p.161 に掲載しています.
必要に応じて利用してください.

【問 1】 データの取り方・まとめ方に関する次の文章において, [　　] 内に入るもっとも適切なものを下欄のそれぞれの選択肢からひとつ選び, その記号を解答欄にマークせよ. ただし, 各選択肢を複数回用いることはない. なお, 解答にあたって必要であれば巻末の付表を用いよ.

① 5 つのデータが 2, 6, 3, 4, 10 と得られたとき, 平均値は [(1)], メディアンは [(2)], 平方和は [(3)], 不偏分散は [(4)] となる.

【[(1)] ～ [(4)] の選択肢】

ア. 2　　イ. 3　　ウ. 4　　エ. 5　　オ. 6　　カ. 8

キ. 10　　ク. 40

② 平均 10.0, 標準偏差 2.00 の正規母集団からランダムにサンプルを一つとり出したとき, 5 から 15 の間の値が得られる確率は [(5)] である. また, 50 個のサンプルをランダムにとり出したときに得られるヒストグラムの形状は [(6)] である.

【[(5)] の選択肢】

ア. 0.99　　イ. 0.90　　ウ. 0.79

【[(6)] の選択肢】

ア.

イ.

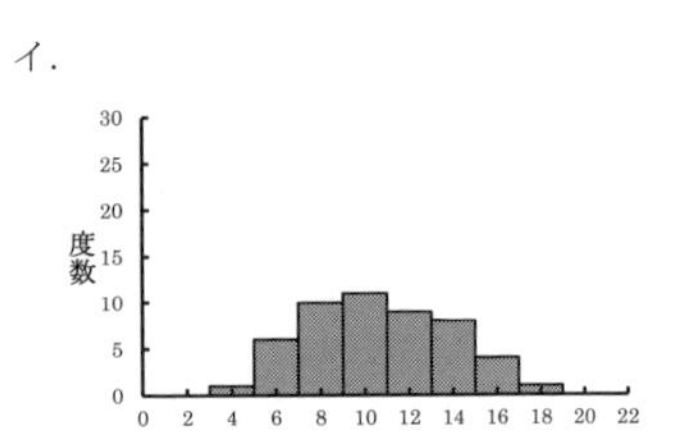

ウ.

【問2】 パレート図に関する次の文章において，［　　］内に入るもっとも適切なものを下欄のそれぞれの選択肢からひとつ選び，その記号を解答欄にマークせよ．ただし，各選択肢を複数回用いることはない．

不適合項目別に不適合数のデータを表2.1にまとめた．不適合数の少ない下位3項目については「その他」にまとめて，図2.1のパレート図に表した．

表2.1

不適合項目	不適合数
メッキ不良	30
メクレ不良	7
キズ不良	80
凸凹不良	5
割れ不良	60
欠け不良	15
シミ不良	3
合計	200

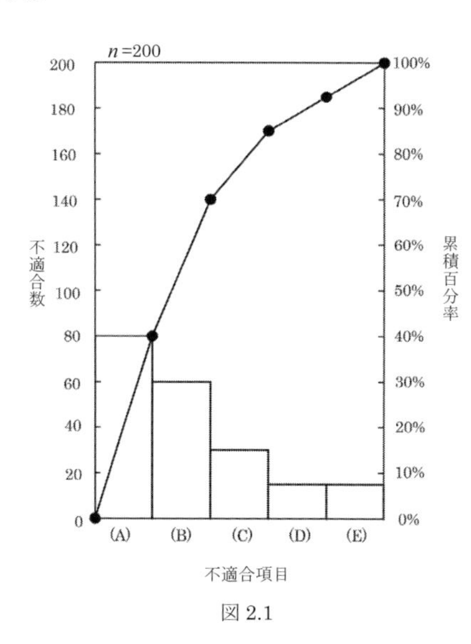

図2.1

a) 項目(C)には［(7)］，項目(E)には［(8)］が入る．

b) 最上位の項目は全体の［(9)］%を占めている．

c) 上位［(10)］項目で全体の70%を占めている．

【［(7)］［(8)］の選択肢】

ア．メッキ不良　イ．メクレ不良　ウ．キズ不良　エ．凸凹不良
オ．割れ不良　カ．欠け不良　キ．シミ不良　ク．その他

【［(9)］［(10)］の選択肢】

ア．2　イ．3　ウ．4　エ．30　オ．40　カ．50

【問 3】 管理図に関する次の文章において，[   ] 内に入るもっとも適切なものを下欄のそれぞれの選択肢からひとつ選び，その記号を解答欄にマークせよ．ただし，各選択肢を複数回用いることはない．

ある部品の寸法を毎日 5 個ずつ測定して得られたデータを表 3.1 に示す．また，表 3.1 に基づいて平均と範囲をプロットした折れ線グラフを図 3.1 に示す．

表 3.1　データ表

	月　日	X_1	X_2	X_3	X_4	X_5	合計	平均	範囲
1	3 月 2 日	7.3	6.3	6.4	6.4	7.0	33.4	6.68	1.0
2	3 月 3 日	6.7	6.6	6.4	5.1	6.9	31.7	6.34	1.8
3	3 月 4 日	5.9	4.2	6.0	5.2	5.6	26.9	5.38	1.8
4	3 月 5 日	6.4	6.6	8.2	7.6	7.3	36.1	7.22	1.8
5	3 月 6 日	6.0	4.6	6.4	6.3	6.9	30.2	6.04	2.3
6	3 月 9 日	5.2	5.9	5.9	6.9	6.9	30.8	6.16	1.7
7	3 月 10 日	6.0	7.1	5.3	7.5	7.0	32.9	6.58	2.2
8	3 月 11 日	5.5	6.8	6.8	6.3	6.7	32.1	6.42	1.3
9	3 月 12 日	7.0	7.4	7.9	6.8	6.5	35.6	7.12	1.4
10	3 月 13 日	5.6	6.4	5.0	6.7	6.4	30.1	6.02	1.7
11	3 月 16 日	6.6	7.1	8.1	8.1	7.7	37.6	7.52	1.5
12	3 月 17 日	5.9	7.2	7.2	7.3	6.1	33.7	6.74	1.4
13	3 月 18 日	5.8	5.6	6.6	5.8	7.4	31.2	6.24	1.8
14	3 月 19 日	6.9	5.4	7.4	7.3	7.4	34.4	6.88	2.0
15	3 月 20 日	6.0	6.3	6.1	5.8	6.4	30.6	6.12	0.6
16	3 月 23 日	6.0	7.9	8.0	7.9	7.0	36.8	7.36	2.0
17	3 月 24 日	6.2	5.4	6.4	5.4	6.1	29.5	5.90	1.0
18	3 月 25 日	6.2	4.7	5.2	6.1	6.4	28.6	5.72	1.7
19	3 月 26 日	6.2	7.2	7.2	7.0	5.4	33.0	6.60	1.8
20	3 月 27 日	7.0	6.6	6.3	7.4	5.4	32.7	6.54	2.0
21	3 月 30 日	7.0	7.2	7.1	5.6	6.2	33.1	6.62	1.6
22	3 月 31 日	7.1	9.2	7.1	8.6	8.9	40.9	8.18	2.1
23	4 月 1 日	7.1	6.6	7.3	7.2	6.9	35.1	7.02	0.7
24	4 月 2 日	6.8	6.1	6.8	6.4	7.2	33.3	6.66	1.1
25	4 月 3 日	8.3	6.6	7.8	7.9	6.6	37.2	7.44	1.7
						合計	827.5	165.50	40.0

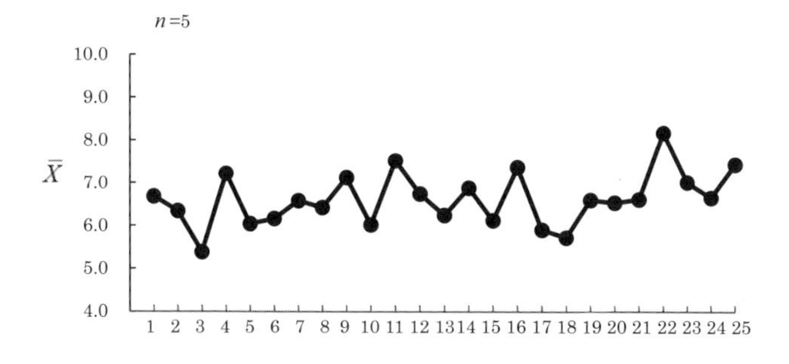

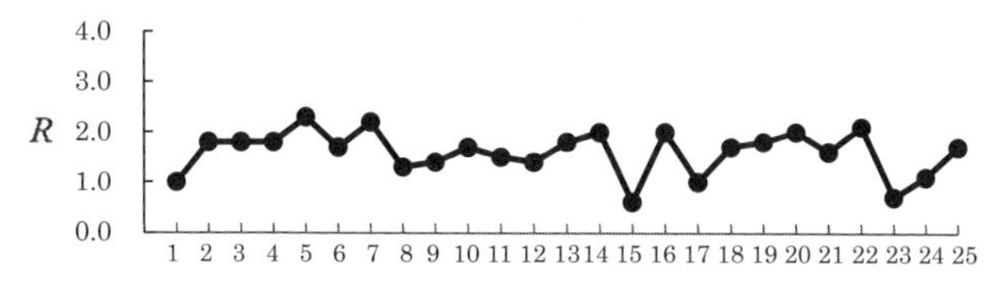

図 3.1　平均 $\bar{X}$ （上図）と範囲 R （下図）をプロットしたグラフ

表 3.2　管理限界線を計算するための係数表

群の大きさ n	A_2	D_3	D_4
2	1.880	−	3.267
3	1.023	−	2.575
4	0.729	−	2.282
5	0.577	−	2.114
6	0.483	−	2.004

① 表 3.2 を用いて，$\bar{X}$ 管理図における管理線を求めると，次のようになる．

a) CL = (11)

b) $UCL = CL +$ (12)

c) $LCL = CL -$ (12)

② さらに，R 管理図における管理線を求めると，次のようになる．

a) CL = (13)

b) UCL = (14)

c) LCL = (15)

【 (11) ～ (15) の選択肢】

ア．0.760　イ．0.757　ウ．0.920　エ．0.923　オ．1.170

カ．1.166　キ．1.600　ク．3.380　ケ．6.620　コ．考えない

③ したがって，以下の選択肢の中で，もっとも適切なものは「 (16) 」である．

【 (16) の選択肢】

ア．$\bar{X}$ 管理図，R 管理図ともに安定状態にある．

イ．$\bar{X}$ 管理図，R 管理図ともに安定状態にない．

ウ．$\bar{X}$ 管理図は安定状態にあるが，R 管理図は安定状態にない．

エ．$\bar{X}$ 管理図は安定状態にないが，R 管理図は安定状態にある．

【問 4】 サンプリングに関する次の文章において，［　　］内に入るもっとも適切なものを下欄のそれぞれの選択肢からひとつ選び，その記号を解答欄にマークせよ．ただし，各選択肢を複数回用いることはない．

① 工程や製品ロットなど，問題や処置の対象となる集団を母集団という．母集団に関する情報を得るため，母集団から標本（サンプル）をとり出す．このように標本をとり出す行為を (17) という．また，標本を構成する要素の数（または単位）を標本の (18) という．その標本を構成する要素を (19) してデータを得る．

② 母集団に対して適切な処置を行うためには，母集団をかたよりなく代表するように標本をとり出す必要がある．一方，母集団の一部である標本に基づく結果には誤差が含まれる．この誤差を (20) という．このような誤差を小さくするために，通常，(21) が行われる．(21) は，母集団を構成する要素が (22) で標本に含まれるようにとり出す方法である．

【 (17) ～ (19) の選択肢】

ア．サンプリング　イ．全数　ウ．大きさ　エ．測定　オ．削除

カ．形

【 (20) ～ (22) の選択肢】

ア．異常誤差　イ．サンプリング誤差　ウ．等確率

エ．ランダムサンプリング　オ．有意サンプリング　カ．独立

【問 5】 次の文章において，[　　] 内に入るもっとも適切なものを下欄のそれぞれの選択肢からひとつ選び，その記号を解答欄にマークせよ．ただし，各選択肢を複数回用いることはない．

① QC 七つ道具のひとつとして，2 つの特性xとyを横軸と縦軸に取り，測定値(x,y)を打点して作るグラフで，2 つの特性x，yの関係を図的に表して見るために利用するものを [(23)] という．

[(23)] を作成する手順は次のとおりである．

手順 1：期間を定め，対のデータ(x,y)を採取する．

手順 2：縦軸，横軸に目盛りを入れる．

手順 3：対のデータ(x,y)を打点する．

手順 4：必要事項（目的，サンプルサイズ，期間，作成者など）を記入する．

② 対になったデータ(x,y)の特性xとyの関係を数量的に表すには，[(24)] （以下記号rで表す）がよく用いられる．rは，[(25)] の範囲の値をとる．rを計算するには，データから直接計算する方法と相関表から計算する方法がある．測定値の数が少ない場合は直接計算する方法を用いる．測定値の数が多い場合は相関表から計算する方法を用いることもできる．

③ [(23)] と [(24)] の見方は次のとおりである．

a) 点(x,y)の並び方に何らかの傾向があるか．

ⅰ) xが増加すれば，yも直線的に増加するとき，xとyには [(26)] があり，rの値の範囲は [(27)] となる．xの各値に対するyのばらつきが小さいほど，[(26)] が強くなり，rの値は 1 に近くなる．

ⅱ) xが増加すれば，yが直線的に減少するとき，xとyには [(28)] があり，rの値の範囲は [(29)] となる．xの各値に対するyのばらつきが小さいほど，[(28)] が強くなり，rの値は-1に近くなる．

ⅲ) xとyが無関係であれば，rの値はほぼ 0（ゼロ）となる．

b) 異質な集団が混合していないか．

異質な集団が混合していれば，層別して調べる必要がある．

c) 飛び離れた点はないか．

飛び離れた点については，その原因を調べ，処置する必要がある．

【[(23)] [(24)] の選択肢】

ア．散布図　　イ．パレート図　　ウ．特性要因図　　エ．相関係数
オ．変動係数　　カ．従属係数

【[(25)] [(27)] [(29)] の選択肢】

ア．$r<-1$　　イ．$-1\leq r\leq 1$　　ウ．$-1<r<0$　　エ．$0<r<1$　　オ．$1<r$
カ．$r=-1$　　キ．$r=0$　　ク．$r=1$

【[(26)] [(28)] の選択肢】

ア．正の相関　　イ．無相関　　ウ．負の相関

【問 6】 層別に関する次の文章において，[　　] 内に入るもっとも適切なものを下欄のそれぞれの選択肢からひとつ選び，その記号を解答欄にマークせよ．ただし，各選択肢を複数回用いることはない．

ある会社では 4 つの工場で同じ製品を生産している．製造物は円筒軸である．最近不適合品が増えてきたので，製造品からサンプリングし，円筒軸の直径xを測定した．その結果，最小値は 25.01mm，最大値は 25.64mm であった．円筒軸の直径xの規格は 25.33±0.22mm である．

サンプリングしたデータからヒストグラムを作成したところ，図 6.1 となった．全体のヒストグラムは一般型であるが，ばらつきが大きいことがわかった．規格の下限を下回った製品は 7 個で，規格の上限を上回った製品は 17 個であった．

さらに要因解析を進めるため，工場別に層別し，ヒストグラムを作成したところ，図 6.2 となった．

これらのヒストグラムから，次のことを考察した．

a) 工場 A では規格外れは発生していないので，今のところ問題はない．

b) 工場 B はばらつきが大きい．ばらつきの程度を調べるために，さらにデータ分析した結果，工場 B からサンプリングした製造品の中で，規格の上限を超えた製品は 2 個であり，その製造品の直径xは 25.56mm と 25.58mm であった．また，平均値は 25.285mm，標準偏差は 0.134mm であった．このデータより，工場 B のデータの範囲Rは [(30)] であり，工程能力指数C_pは [(31)] となる．

c) 工場 C のヒストグラムは [(32)] を示しており，不適合品を除いている可能性があることがわかった．

d) 工場 D からサンプリングした製造品は 72 個であった．工場 D のヒストグラムは [(33)] を示しており，2 つのラインで製造するなど [(34)] の異なるデータが混在している可能性があることがわかった．また，不適合品の占める割合は [(35)] %であることもわかった．

【[(30)] の選択肢】

ア．0.25　　イ．0.44　　ウ．0.57　　エ．0.63　　オ．0.88

【[(31)] の選択肢】

ア．0.547　　イ．0.684　　ウ．0.734　　エ．0.784　　オ．0.821

【[(32)] [(33)] の選択肢】

ア．一般型　　イ．離れ小島型　　ウ．ふた山型　　エ．歯抜け型　　オ．絶壁型

【[(34)] の選択肢】

ア．平均値　　イ．分散　　ウ．変動係数　　エ．工程能力　　オ．平方和

【[(35)] の選択肢】

ア．9.72　　イ．12.50　　ウ．20.83　　エ．23.61　　オ．31.94

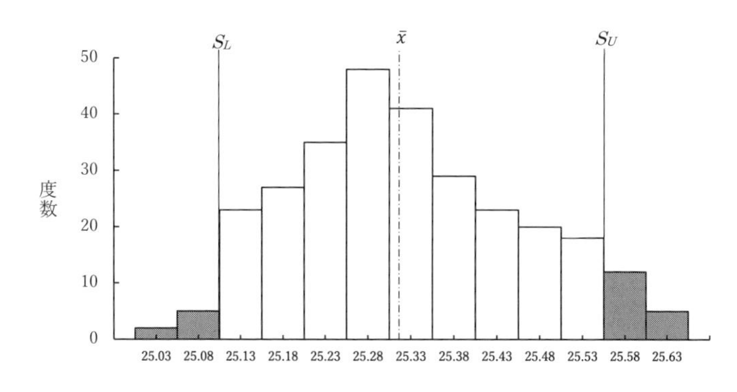

図 6.1　ヒストグラム（全体）

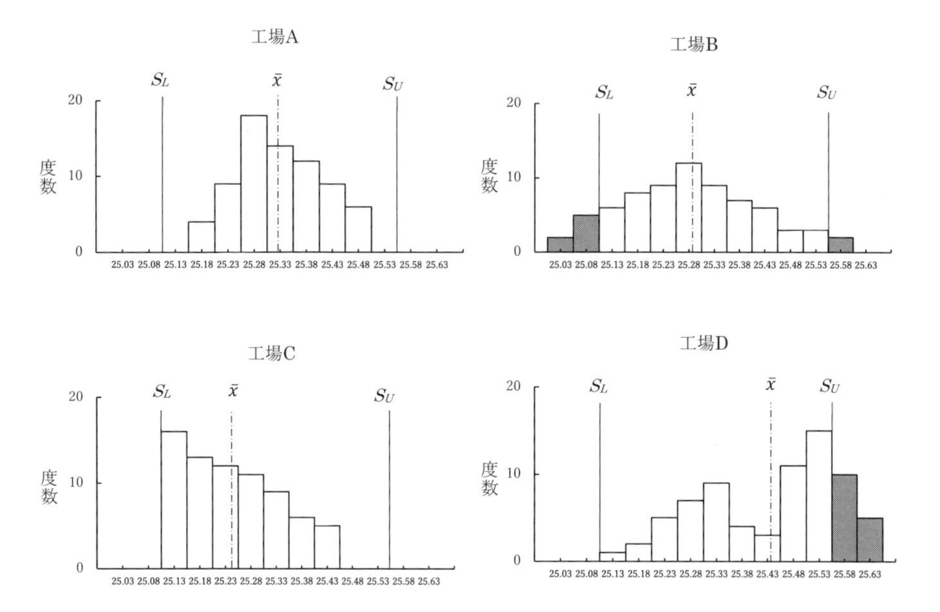

図 6.2　層別したヒストグラム

【問 7】 グラフに関する次の文章において， □ 内に入るもっとも適切なものを下欄のそれぞれの選択肢からひとつ選び，その記号を解答欄にマークせよ．ただし，各選択肢を複数回用いることはない．

Q 社では，社内の IT システム刷新に向けて検討を行うことにした．表 7.1 に，候補となる A，B，C の 3 社のメーカーについて，特性ごとに 100 点満点で評価した点を整理した．グラフ化によって視覚に訴え，細かな数値の変化を気にせず，全体の姿をとらえたい．特性によって点数が高めについたり低めについたりしていることと，特性間での 3 社の比較を目的としていることから，各特性の平均が 100 になるようにして求めた比の値をもとにグラフ化することにした．表 7.2 に，グラフ化のための評価点の比の値を計算した結果（一部）を示す．

表 7.1 各メーカーにおける各特性の評価点

メーカー	互換性	使用性	信頼性	保守性	移植性
A 社	60	50	95	35	65
B 社	100	40	75	50	70
C 社	80	60	70	50	75
平均	80	(36)	80	45	70

表 7.2 グラフ化のための評価点の比の値

メーカー	互換性	使用性	信頼性	保守性	移植性
A 社	(37)				
B 社	125				(38)
C 社	100				

【 (36) ～ (38) の選択肢】

ア．40　イ．45　ウ．50　エ．55　オ．60

カ．70　キ．75　ク．80　ケ．100　コ．150

作成したグラフは， (39) である．また，各社の評価点に対応するグラフとして，A 社は (40) ，B 社は (41) ，C 社は (42) である．

【 (39) の選択肢】

ア．ヒストグラム　イ．レーダーチャート　ウ．帯グラフ　エ．円グラフ

オ．管理図　カ．折れ線グラフ

【 (40) 〜 (42) の選択肢】

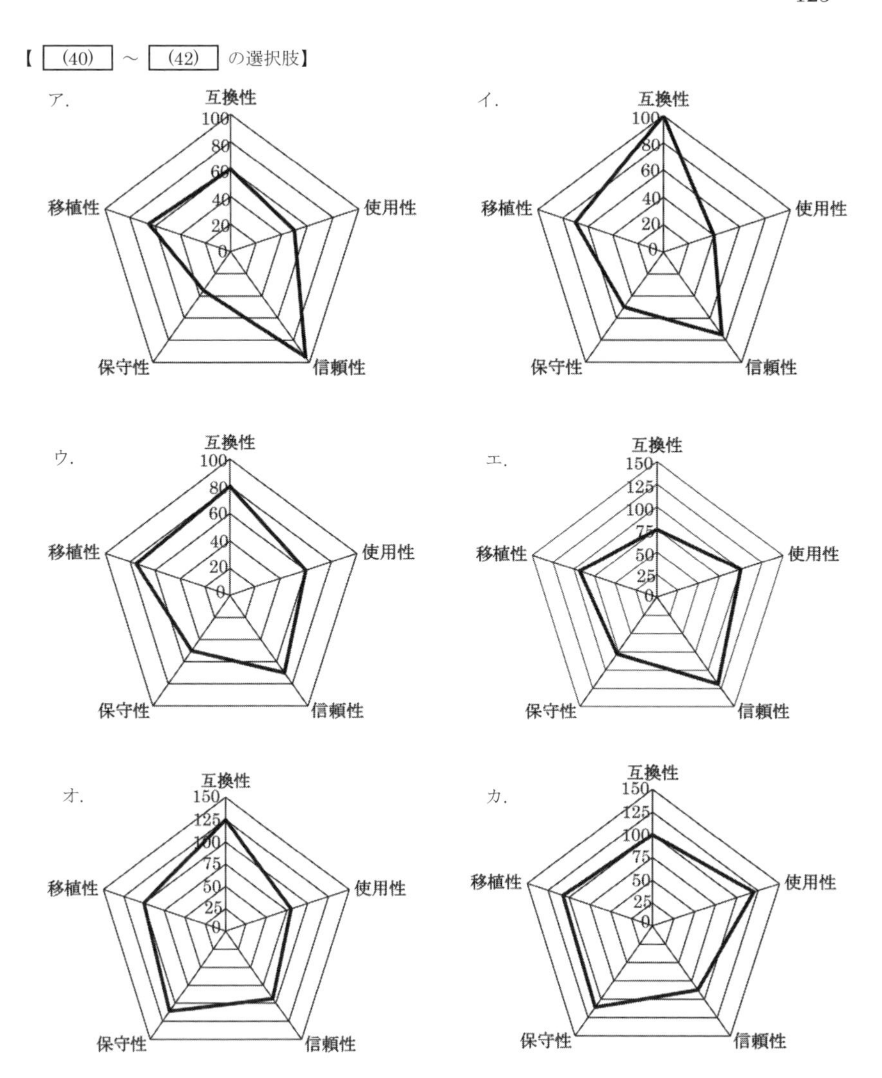

【問 8】 新 QC 七つ道具に関する次の文章において，[　　] 内に入るもっとも適切なものを下欄の選択肢からひとつ選び，その記号を解答欄にマークせよ．ただし，各選択肢を複数回用いることはない．

企画や管理，営業部門における問題解決の情報は，言葉で表現された言語データが多い．その言語データから有益な情報を抽出し，新しい発想で解決の糸口を得やすくしてくれるのが新 QC 七つ道具である．そして，新 QC 七つ道具を利用すると発想しやすくなる特徴は，その図形化にある．図 8.1 は，新 QC 七つ道具の図形化のねらいを解説している．

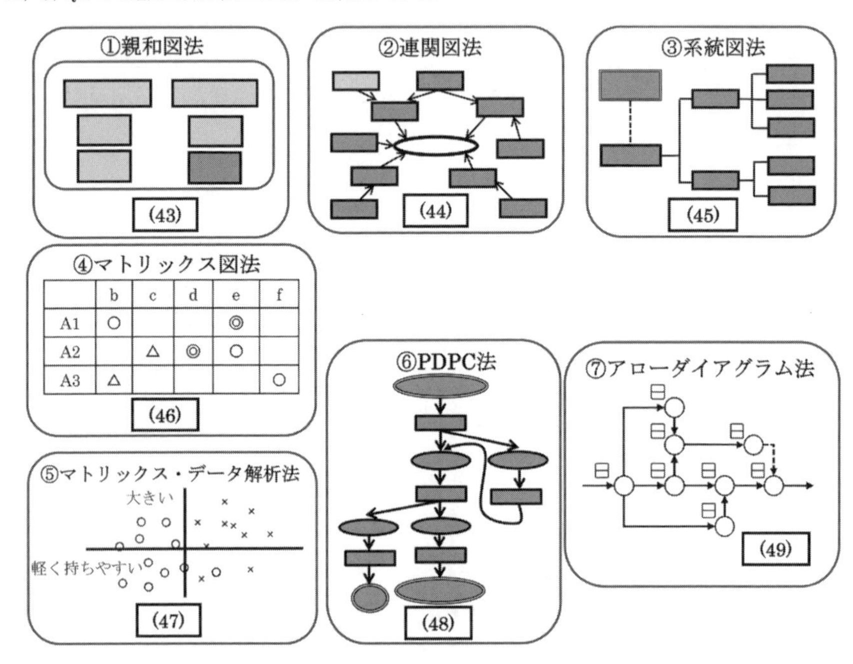

図 8.1 新 QC 七つ道具の図形化によるねらい

【選択肢】

ア．方策を枝分かれさせながら考え，抜け・漏れをなくす．

イ．完成までの手順を最適な日程計画を立てて効率よく進捗管理する．

ウ．ポジショニング（位置付け）により，例えば，ものの強みを浮き彫りにする．

エ．要素の関連度を明らかにして，客観的に比較・検討する．

オ．バラバラな混沌とした問題を統合し，根幹的な問題を探り，関係者のコンセンサスを得る．

カ．目指す目標・方向への障害の除去などの策定をあらかじめしておく．

キ．問題の要因を論理的に探索し，主要因を考える．

【問９】　次の文章において，［　　］内に入るもっとも適切なものを下欄のそれぞれの選択肢からひとつ選び，その記号を解答欄にマークせよ．ただし，各選択肢を複数回用いることはない．

① 管理は二つの活動で構成され，ひとつは改善の活動，もうひとつは［(50)］の活動である．［(50)］の活動は「［(51)］のサイクル」を回すと言われることもある．

② 職場においてはさまざまな問題が発生し，それぞれの問題を生じさせている原因は無数にある．しかし，原因の対処にかけられる費用，時間，人員などの［(52)］は限られている．そのため，すべての原因に対処するのではなく，結果に大きな影響を与えている原因を抽出し，それに対して処置するという［(53)］が大切である．

【［(50)］～［(53)］の選択肢】

ア．標準	イ．維持	ウ．客観志向	エ．資産	オ．重点指向
カ．資源	キ．応急対策	ク．現状打破	ケ．SDCA	コ．源流管理

③ 顧客に適切な品質を提供するためには，検査で不適合品を取り除くだけでなく，製品を生み出すプロセスに目を向け，プロセスとその成果の因果関係を見つめてプロセスの維持・改善を行うという，プロセスで品質を［(54)］ことが必要である．

④ 顕在化した不適合品に対しては，不適合品を発生させた原因を除去し，同じ原因で再び不適合品を発生させないように［(55)］ことが必要である．同様に，製品・サービスの特性や構成要素などから潜在的な不適切事象の発生を予測し，それに対する対策を講じて［(56)］ことも重要である．

【［(54)］～［(56)］の選択肢】

ア．補償する	イ．重点指向する	ウ．未然防止を図る	エ．作り込む
オ．見直しを行う	カ．再発防止を図る	キ．検査する	ク．見える化する

【問 10】 次の文章において，[　　] 内に入るもっとも適切なものを下欄のそれぞれの選択肢からひとつ選び，その記号を解答欄にマークせよ．

ある組織の茶飲料の新製品開発会議において，製品開発関係者と議長の X 部長が意見交換を行った．

① 企画開発課の A 課長が，“社会的品質に対して，我われの新製品開発においては配慮しなければなりません．したがって，当組織の製品・サービスやその提供プロセスが第三者のニーズを満たしていなければならないと考えます．”と発言した．それに対し X 部長は，“ [(57)] ”と補足した．

【 [(57)] の選択肢】
ア．A 課長が言った第三者とは，我われ供給者と購入者・使用者以外の不特定多数を指す．
イ．A 課長が言った第三者とは，我われ供給者以外の購入者・使用者のことである．
ウ．A 課長が言った第三者とは，我われ供給者を含む購入者・使用者が対象である．

② 生産技術課の B 課長は，“新製品の茶飲料で設計部門が設定した抽出温度と抽出時間は，現行の生産設備では設定できないため，製造品質に問題が出そうである．”と指摘した．それに対し X 部長は，“ [(58)] ”と指示した．

【 [(58)] の選択肢】
ア．B 課長の懸念は，製造品質の課題なので，工程能力指数は 1.00 を目標にし，抜取検査で合格したロットを出荷するように．
イ．B 課長の懸念は，設計品質の課題ととらえて，設計部門は再検討するように．
ウ．B 課長の懸念は，設計品質の課題ではないので，このままでよい．

③ 新製品企画課の C 課長は，“当たり前品質の物理的特性をより充足すれば，魅力的品質と受け取られ，満足度を高められると思います．”と言った．それに対し X 部長は，“ [(59)] ”と指導した．

【 [(59)] の選択肢】
ア．そのとおりだ．魅力的品質は充足度が低くても仕方ないと受け取られるので，当たり前品質の物理的特性を充足することによって魅力的品質を向上するとよい．
イ．したがって，現在，当たり前品質である物理的特性で若干でも満足されているものは現状維持し，不満を引き起こす物理的特性を改善して魅力的品質を高めること．
ウ．いや，当たり前品質は，少しでも充足されなければ不満につながる．したがって，不満足なものを徹底して調査・分析して不満を引き起こさないようにするとよい．

④ 機能性飲料開発室の D 室長は，“新製品の茶飲料は，機能性飲料という観点から新製品の中身は競合組織の動向を踏まえたうえで，人工甘味料を使用しない配合とする．この設計品質の考え方は，健康社会を目指すという当組織の事業方針に沿っていると考える．”と報告した．それに対し X 部長は，“ [(60)] ”と話した．

【 (60) の選択肢】

ア．競合組織の製品を踏まえてのことだから，D室長の考えは事業方針に沿うとは言えない．

イ．わかった．D室長の考えは事業方針に沿った新製品開発とみなせる．

ウ．いや，一般的には事業方針とは，組織に最重要な売上高と利益に限定して言うものである．

【問11】 次の文章において， 内に入るもっとも適切なものを下欄のそれぞれの選択肢からひとつ選び，その記号を解答欄にマークせよ．ただし，各選択肢を複数回用いることはない．

ある組織では，市場において，A商品の計量値データで示される特性の不適合が発生しており，この改善を進めることになった．

① 改善を進めるうえで有効な手順にはいくつかの種類がある．今回の場合は (61) の手順を活用するのが適切である．この手順では，特性に影響している原因を特定し，これに対して改善策を実施する．この原因を特定する行為を (62) と呼び，重要なステップである．このステップを効率的に行うためには，その前のステップである現状把握をしっかり行うことが大切である．

② 現状把握は，改善すべき特性がどのような状態（内容）なのかを (63) に基づいていろいろな情報を集め分析する．その中でも，まずは市場で発生している実際の不適合品の特性を測定して，規格に対してどの程度外れているのかなどを調査する必要がある．

【 (61) ～ (63) の選択肢】

ア．重点指向　　イ．三現主義　　ウ．効果の確認　　エ．要因の解析

オ．問題解決型　　カ．施策実行型　　キ．課題達成型　　ク．5S

③ 次に，組織内での特性の不適合に関して情報を調査した．この組織では，1日の生産分を1ロットとし，その中から5個のサンプルを抜き取って特性を測り，すべてが規格内であればロットを出荷するという出荷検査を行っており，その測定データは記録として残っていた．そこで， (64) を使って1か月のロットについて平均値とばらつきの時系列変化を調べた結果，工程は安定状態であることがわかった．次に，1か月間のデータをもとに工程能力指数を計算して，C_pとC_{pk}の値がそれぞれ1.50および0.78となったので，この工程は，ねらいの値に対して (65) ということがわかり，改善の方向が得られた．

【 (64) (65) の選択肢】

ア．ヒストグラム　　イ．散布図　　ウ．p管理図　　エ．$\bar{X}-R$管理図

オ．ばらつきが大きくかつ平均値もずれている

カ．ばらつきはよいが平均値がずれている

キ．ばらつきおよび平均値ともまずまずである

ク．平均値はよいがばらつきが大きい

【問 12】 次の文章において, [　　] 内に入るもっとも適切なものを下欄の選択肢からひとつ選び, その記号を解答欄にマークせよ. ただし, 各選択肢を複数回用いることはない.

① 品質保証は, 消費者および社会へ向けての組織の [(66)] である. 出荷検査においては, 品質要求事項に関して提供しようとする製品が [(67)] において間違いなく適合しており, [(68)] 責任をもつことの表明である.

② 出荷検査は, それまでの過程がどのようなものであろうとも不適合品を出荷しないための最後の関所であり, 出荷された製品が適合品であるという [(69)] を担保するための工程である.

③ 検査以前の一連の工程が適合品しか作られない仕組みになっていれば, 検査頻度を下げることができる. 許容される不適合品率と工程能力次第では無検査も可能となる. このような, 工程での品質の作り込みを実現するために行われる製造段階での一連の活動が, [(70)] である.

【選択肢】

ア. 広報活動	イ. 約束	ウ. 品質保証部門	エ. 製造段階
オ. 将来にわたって	カ. 出荷段階	キ. 結果の保証	
ク. プロセスによる保証	ケ. 改善活動	コ. 品質補償	

【問 13】 次の文章において, [　　] 内に入るもっとも適切なものを下欄の選択肢からひとつ選び, その記号を解答欄にマークせよ. ただし, 各選択肢を複数回用いることはない.

① 組織に対して, 市場トラブルの通報や苦情の申し入れがあった場合には, いつ, どこで, どのような市場トラブル・苦情が発生したのかを [(71)] に把握し, 顧客が何に困って [(72)] をもち, どのような要望をもっているのかを正確に確認する必要がある.

② ①を受けて組織は, 製品交換, 修理など即応可能な [(73)] と顧客への損害補償などを直ちに実施する. あわせて, トラブル・苦情の拡大を防止し, 早期に収束させるために [(74)] をし, 再発防止を行う.

③ ②ができたなら, 市場トラブル・苦情に関する一連の情報を記録として保持し, 組織全体で共有・活用する. このことで, 組織は他の製品や関連技術に関する市場トラブル・苦情の [(75)] に役立てることができる.

【選択肢】

ア. 未然防止	イ. 提案	ウ. 不満	エ. 抽象的
オ. 具体的	カ. イメージ	キ. 原因究明	ク. トラブル解消策
ケ. 成功シナリオ	コ. KY 活動		

【問 14】 次の文章において，[ ] 内に入るもっとも適切なものを下欄のそれぞれの選択肢からひとつ選び，その記号を解答欄にマークせよ．ただし，各選択肢を複数回用いることはない．

① 製品の品質特性と要因との因果関係を調査・確認する品質保証の過程を [(76)] という．十分確認されたその結果をもとに QC 工程図，技術指示書などによって，要因系の管理項目や結果系の品質特性に対する管理項目などの点検・管理の方式が現場に指示される．現場はその指示に準拠した工程の管理を徹底することが，品質保証において重要である．

② 要因系の管理項目のチェック時においては，工程の状況を [(77)] 見て，仕事が標準どおり行われているかどうかを確認することが必要である．作業者の資格の取得，設備や治工具の保守・点検，設定された条件の実際や使用材料などに間違いないことを一つひとつ確かめることが品質保証につながる．しかし，結果に影響を及ぼす要因は [(78)] する．したがって，[(76)] によって，影響力の大きな要因と品質特性との因果関係を把握したうえで点検・管理の方式を設定し，現場に指示することが大切である．

【[(76)] ～ [(78)] の選択肢】

ア．多数存在　イ．間接的に　ウ．直接　エ．工程解析
オ．設計変更　カ．研究開発　キ．代用特性　ク．工程変更
ケ．少数存在

③ 工程において，できばえの状況の確認は，仕事の結果として得られた特性値（例えば，寸法・外観等の品質，単位時間あたりの出来高数量，生産計画に対する進み遅れの状況等）から [(79)] を観察することである．そして，[(80)] と判断された場合には，直ちにその原因を追究し，原因を除去しなければならない．この行動は，[(81)] などとも言われており，「決め事の順（遵）守・実行は，決められていない事項の異常検知にも寄与する」ことを意味している．

【[(79)] ～ [(81)] の選択肢】

ア．品質で工程の良し悪しを管理する　イ．工程は生き物
ウ．工程に異常が発生している　エ．コストが高い
オ．ねらいの品質　カ．工程の安定状態

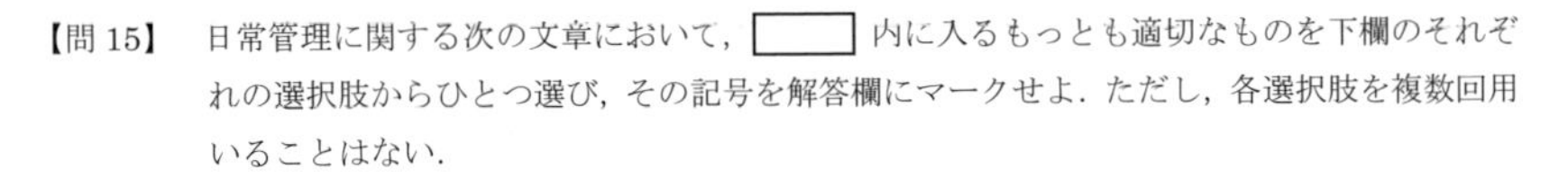

【問 15】 日常管理に関する次の文章において，[　　] 内に入るもっとも適切なものを下欄のそれぞれの選択肢からひとつ選び，その記号を解答欄にマークせよ．ただし，各選択肢を複数回用いることはない．

① 日常管理とは，組織の各部門において，日常的に遂行される [(82)] について，その業務目的を達成するための活動である．その進め方は図 15.1 のように管理のサイクルに従って行われる．すなわち，現状のやり方などを [(83)] した後に実行する．実行結果を [(84)] し，評価を行いその結果をもとに必要な [(85)] をとることを意味している．

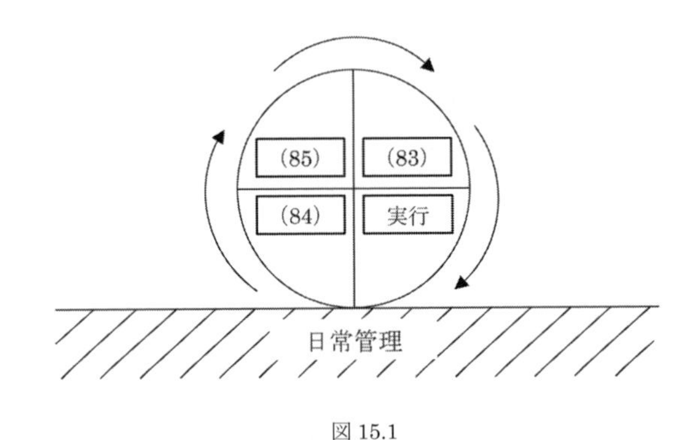

図 15.1

【[(82)] ～ [(85)] の選択肢】

ア．計画　　イ．確認　　ウ．遂行　　エ．職務分掌
オ．コンプライアンス　　カ．標準化　　キ．処置　　ク．順（遵）守
ケ．改革

② 日常管理を実施するにあたっては，共通で反復使用するために管理項目を定め，活用するために [(86)] （中心値および管理限界）を定める．組織は要員がその目標の達成度合いを計る尺度として，[(87)] を設定する．さらに，異常の発生を予防する手段，また発生した場合の原因追究の手段として，[(88)] を選定する．

【[(86)] ～ [(88)] の選択肢】

ア．共通化　　イ．標準化　　ウ．管理水準　　エ．管理点　　オ．点検点
カ．調整点

【問16】　標準化に関する次の文章において，［　　］内に入るもっとも適切なものを下欄の選択肢からひとつ選び，その記号を解答欄にマークせよ．ただし，各選択肢を複数回用いることはない．

① 社内標準化を実施するにあたってはまず社外標準について理解する必要がある．社外標準は大別して表16.1のように分類される．

表16.1　標準の分類および代表的な標準

標準の分類	代表的な標準
国際標準	［(89)］，IEC
地域標準	CEN，CENELEC
国家標準	ANSI，BS，DIN，［(90)］
団体標準	ASTM，ASME，JASS
社内標準	各企業の標準

② 社内標準化を実施する場合，表16.1にある標準類との整合性にも留意する必要がある．国際標準である［(89)］，IECなどや，地域標準であるCENやCENELEC規格，国家標準である［(90)］，ANSI，BS，DINなど，産業界などで定めた団体標準であるASTMやASMEとの整合性も検討して進めなければならない．

③ 社内標準化活動の結果として作成される社内規格や作業標準などによって，コストの削減につながる互換性や品質の向上，安全・健康の確保などのほか，［(91)］にも貢献できることが期待される．

④ 社内標準は，［(92)］にチェックを行い，国家標準などと乖離していないか，時流に合っているか，現場の実態に則しているか，といった観点から必要に応じて見直しをする必要がある．

【選択肢】

ア．属人的　イ．技術蓄積　ウ．JIS　エ．定性的　オ．定量的
カ．定期的　キ．ISO　ク．SNS　ケ．Wi-Fi

【問 17】 次の文章において，[ ] 内に入るもっとも適切なものを下欄のそれぞれの選択肢からひとつ選び，その記号を解答欄にマークせよ．ただし，各選択肢を複数回用いることはない．

① 小集団活動（QC サークル活動）は，「第一線の職場で働く人々が [(93)] に製品・サービス・仕事などの質の管理・改善を行う小グループである」と『QC サークルの基本』に定義されている．実際の運営は [(94)] に行い，QC の考え方・手法などを活用し，[(95)] を発揮して自己啓発・相互啓発を図りながら活動を進める．

② 小集団活動における代表的な改善の手順には 2 種類あり，困りごとは何かを明確にして原因究明などを行う [(96)] 型と，ありたい姿と現状とのギャップを明確にして攻め所を決めるなどの [(97)] 型がある．

【[(93)] ～ [(97)] の選択肢】

ア．継続的　イ．選択実行　ウ．散発的　エ．階層的　オ．自主的
カ．問題解決　キ．創造性　ク．革新性　ケ．課題達成

③ 小集団活動の運営を効果的に行うには，経営者・管理者の指導・支援が必要不可欠である．特に活動を効率的に行うための [(98)] と活動をしやすくする職場活性化が重要となる．活動が効果的に運営されれば組織は繁栄し，個人レベルでは能力向上・[(99)] が図られる．

【[(98)] [(99)] の選択肢】

ア．教育・訓練　イ．残業時間の確保　ウ．人間関係　エ．自己実現
オ．給与への反映

第 35 回　解答記入欄

問	番号	解答
問 1	1	
	2	
	3	
	4	
	5	
	6	
問 2	7	
	8	
	9	
	10	
問 3	11	
	12	
	13	
	14	
	15	
	16	
問 4	17	
	18	
	19	
	20	
	21	
	22	
問 5	23	
	24	
	25	

問	番号	解答
問 5	26	
	27	
	28	
	29	
問 6	30	
	31	
	32	
	33	
	34	
	35	
問 7	36	
	37	
	38	
	39	
	40	
	41	
	42	
問 8	43	
	44	
	45	
	46	
	47	
	48	
	49	
問 9	50	

問	番号	解答
問 9	51	
	52	
	53	
	54	
	55	
	56	
問 10	57	
	58	
	59	
	60	
問 11	61	
	62	
	63	
	64	
	65	
問 12	66	
	67	
	68	
	69	
	70	
問 13	71	
	72	
	73	
	74	
	75	

問 14	76	
	77	
	78	
	79	
	80	
	81	
問 15	82	
	83	
	84	
	85	
	86	
	87	
	88	
問 16	89	
	90	
	91	
	92	
問 17	93	
	94	
	95	
	96	
	97	
	98	
	99	

3 級問題

第 36 回（試験日：2023 年 9 月 3 日）

試験時間：90 分

付表を p.161 に掲載しています.
必要に応じて利用してください.

【問 1】 チェックシートに関する次の文章において，［ ］内に入るもっとも適切なものを下欄のそれぞれの選択肢からひとつ選び，その記号を解答欄にマークせよ．ただし，各選択肢を複数回用いることはない．

ある製品では，製品表面の欠け，バリ，きずなどの不適合項目が問題となっていた．4 日間の不適合の発生状況を調べるため，チェックシートを用いて調査したところ，図 1.1 が得られた．

① 作成したチェックシートは，［(1)］チェックシートである．

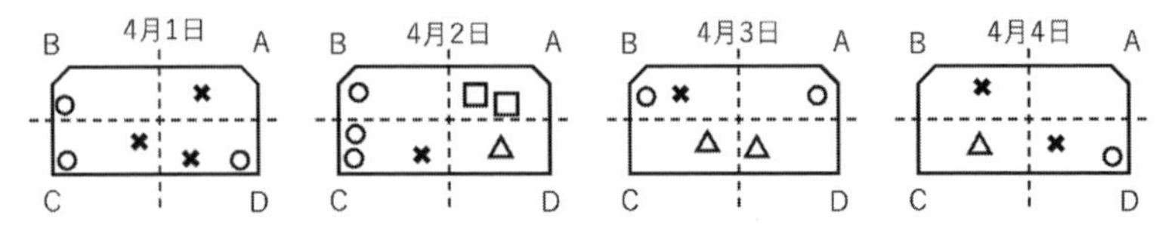

図 1.1 4 月 1 日から 4 月 4 日の記入済みチェックシート

② 日ごとの発生状況を把握するために集計した結果，表 1.1 を得た．

表 1.1 発生状況の集計表（の一部）

位置	4 月 1 日	4 月 2 日	4 月 3 日	4 月 4 日	計
A	1				
B	1				
C	2	［(2)］			
D	2				
計	6		［(3)］		

③ 図 1.1 の分析からわかることは，

a) 不適合がもっとも多い項目は，［(4)］である．

b) 不適合がもっとも少ない位置は，A,B,C,D のうち［(5)］である．

などである．

【［(1)］の選択肢】

ア．不適合項目調査用　イ．点検・確認　ウ．不適合位置調査用

エ．不適合要因調査用

【［(2)］［(3)］の選択肢】

ア．1　イ．2　ウ．3　エ．4　オ．5　カ．6　キ．7　ク．8

【 (4) の選択肢】
ア．欠け　イ．バリ　ウ．きず　エ．その他

【 (5) の選択肢】
ア．A　イ．B　ウ．C　エ．D

【問 2】 データのまとめ方に関する次の文章において，［　　］内に入るもっとも適切なものを下欄のそれぞれの選択肢からひとつ選び，その記号を解答欄にマークせよ．ただし，各選択肢を複数回用いることはない．

新製品の組立てを開始するにあたり，2 つのラインで試行を行って，製品重量を測定した結果を表 2.1 に示す．

表 2.1　測定データ

ライン	測定値（単位は省略）					
No.1	3.4	3.6	3.1	3.3	3.6	3.4
No.2	3.4	3.2	5.2	3.5	3.4	3.6

表 2.1 から，基本統計量を算出したところ，表 2.2 の結果となった．

表 2.2　基本統計量

ライン	最大値	最小値	平均値	中央値	範囲	分散	標準偏差
No.1	3.6	3.1	3.40	3.40	0.5	0.036	(8)
No.2	5.2	3.2	3.72	(6)	2.0	(7)	(9)

【 (6) の選択肢】
ア．3.30　イ．3.35　ウ．3.40　エ．3.45　オ．3.50
カ．3.55　キ．3.60

【 (7) ～ (9) の選択肢】
ア．0.024　イ．0.107　ウ．0.190　エ．0.455　オ．0.546
カ．0.739　キ．0.863

【問 3】 ヒストグラムに関する次の文章において，[ ] 内に入るもっとも適切なものを下欄のそれぞれの選択肢からひとつ選び，その記号を解答欄にマークせよ．ただし，各選択肢を複数回用いることはない．

ある部品を加工したときの外径について，5 週間にわたり，各週でランダムに 20 個ずつ，合計 100 個を測定した．そのデータを表 3.1 に示す．

表 3.1　外径の測定データ（単位：mm）

サンプル番号	第1週	第2週	第3週	第4週	第5週
1	6.14	6.22	6.21	6.24	6.28
2	6.13	6.20	6.20	6.23	6.26
3	6.15	6.18	6.21	6.26	6.23
4	6.15	6.22	6.20	6.26	6.28
5	6.16	6.21	6.23	6.25	6.30
6	6.22	6.23	6.35	6.26	6.27
7	6.16	6.19	6.23	6.21	6.30
8	6.21	6.21	6.21	6.25	6.29
9	6.17	6.22	6.24	6.23	6.28
10	6.20	6.23	6.22	6.24	6.32
11	6.20	6.18	6.20	6.22	6.34
12	6.14	6.19	6.24	6.25	6.30
13	6.18	6.22	6.23	6.25	6.31
14	6.15	6.21	6.20	6.26	6.29
15	6.16	6.20	6.24	6.23	6.27
16	6.18	6.23	6.26	6.27	6.36
17	6.17	6.22	6.23	6.24	6.40
18	6.18	6.24	6.25	6.28	6.31
19	6.17	6.21	6.23	6.30	6.33
20	6.18	6.23	6.22	6.25	6.25
各週の最大値	6.22	6.24	6.35	6.30	6.40
各週の最小値	6.13	6.18	6.20	6.21	6.23

この測定データを用いて，次の手順でヒストグラムを作成する．

手順 1：データ数は $n = 100$，測定単位は [(10)] である．

手順 2：仮の区間の数は $\sqrt{n} = 10$ とする．

手順 3：測定データの範囲は $R =$ [(11)] となる．

手順 4：測定単位 [(10)] の整数倍になるように丸めるため（四捨五入），区間の幅は [(12)] となる．

手順 5：区間の境界値を決める．最初の区間の下側境界値を，最小値－測定単位／2 として求めると [(13)] になる．また最初の区間の上側境界値は [(14)] ，最初の区間の中心値は [(15)] になる．最大値を含む区間まで求めると最後の区間の下側境界値は [(16)] ，最後の区間の上側境界値は [(17)] になる．

手順6：各区間の度数を求めて度数分布表を作成し，横軸に特性値，縦軸に度数としてヒストグラムを作成する．

【 (10) ～ (12) の選択肢】

ア．0.001　イ．0.01　ウ．0.027　エ．0.03　オ．0.1
カ．0.27　キ．0.3　ク．1

【 (13) ～ (17) の選択肢】

ア．6.095　イ．6.110　ウ．6.125　エ．6.140　オ．6.155
カ．6.185　キ．6.365　ク．6.395　ケ．6.425　コ．6.455

【問4】　確率分布に関する次の文章において，□内に入るもっとも適切なものを下欄のそれぞれの選択肢からひとつ選び，その記号を解答欄にマークせよ．ただし，各選択肢を複数回用いることはない．なお，解答にあたって必要であれば巻末の付表を用いよ．

ある円筒形の金属部品の切削工程では，加工後に2方向の直径を測定している．それらをX_1，X_2とおく．検査にはX_1の値と，2つの変数の差X_1-X_2の値を用いている．

① X_1は平均4.973cm，標準偏差0.064cmの正規分布に従い，X_1に関する規格は5.000±0.130cmである．X_1に関するかたよりを考慮した工程能力指数C_{pk}は (18) である．また，この工程では，X_1が規格上限を超えた金属部品は手直しし，規格下限を下回った金属部品は廃棄している．このとき，この工程の手直し率は (19) である．手直しと廃棄の両方を不適合品とみなすとき，母不適合品率は (20) である．

② この工程において，X_1-X_2は平均が0cm，標準偏差が0.004cmの正規分布に従っている．この工程では，X_1-X_2の規格値を$\pm d$と定めている．母不適合品率が1.0%のとき，規格上限は (21) である．また，この工程のX_1-X_2に関する工程能力指数C_pは (22) である．

【 (18) の選択肢】

ア．0.3　イ．0.4　ウ．0.536　エ．0.6　オ．0.7
カ．0.818　キ．0.9　ク．1.0　ケ．1.1　コ．1.2

【 (19) (20) の選択肢】

ア．0.005　イ．0.007　ウ．0.01　エ．0.02　オ．0.03
カ．0.04　キ．0.05　ク．0.06　ケ．0.07　コ．0.08

【 (21) の選択肢】

ア．0.006　イ．0.008　ウ．0.010　エ．0.012　オ．0.014

【 (22) の選択肢】

ア．0.66　イ．0.76　ウ．0.83　エ．0.96　オ．1.06

【問 5】 散布図および相関係数に関する次の文章において，［　　］内に入るもっとも適切なものを下欄のそれぞれの選択肢からひとつ選び，その記号を解答欄にマークせよ．ただし，各選択肢を複数回用いることはない．

時間順に取られたデータ（時系列データ）について，1 時点前のデータと現時点のデータとの関係を調べるために，1 時点前のデータと現時点のデータを対として散布図を描くことにする．例えば，1 時点目のデータを y_1，2 時点目のデータを y_2，…，最後の n 時点目のデータを y_n としたならば，(y_1, y_2)，(y_2, y_3)，…，(y_{n-1}, y_n) の $n-1$ 組の対を作り，散布図を描くことになる．ここで，例えば (y_1, y_2) は y_1 を横軸，y_2 を縦軸に打点する．

いま表 5.1 に示された時系列①～④のデータについて，上記の方法により散布図を描いたとき，得られる散布図は，次のとおりになる．

表 5.1　時系列データ①～④

時　　点	1	2	3	4	5	6	7	8	9	10	11	12	13	14	15	16	17	18	19
時系列①	1	2	3	4	5	6	7	8	9	10	11	12	13	14	15	16	17	18	19
時系列②	1	19	2	18	3	17	4	16	5	15	6	14	7	13	8	12	9	11	10
時系列③	10	12	14	16	18	19	17	15	13	11	9	7	5	3	1	2	4	6	8
時系列④	19	14	17	8	2	13	6	15	1	9	7	4	10	12	16	18	11	3	5

a）時系列①から描かれる散布図：［(23)］

b）時系列②から描かれる散布図：［(24)］

c）時系列③から描かれる散布図：［(25)］

d）時系列④から描かれる散布図：［(26)］

また，各時系列から描いた散布図を比較するとき，相関係数の値に対して大きさの順に並べると［(27)］になる．

【 (23) ～ (26) の選択肢】

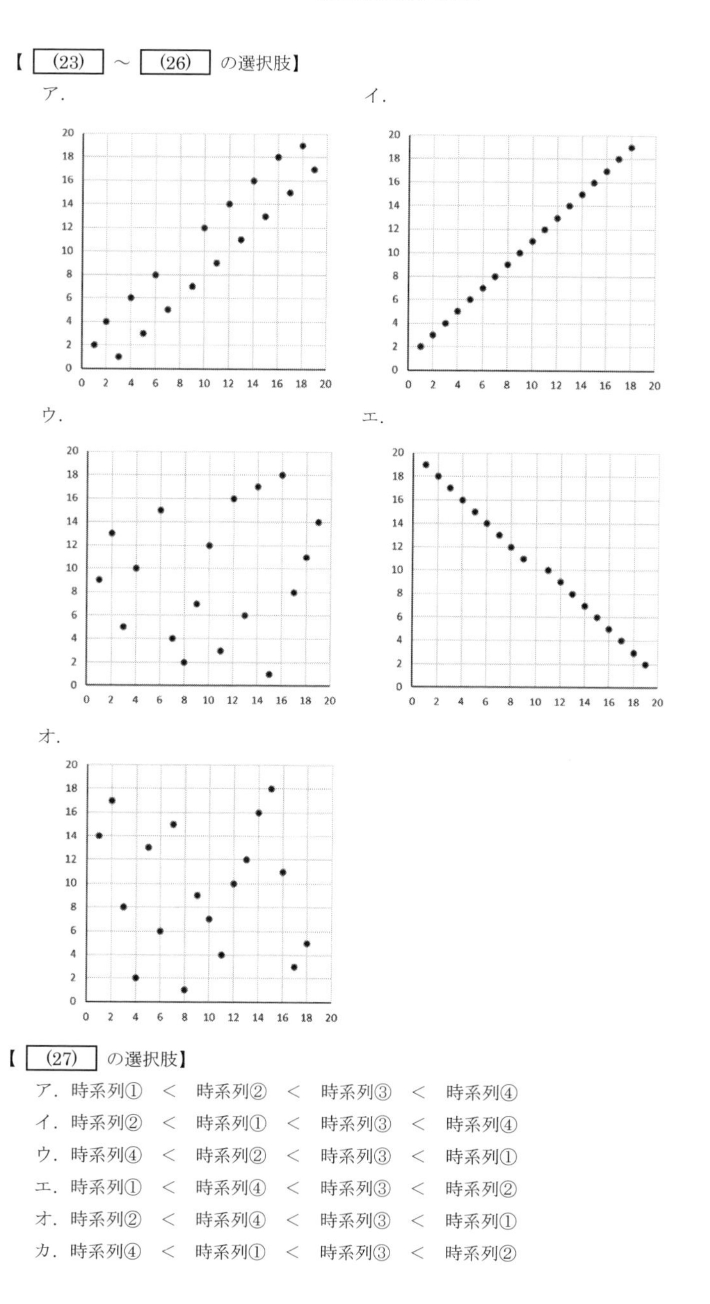

【 (27) の選択肢】

ア．時系列① < 時系列② < 時系列③ < 時系列④
イ．時系列② < 時系列① < 時系列③ < 時系列④
ウ．時系列④ < 時系列② < 時系列③ < 時系列①
エ．時系列① < 時系列④ < 時系列③ < 時系列②
オ．時系列② < 時系列④ < 時系列③ < 時系列①
カ．時系列④ < 時系列① < 時系列③ < 時系列②

【問 6】 グラフに関する次の文章において，[　　] 内に入るもっとも適切なものを下欄のそれぞれの選択肢からひとつ選び，その記号を解答欄にマークせよ．ただし，各選択肢を複数回用いることはない．

次の目的に対するグラフの概略図，およびグラフの名称は次のとおりである．

a) 目的：月ごとの売上高の変化を捉えたい．　概略図：[(28)]　グラフ名称：[(33)]

b) 目的：ある一定期間における各ラインのいくつかの不適合項目の比率を比較したい．
　概略図：[(29)]　グラフ名称：[(34)]

c) 目的：各従業員において複数の能力の評価を可視化したい．
　概略図：[(30)]　グラフ名称：[(35)]

d) 目的：いくつかの製品の生産個数を比較したい．　概略図：[(31)]　グラフ名称：[(36)]

e) 目的：ある会社の製品の売上構成比率を示したい．　概略図：[(32)]　グラフ名称：[(37)]

【[(28)] ～ [(32)] の選択肢】

ア．

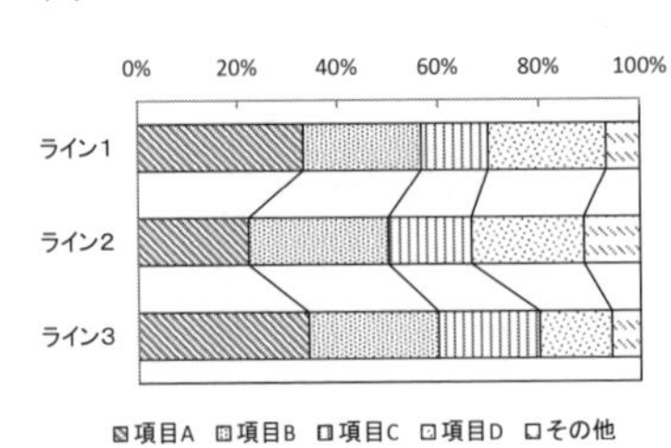

イ．

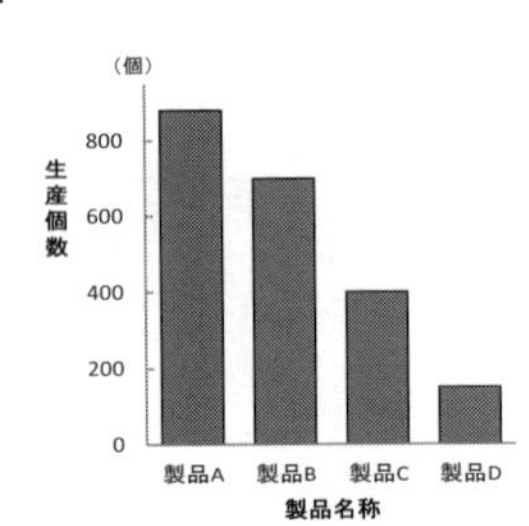

ウ．

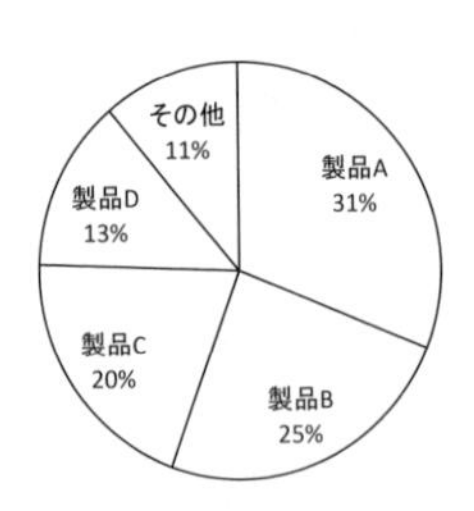

エ．

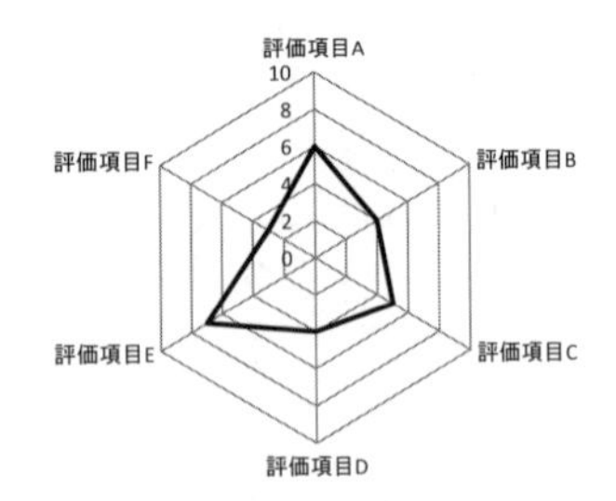

オ．

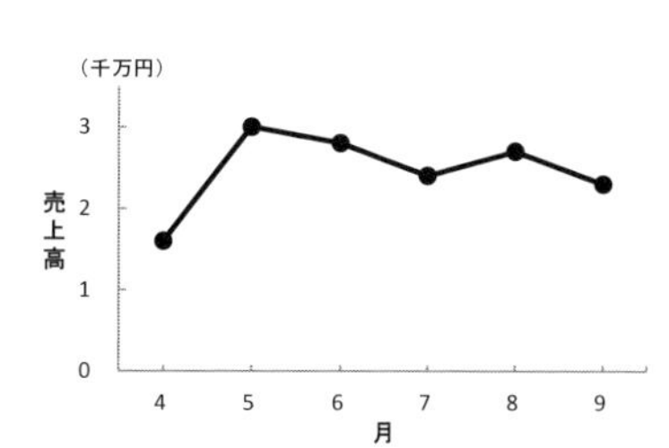

カ．

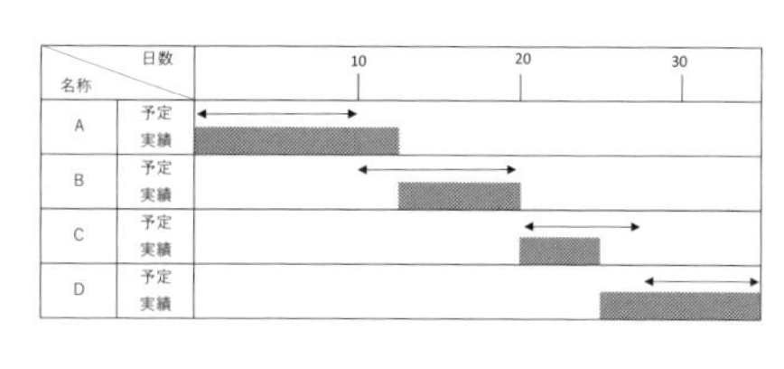

【 (33) ～ (37) の選択肢】

ア．折れ線グラフ　　イ．棒グラフ　　ウ．帯グラフ　　エ．円グラフ
オ．ガントチャート　　カ．レーダーチャート

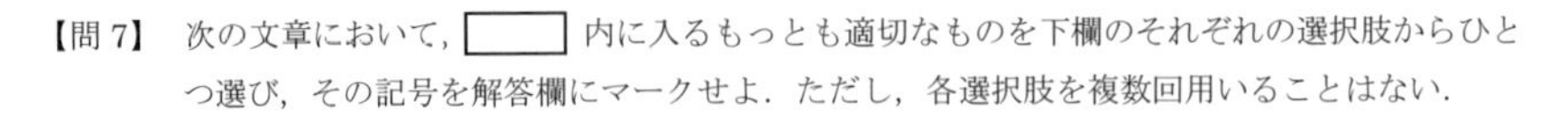

【問 7】 次の文章において，［　　］内に入るもっとも適切なものを下欄のそれぞれの選択肢からひとつ選び，その記号を解答欄にマークせよ．ただし，各選択肢を複数回用いることはない．

① 工程で発生する不適合品が，なかなか少なくならない．そこで，不適合の内容を［(38)］してパレート図を作成した．工程には，加工機械が 2 台（1 号機，2 号機）ある．加工機械ごとに［(39)］して，パレート図を作成したところ，大きな違いはなく，寸法の不適合が一番多い状態であるのがわかった．

【［(38)］［(39)］の選択肢】

ア．計算　イ．分類　ウ．層別　エ．合計　オ．2 次元集計

カ．マトリックス集計

② 不適合が一番多い寸法について，工程からランダムにデータをとって，［(40)］を作成したところ，［(41)］の図が得られ，正規分布とはいえない形であった．なお，号機による違いを検討したが，その違いは見い出せなかった．

③ さらに，工程の作業状況を調べると作業者 A，B の 2 人が交代で作業していることがわかった．作業者で［(39)］して［(40)］を作成したところ，作業者 A の図は［(42)］，作業者 B の図は［(43)］を得た．これにより，平均値では作業者 B が規格の中心からずれており，ばらつきは作業者 A が大きいことがわかった．この二つを比較するときには，目盛を合わせたうえで，［(44)］と違いがわかりやすい．

【［(40)］の選択肢】

ア．散布図　イ．管理図　ウ．ヒストグラム　エ．連関図

オ．マトリックス図

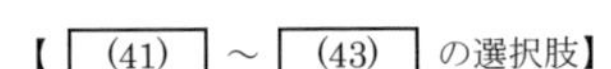

【［(41)］～［(43)］の選択肢】

ア．

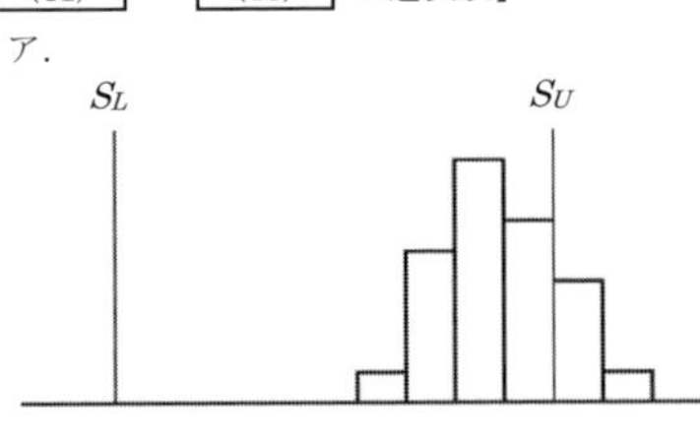

イ．

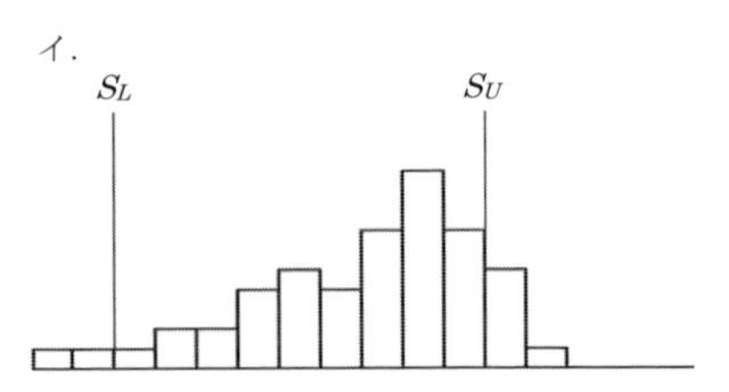

ウ．

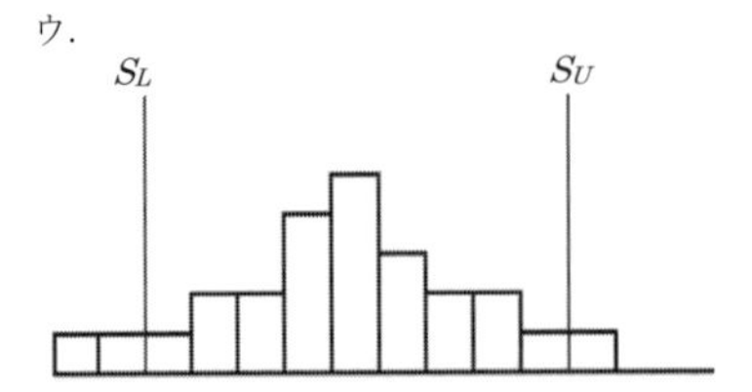

【 (44) の選択肢】

ア．縦軸を合わせて横に並べる　　イ．横軸を合わせて縦に並べる

ウ．上下左右にマトリックスとして配置する

【問 8】 新 QC 七つ道具に関する次の文章において，[　　] 内に入るもっとも適切なものを下欄のそれぞれの選択肢からひとつ選び，その記号を解答欄にマークせよ．ただし，各選択肢を複数回用いることはない．

重大な問題が発生したときや課題が与えられたとき，より多くの協力者がもつ知識・経験情報をもとに，目的に合った手法を連鎖的に活用し，手際よく，短時間で整理して意思決定し，素早く行動に移すことが肝要である．その手順としての一例を図 8.1 に示す．ここに，(➡)は手法の前後関係を示しており，点線の矢印によって同一の要素が次の手法でも使用されていることを示している．この手順に従って，適切に手法を活用することにより，素早い問題解決が可能となる．

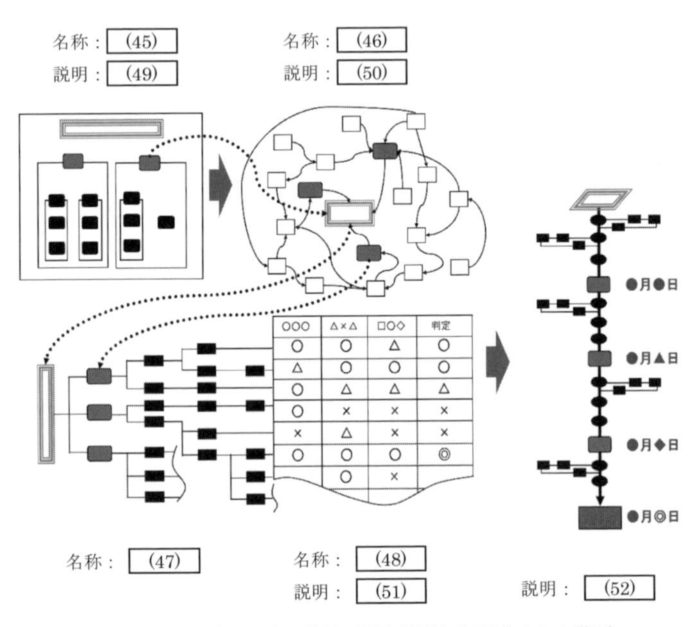

図 8.1　新 QC 七つ道具の活用手順例（手法名とその説明）

【 (45) ～ (48) の選択肢】

ア．系統図法　　イ．アローダイアグラム法　　ウ．連関図法　　エ．親和図法

オ．マトリックス図法　　カ．PDPC 法

【 (49) ～ (52) の選択肢】

ア．問題は複数の原因で複雑に構成されている．それら原因間の因果関係を矢印で結ぶことにより，複雑に絡み合った原因間の関係をひもとくために用いられる手法である．

イ．業務には不測の事態が付き物である．不測の事態への対策をあらかじめ想定しておき，その流れを図示することにより，円滑に業務が遂行できるようにするための手法である．

ウ．同種・同型の商品が多く，顧客に望ましい商品提供が困難である．各商品の情報を統計計算により各商品の特徴付けを行い，顧客に望ましい商品提供を可能にするために用いられる手法である．

エ．与えられた課題は未経験であり混沌としている．課題について事実や意見などを言語データとしてとらえて，それらの類似性に基づいて整理し，課題の所在や構造を明らかにするために用いられる手法である．

オ．複数の対策案の採否判断は，対策の評価項目が複数ある場合，困難になることがある．対策案ごとに各評価項目について評価を行い，その結果を表形式に整理して，対応策の順位付けのために用いられる手法である．

【問 9】 次の文章において，［　　］内に入るもっとも適切なものを下欄の選択肢からひとつ選び，その記号を解答欄にマークせよ．ただし，各選択肢を複数回用いることはない．

① 品質管理の活動において，管理は計画を設定して，目的を達成するためのすべての活動である．具体的には，ある目的を合理的かつ効率的に達成するために必要なすべての活動において ［(53)］ を確実に回すことが基本になる．

② 組織の活動において解決しなければならない多くの問題が存在し，それらの問題の原因は無数にある．その解決にあたっては，重点指向のために QC 手法のひとつである ［(54)］ などを用いて，限られた期間や資源を効率的に用いる必要がある．

③ 改善活動において，問題点の抽出や要因を洗い出す場面において KKD（経験，勘，度胸）に頼り過ぎると空論に終始したり，試行錯誤を繰り返したりしてしまう．それを避けるためにデータや ［(55)］ に基づいて管理することが必要になる．

④ できばえのばらつきを小さくするために工程を管理する．業務の現場において ［(56)］ などの変化により，できばえにばらつきが生じることがある．

【選択肢】

ア．PDCA　　イ．5S　　ウ．パレート図

エ．TPM（Total Productive Maintenance）　　オ．事実　　カ．4M

キ．KYT　　ク．PDPC 法

【問10】 次の文章において，□内に入るもっとも適切なものを下欄のそれぞれの選択肢からひとつ選び，その記号を解答欄にマークせよ．ただし，各選択肢を複数回用いることはない．

① 製品やサービスが本来もっている特性の集まりが要求事項を満たしている程度を［(57)］ととらえることができる．

② 品質には，いろいろな種類があるが，製造の目的となる品質を［(58)］という．これに対して，出来上がった製品はばらつきをもって現れる．そこで，このばらつきを考慮した［(59)］を設定し，その範囲に入るかを判断する．このばらつきをもって現れる品質のことを［(60)］という．

【［(57)］～［(60)］の選択肢】
ア．ねらいの品質　イ．測定値　ウ．許容差　エ．できばえの品質
オ．本質の品質　カ．品質　キ．不適合品質

③ 製品やサービスを構成している品質は二つに分けることができる．ひとつは，［(61)］といい，本来その製品やサービスに必要不可欠な品質である．この品質が欠けるとクレームにつながる．もうひとつは，［(62)］といい，この品質が満たされると顧客満足が高まり，製品やサービスを他の人にも勧めるようになる．

④ 製品やサービスだけでなく製造工程で公害を発生させることなく地球環境に配慮した組織活動は重視されている．この活動の目的は，［(63)］の向上にある．

【［(61)］～［(63)］の選択肢】
ア．魅力的品質　イ．社会的品質　ウ．自然品質　エ．プレミア品質
オ．当たり前品質　カ．地域近隣配慮品質

【問 11】 品質保証に関する次の文章において，［　　］内に入るもっとも適切なものを下欄のそれぞれの選択肢からひとつ選び，その記号を解答欄にマークせよ．ただし，各選択肢を複数回用いることはない．

① 品質保証とは，顧客が必要とする［ (64) ］を作り込むための体系的活動である．顧客に満足される［ (64) ］を提供するためには，企業の全部門が参画しなければならない．つまり，品質保証活動は全社的（関係会社や資材・部品納入会社も含めて）な考えのもとで体系的かつ［ (65) ］に活動する必要がある．

そのためには，企業は［ (64) ］を確保するための体制を整備する必要がある．製品開発のステップに従って各部門が何をなすべきか，その役割を仕事の流れに従って具体的に表現する手段として品質保証体系図がある．品質保証体系図とは，製品の［ (66) ］から販売，アフターサービスに至るまでの各ステップにおける業務を各部門間に割り振ったもので，通常［ (67) ］として示される．品質保証における各部門の責任と権限を明確にするために，横軸に品質保証に関係する各部門および関連帳票類の記入欄を設け，縦軸に［ (66) ］，製品企画，製品設計，生産準備，購買，生産，販売，アフターサービスの活動を設け，品質保証のための業務がどの部署で行われるかを業務フロー図の形に表したものである．

【［ (64) ］～［ (67) ］の選択肢】

ア．価格　　イ．バーチャート　　ウ．品質　　エ．機能
オ．管理　　カ．組織的　　キ．フローチャート　　ク．市場ニーズの把握

② 品質保証体系図を作成するポイントは，縦の流れの各ステップを進めていく［ (68) ］を明確にしておくことである．特に部門間の引継ぎ業務はステップの［ (69) ］の所在を決めておくことが大切である．この体系図を作成するメリットとして，次のような事項がある．

a) 部門の役割を明らかにすることによって，［ (65) ］な活動を効率よく進めることが可能となる．

b) トラブルが発生したとき，関係する部署が明らかになることから迅速な対応が可能となる．

c) 品質保証活動の各ステップに対応する会議体や重要な規定・帳票類の位置付けが明らかになることにより，それらの役割・［ (70) ］が明確となる．

d) 取引先やユーザーに対して自社の品質保証活動の概要をわかりやすく明示することが可能となる．

e) 設備開発や生産ラインの構築と同期化させることにより効率的な新製品開発が可能となる．

また，品質保証体系図をより有効なものとするためには，この体系図に従った活動の結果，顧客に満足される製品の提供が行われたという実績を把握することが重要である．すなわち，各ステップでの検証や顧客からの［ (71) ］の分析を確実に実施し，品質保証体系図に示された活動が有効であることを実証する必要がある．

【［ (68) ］～［ (71) ］の選択肢】

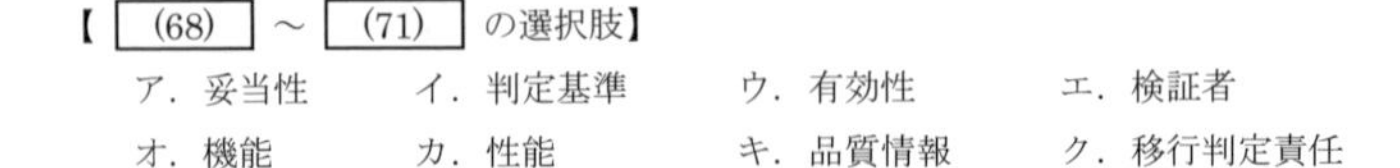

ア．妥当性　　イ．判定基準　　ウ．有効性　　エ．検証者
オ．機能　　カ．性能　　キ．品質情報　　ク．移行判定責任

【問 12】　次の文章において，［　　］内に入るもっとも適切なものを下欄のそれぞれの選択肢からひとつ選び，その記号を解答欄にマークせよ．ただし，各選択肢を複数回用いることはない．

① ISO 9000 の品質マネジメントシステムは，プロセス［(72)］をベースにした考え方が基本となっている．このプロセス［(72)］は決して新しい考え方ではなく，品質管理の当初からの基本となっている．以前から，「品質は［(73)］」という考え方がよく言われていた．また，工程の 4M が重要とも言われてきた．この 4M を，品質を作り込むためのプロセス全体としてとらえたうえで，プロセスにインプットされる要因，プロセスそのもの，アウトプットに影響を与える品質を作り込む要因で分類すると，［(74)］はインプットされる要因に該当する．仮に組織外で生産されるとしても，安定したインプットを確保するための活動も，大きな意味でプロセス［(72)］と考える．

【［(72)］～［(74)］の選択肢】

ア．コントロール　　イ．アプローチ　　ウ．第一　　エ．工程で作り込め
オ．結果選別　　カ．コストバランス　　キ．Material　　ク．Manufacture
ケ．Measurement　　コ．アウトソース

② プロセスにもばらつきがある．プロセスの［(75)］は，ただ見ているだけでなく，必要なアクションを行うものである．インプットの特性に応じて，プロセスのパラメータを調整するのは，［(76)］であり，アウトプットでプロセスの異常を発見して，プロセスを調べ正常に戻すのは［(77)］である．

【［(75)］～［(77)］の選択肢】

ア．監視　　イ．立ち上げ　　ウ．初期流動管理
エ．フィードバック　　オ．重点指向　　カ．フィードフォワード　　キ．層別

【問 13】 次の文章において，[ ] 内に入るもっとも適切なものを下欄のそれぞれの選択肢からひとつ選び，その記号を解答欄にマークせよ．ただし，各選択肢を複数回用いることはない．

組織が継続的に発展するための諸活動を効果的に推進する仕組みとして [(78)] が有効であり，これは日本的品質管理の特徴のひとつである．この活動は，経営基本方針に基づき，企業全体の参画のもとでベクトルを合わせて年度の [(79)] を具現化する活動である．この活動は「方針の策定，方針の展開，方針の実施，結果の評価と次期への反映」という [(80)] を着実に回すことが重要である．その中で，「方針の展開」の段階では，上位と下位の方針が一貫性をもったものにするために [(81)] が大切である．

例えば，A 工場の今年度の品質目標は「顧客からのクレーム半減」であり，この目標を各部門に展開することになったとする．そこで，製造課と購買課という代表的な 2 部門の具体的な年度目標を検討することになった．品質に関する 2 部門の業務役割は，製造課が「正しい作業で良品を生産する」，購買課が「良い部品を供給する」となっている．市場クレームの中で作業不良に起因する件数は全体の 80%であり，一方，部品の不具合に起因する割合は 10%となっている．製造課の年度目標としては [(82)] が適切であり，購買課の年度目標としては [(83)] が適切である．

【[(78)] ～ [(81)] の選択肢】

ア．経営方針　　イ．管理のサイクル　　ウ．方針のすり合わせ
エ．長期経営計画　　オ．方針の変更　　カ．方針管理
キ．源流管理　　ク．品質保証

【[(82)] [(83)] の選択肢】

ア．ヒューマンエラー件数の半減　　イ．作業不良によるクレーム件数の半減
ウ．作業不良によるロットアウト件数半減　　エ．部品不良によるクレーム件数ゼロ
オ．発注業務ミスによる納期遅れの削減　　カ．購買・外注先の品質指導回数の倍増

【問 14】　日常管理に関する次の文章において，［　　］内に入るもっとも適切なものを下欄の選択肢からひとつ選び，その記号を解答欄にマークせよ．ただし，各選択肢を複数回用いることはない．

① 日常管理とは，［(84)］に基づき各部門が，その業務目的を効率的に達成するために必要な日々のすべての活動のことで，経営管理の基本となる活動である．管理の対象は，品質のみならず，原価，納期，労働安全，環境など多岐にわたる．

② 各部門では，分掌業務の目的が何であるかを十分把握したうえで，その達成度合いを見定めるために管理項目および管理水準並びにそれらをチェックするサイクルなども定める．管理項目には，結果系の［(85)］と要因系の［(86)］がある．

③ 目的達成のための具体的な手順を明確化するために，マニュアル（規程，標準，要領等），関連帳票等を整備する．これらの要点をまとめた文書として［(87)］が作成されることが多い．

④ 定められた手順に従って業務を実施し，実施した結果をチェックし，もし問題があれば修正処置，さらに必要により再発防止処置を実施する．日常管理においても改善活動を実施するが，基本は定められた標準に基づく維持活動が中心となる．この管理のサイクルを［(88)］と呼ぶことがある．

【選択肢】

ア．就業規則　　イ．業務分掌　　ウ．品質目標　　エ．点検点
オ．管理点　　カ．管理限界　　キ．特性要因図　　ク．QC 工程図
ケ．SDCA　　コ．CAPD

【問 15】 次の文章において，[ ] 内に入るもっとも適切なものを下欄のそれぞれの選択肢からひとつ選び，その記号を解答欄にマークせよ．ただし，各選択肢を複数回用いることはない．

B 社では，工場拡大による人員増加に伴い，製品の品質保証や業務の効率化，安全の確保等により，自社の経営基盤の確立と経営体質の強化に取り組んでいる．さらに社内標準化を推進することで，より堅牢な品質マネジメントシステムを構築することを目標としている．

① 社内標準化の導入にあたっては，[(89)] が社内標準化の方針を示し，全部門の活動における社内標準の位置づけを明確にしている．

② 全従業員は，標準化が便利で豊かな社会生活を安心して送るためのルールのひとつであることを理解して，自社における社内標準化の取組みが [(90)]，コスト管理，安全衛生，環境保全など，すべての活動を適切に実施するための「要」であると認識している．

③ 社内標準化の推進にあたっては，[(91)] に合った社内標準を作成し，全員一丸となって，しっかりとした標準化を運用することで確実に歯止めを行い，成果につながる活動を展開している．

④ 自社の社内標準化の取組みにおいては，次の 3 つの目的をあげている．
   a) 部品・製品の互換性やシステムの整合性を向上し，コスト低減にも寄与する．
   b) 個人が持っている固有技術を標準化することで目に見える形で蓄積し，自社の技術力を向上する．
   c) ものづくりにおいて，4M のばらつきを管理して低減させることで，[(92)] を安定向上する．

【[(89)] ～ [(92)] の選択肢】

ア．自社の規模	イ．検出レベル	ウ．製品の品質	エ．品質保証
オ．余暇の有効活用	カ．品質管理者	キ．業界最高水準	ク．トップ

⑤ 自社での社内標準化には，次の 3 つの取組みがある．
   a) [(93)] における標準化（製品仕様，マーケティング，商品企画，設計，生産等）
   b) ものづくりにおける標準化（製造技術標準，生産方式，QC 工程図，作業標準書等）
   c) 仕事の進め方における標準化（業務分掌，経営，組織，人事，業務に関する標準等）

⑥ 社内標準は，自社が組織内の運営や生産物などに関して定める標準（文書化したもの）であり，[(94)] の同意に基づいて運用しており，仕事の仕方や製品の開発，生産などが最適になるように制定して，それを確実に活用している．

⑦ 社内標準の作成においては，現場の [(95)] を参画させて行い，制定された後に実践による教育・訓練を行い，使いやすい，わかりやすい社内標準になるように取り組んでいる．

⑧ 常に自社の実情に合った内容にするために，社内標準に関する要素が変更された場合には，必ず現行標準の [(96)] を実施している．

【 (93) ～ (96) の選択肢】

ア．作業者　　イ．見直し　　ウ．教育　　エ．顧客　　オ．社内関係者
カ．部長職　　キ．製品設計　　ク．苦情対応

【問 16】 次の文章において，[　　] 内に入るもっとも適切なものを下欄のそれぞれの選択肢からひとつ選び，その記号を解答欄にマークせよ．ただし，各選択肢を複数回用いることはない．

① 共通の目的をもつ少人数のグループ活動を通じて労働意欲を高め，問題の解決や課題の達成を行うのが (97) であり，これは活動形態により二つに大別される．一つ目は明確な課題があり，この課題を達成すると (98) する目的別グループ，二つ目は同じ職場の人たちが集まり，職場の問題解決を図り，職場のある限り (99) する職場別グループで，この代表的な (97) が QC サークル活動である．

② QC サークル活動は，第一線の職場で働く人々がグループをつくり，製品・サービス・仕事などの職場の問題や課題を解決していくことで，自己啓発や相互啓発を促し，メンバーの (100) を高めながら明るい活力に満ちた職場づくりをすることが目的であり，第一線の職場で働く人々が主役で活動することが基本となる．

③ 「企業の体質改善・発展に寄与する．」，「人間性を尊重して， (101) のある明るい職場をつくる．」，「人間の (100) を発揮し，無限の可能性を引き出す．」ことが QC サークル活動の基本理念である．

【 (97) ～ (99) の選択肢】

ア．保証　　イ．処理　　ウ．継続
エ．再生　　オ．修正　　カ．解散
キ．小集団活動　　ク．標準作業　　ケ．品質保証
コ．クロスファンクショナルチーム

【 (100) (101) の選択肢】

ア．活躍　　イ．生きがい　　ウ．シナジー効果　　エ．友情　　オ．能力
カ．自律性　　キ．達成　　ク．実現性

第36回　解答記入欄

問	番号	解答
問1	1	
	2	
	3	
	4	
	5	
問2	6	
	7	
	8	
	9	
問3	10	
	11	
	12	
	13	
	14	
	15	
	16	
	17	
問4	18	
	19	
	20	
	21	
	22	
問5	23	
	24	
	25	

問	番号	解答
問5	26	
	27	
問6	28	
	29	
	30	
	31	
	32	
	33	
	34	
	35	
	36	
	37	
問7	38	
	39	
	40	
	41	
	42	
	43	
	44	
問8	45	
	46	
	47	
	48	
	49	
	50	

問	番号	解答
問8	51	
	52	
問9	53	
	54	
	55	
	56	
問10	57	
	58	
	59	
	60	
	61	
	62	
	63	
問11	64	
	65	
	66	
	67	
	68	
	69	
	70	
	71	
問12	72	
	73	
	74	
	75	

問 12	76	
	77	
問 13	78	
	79	
	80	
	81	
	82	
	83	
問 14	84	
	85	
	86	
	87	
	88	
問 15	89	
	90	
	91	
	92	
	93	
	94	
	95	
	96	
問 16	97	
	98	
	99	
	100	
	101	

付　　表

付表 1　正規分布表

（Ⅰ）K_P から P を求める表

K_P	*=0	1	2	3	4	5	6	7	8	9
0.0 *	**.5000**	.4960	.4920	.4880	.4840	**.4801**	.4761	.4721	.4681	.4641
0.1 *	**.4602**	.4562	.4522	.4483	.4443	**.4404**	.4364	.4325	.4286	.4247
0.2 *	**.4207**	.4168	.4129	.4090	.4052	**.4013**	.3974	.3936	.3897	.3859
0.3 *	**.3821**	.3783	.3745	.3707	.3669	**.3632**	.3594	.3557	.3520	.3483
0.4 *	**.3446**	.3409	.3372	.3336	.3300	**.3264**	.3228	.3192	.3156	.3121
0.5 *	**.3085**	.3050	.3015	.2981	.2946	**.2912**	.2877	.2843	.2810	.2776
0.6 *	**.2743**	.2709	.2676	.2643	.2611	**.2578**	.2546	.2514	.2483	.2451
0.7 *	**.2420**	.2389	.2358	.2327	.2296	**.2266**	.2236	.2206	.2177	.2148
0.8 *	**.2119**	.2090	.2061	.2033	.2005	**.1977**	.1949	.1922	.1894	.1867
0.9 *	**.1841**	.1814	.1788	.1762	.1736	**.1711**	.1685	.1660	.1635	.1611
1.0 *	**.1587**	.1562	.1539	.1515	.1492	**.1469**	.1446	.1423	.1401	.1379
1.1 *	**.1357**	.1335	.1314	.1292	.1271	**.1251**	.1230	.1210	.1190	.1170
1.2 *	**.1151**	.1131	.1112	.1093	.1075	**.1056**	.1038	.1020	.1003	.0985
1.3 *	**.0968**	.0951	.0934	.0918	.0901	**.0885**	.0869	.0853	.0838	.0823
1.4 *	**.0808**	.0793	.0778	.0764	.0749	**.0735**	.0721	.0708	.0694	.0681
1.5 *	**.0668**	.0655	.0643	.0630	.0618	**.0606**	.0594	.0582	.0571	.0559
1.6 *	**.0548**	.0537	.0526	.0516	.0505	**.0495**	.0485	.0475	.0465	.0455
1.7 *	**.0446**	.0436	.0427	.0418	.0409	**.0401**	.0392	.0384	.0375	.0367
1.8 *	**.0359**	.0351	.0344	.0336	.0329	**.0322**	.0314	.0307	.0301	.0294
1.9 *	**.0287**	.0281	.0274	.0268	.0262	**.0256**	.0250	.0244	.0239	.0233
2.0 *	**.0228**	.0222	.0217	.0212	.0207	**.0202**	.0197	.0192	.0188	.0183
2.1 *	**.0179**	.0174	.0170	.0166	.0162	**.0158**	.0154	.0150	.0146	.0143
2.2 *	**.0139**	.0136	.0132	.0129	.0125	**.0122**	.0119	.0116	.0113	.0110
2.3 *	**.0107**	.0104	.0102	.0099	.0096	**.0094**	.0091	.0089	.0087	.0084
2.4 *	**.0082**	.0080	.0078	.0075	.0073	**.0071**	.0069	.0068	.0066	.0064
2.5 *	**.0062**	.0060	.0059	.0057	.0055	**.0054**	.0052	.0051	.0049	.0048
2.6 *	**.0047**	.0045	.0044	.0043	.0041	**.0040**	.0039	.0038	.0037	.0036
2.7 *	**.0035**	.0034	.0033	.0032	.0031	**.0030**	.0029	.0028	.0027	.0026
2.8 *	**.0026**	.0025	.0024	.0023	.0023	**.0022**	.0021	.0021	.0020	.0019
2.9 *	**.0019**	.0018	.0018	.0017	.0016	**.0016**	.0015	.0015	.0014	.0014
3.0 *	**.0013**	.0013	.0013	.0012	.0012	**.0011**	.0011	.0011	.0010	.0010
3.5	**.2326E-3**									
4.0	**.3167E-4**									
4.5	**.3398E-5**									
5.0	**.2867E-6**									
5.5	**.1899E-7**									

（Ⅱ）P から K_P を求める表

P	.001	.005	0.01	.025	.05	.1	.2	.3	.4
K_P	3.090	2.576	2.326	1.960	1.645	1.282	.842	.524	.253

（Ⅲ）P から K_P を求める表

P	*=0	1	2	3	4	5	6	7	8	9
0.00 *	∞	3.090	2.878	2.748	2.652	**2.576**	2.512	2.457	2.409	2.366
0.0 *	∞	2.326	2.054	1.881	1.751	**1.645**	1.555	1.476	1.405	1.341
0.1 *	**1.282**	1.227	1.175	1.126	1.080	**1.036**	.994	.954	.915	.878
0.2 *	**.842**	.806	.772	.739	.706	**.674**	.643	.613	.583	.553
0.3 *	**.524**	.496	.468	.440	.412	**.385**	.358	.332	.305	.279
0.4 *	**.253**	.228	.202	.176	.151	**.126**	.100	.075	.050	.025

付表 2　$\bar{X}$–R 管理図の管理限界線を計算するための係数

n	A	A_2	d_2	D_2	D_3	D_4
2	2.121	1.880	1.128	3.686	—	3.267
3	1.732	1.023	1.693	4.358	—	2.575
4	1.500	0.729	2.059	4.698	—	2.282
5	1.342	0.577	2.326	4.918	—	2.114
6	1.225	0.483	2.534	5.079	—	2.004
7	1.134	0.419	2.704	5.204	0.076	1.924
8	1.061	0.373	2.847	5.307	0.136	1.864
9	1.000	0.337	2.970	5.394	0.184	1.816
10	0.949	0.308	3.078	5.469	0.223	1.777

（JIS Z 9020-2:2023　表 2 からの抜粋）

解　説

第31回は，大問が16問，設問数全体では99問となっており，前回（第30回）と比べて大問が4問減ったが，設問数は1問多くなっている．大問が減っている分，問題ごとの設問数が増えているが，設問内容は大問ごとの括りになるので，頭の切替えに時間を要することがなく，総じて時間に余裕があったと推測される．続いて，手法に関する問題と実践に関する問題の割合に関しては，第28回，第30回（第29回は新型コロナウイルス感染症の影響に伴い中止）ともに半々で，今回も同じであるので，どちらかにかたよって学習するのは避ける必要がある．

次に出題内容を見てみる．手法の問題に関しては，“統計的方法の基礎”，“QC七つ道具”，“新QC七つ道具”で構成されていることが多いが，今回は，第28回と第30回に出題されていた“新QC七つ道具”に関する問題が出題されていない．とはいえ，過去の傾向から今後出題されることは大いに想定できるので，“新QC七つ道具”に関する学習は必須である．

また，実践問題に関しては，“品質の概念”，“日常管理”，“標準化”，“小集団活動”がほぼ毎回出題されている．これらに関する問題は，今後も出題される可能性が高いと推測できるので，しっかり学習しておくとよい．

第31回　基準解答

問	番号	解答
問1	1	ケ
	2	ア
	3	オ
	4	ク
	5	エ
	6	ウ
	7	イ
	8	カ
問2	9	×
	10	×
	11	○
問3	12	ア
	13	ウ
	14	ウ
	15	イ
	16	イ
問4	17	エ
	18	カ
	19	ケ
	20	キ
	21	ア
	22	ア
	23	ウ
	24	キ
問5	25	オ
問5	26	ウ
	27	ケ
	28	カ
	29	キ
	30	キ
	31	ウ
	32	エ
問6	33	オ
	34	イ
	35	ア
	36	エ
	37	イ
問7	38	オ
	39	ア
	40	ア
	41	エ
	42	カ
	43	イ
問8	44	ウ
	45	エ
	46	カ
	47	オ
	48	キ
	49	ケ
	50	エ
問9	51	ア
	52	エ
	53	イ
	54	ウ
	55	オ
	56	ア
	57	イ
問10	58	エ
	59	キ
	60	ウ
	61	キ
	62	オ
問11	63	カ
	64	ウ
	65	ア
	66	キ
	67	エ
	68	ア
	69	イ
問12	70	オ
	71	ウ
	72	コ
	73	キ
	74	カ
	75	イ

問	番号	解答
問 12	76	ケ
問 13	77	オ
	78	キ
	79	イ
	80	ク
	81	ア
	82	カ
問 14	83	エ
	84	カ
	85	イ
	86	イ
	87	エ
問 15	88	ク
	89	イ
	90	キ
	91	オ
	92	コ
	93	ウ
	94	ク
問 16	95	×
	96	×
	97	○
	98	×
	99	○

※問 1 ～問 8 は「品質管理の手法」，問 9 ～問 16 は「品質管理の実践」として出題

解説 31.1

本問は正規分布に関する知識を問う問題である．正規分布 $N(\mu, \sigma^2)$ を標準正規分布 $N(0, 1^2)$ に変換する規準化（本問題では，標準化と呼ばれている）や正規分布表の見方だけでなく，工程能力指数 C_p の求め方についてもよく理解しておくことがポイントである．

▶解答

1 ケ　2 ア　3 オ　4 ク　5 エ
6 ウ　7 イ　8 カ

① 1 〜 4 私たちの周りにはさまざまな正規分布 $N(\mu, \sigma^2)$ に従うデータがあるが，**解説図 31.1-1** のように，変換式 $u = \dfrac{x-\mu}{\sigma}$ を利用して，母平均 0，母標準偏差 1 の標準正規分布 $N(0, 1^2)$ に変換することで，正規分布表（付表 1）を活用してある範囲に入る確率（例えば，不適合品率 P など）を求めることができる．この変換のことを，規準化という．

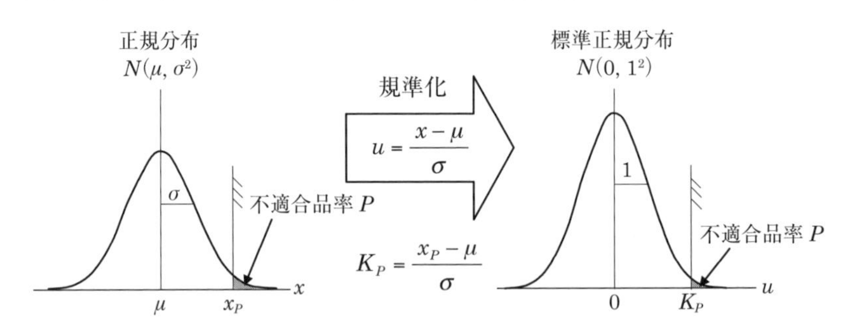

解説図 31.1-1　正規分布の規準化

よって，1 はケ，2 はア，3 はオ，4 はクが正解である．

② 5 ， 6 A ラインは，上限規格を満足しない不適合品の発生確率はほとんど 0 であり，ここでは下限規格を満足しない不適合品の発生確率 P_A を求める．**解説図 31.1-2** のように下限規格 $S_L = 50.0$ は，規準化すると，K_P

＝－1.43と負の値になるが，標準正規分布は母平均0に対して左右対称なので，その絶対値をとって正の値のときと同じように正規分布表から確率を読み取る．

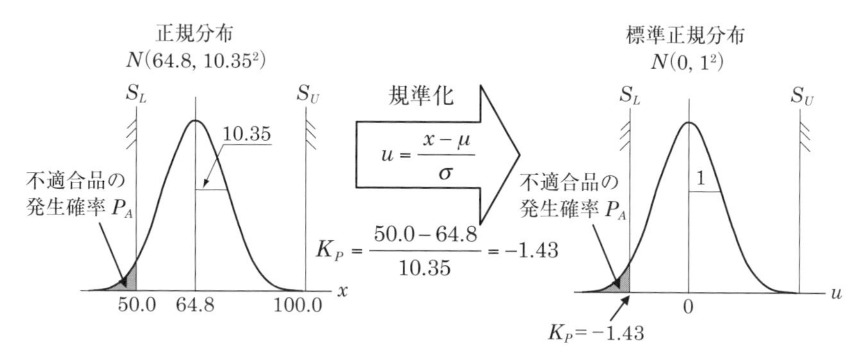

解説図 31.1-2　Aラインで下限規格を満足しない不適合品の発生確率

$$P_A = \Pr\{x \leqq 50.0\} = \Pr\{u \leqq K_P\} = \Pr\{u \leqq -1.43\}$$
$$= \Pr\{u \geqq |-1.43|\} = 0.0764$$

よって，［5］はエが正解である．

Bラインは，下限規格を満足しない不適合品の発生確率はほとんど0であり，ここでは上限規格を満足しない不適合品の発生確率 P_B を求める．**解説図 31.1-3** のように上限規格 $S_U = 100.0$ は，規準化すると標準正規分布では $K_P = 1.97$ になるので，正規分布表から確率を読み取る．

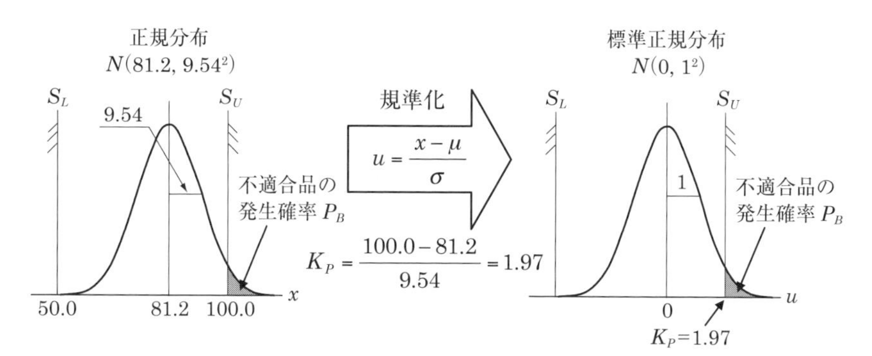

解説図 31.1-3　Bラインで上限規格を満足しない不適合品の発生確率

$$P_B = \Pr\{x \geqq 100.0\} = \Pr\{u \geqq K_P\} = \Pr\{u \geqq 1.97\} = 0.0244$$

よって，6 はウが正解である．

③ **7**，**8** Bラインの平均値を，規格の中心に調整できた場合の不適合品の発生確率 P を求める．**解説図 31.1-4** のように，平均値を規格の中心に調整できた場合，正規分布は平均値に対し左右対称なので，上限規格を満足しない不適合品の発生確率 P_U と下限規格を満足しない不適合品の発生確率 P_L は同じ値になる．つまり，この場合のBラインの不適合品の発生確率 P は $P_U = P_L$ なので，$P = P_U + P_L = 2 \times P_U$ となる．上限規格 $S_U = 100.0$ は，規準化すると標準正規分布では $K_{PU} = 2.62$ になるので，正規分布表から確率 P_U を読み取り，不適合品の発生確率 P を計算する．

$$P_U = \Pr\{x \geqq 100.0\} = \Pr\{u \geqq K_{PU}\} = \Pr\{u \geqq 2.62\} = 0.0044$$

$$P = P_U + P_L = 2 \times P_U = 2 \times 0.0044 = 0.0088$$

よって，7 はイが正解である．

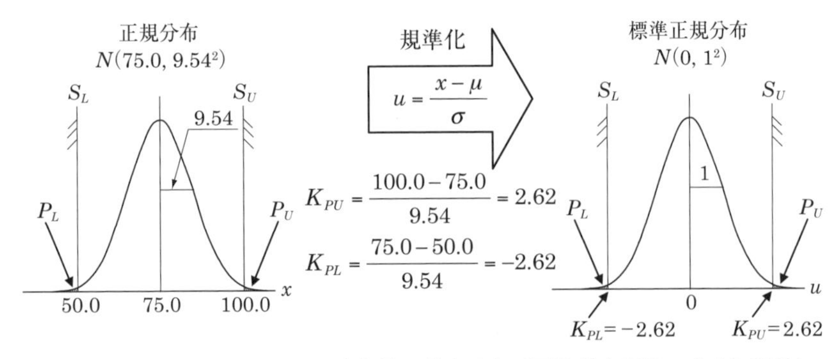

解説図 31.1-4 Bラインの不適合品の発生確率（平均値を規格の中心に調整）

両側規格の場合，工程能力指数 C_p は平均値を規格の中心に調整したときの工程能力レベルを示すものである．ここでは，上限規格 $S_U = 100.0$，下限規格 $S_L = 50.0$ において，$C_p \geqq 1.33$ とするための標準偏差 s_x を求める．C_p は以下の式で計算できるので，$C_p \geqq 1.33$ とおいて標準偏差 s_x について解くと，次のようになる．

$$\widehat{C_p} = \frac{S_U - S_L}{6 \times s_x} = \frac{100.0 - 50.0}{6 \times s_x} \geqq 1.33$$

$$s_x \leqq \frac{100.0 - 50.0}{6 \times 1.33} = 6.27$$

よって，[8] はカが正解である．

解説 31.2

この問題は，製造における工程管理の手法である管理図について，群分け，群内変動・群間変動の考え方，管理限界線の求め方，もととなる分布について問うものである．管理図の種類別に，もととなる分布や A_2 などの係数を用いた管理限界線の求め方，工程のさまざまな変動を管理図にどう織り込むのかなどを幅広く理解しているかどうかが，ポイントである．

① [9] 管理図とは，工程の品質を日常的に維持管理・向上するために使われる統計的方法である．JIS Z 8101-2:2015 では，“連続したサンプルの統計量の値を特定の順序で打点し，その値によってプロセスの管理を進め，変動を維持管理及び低減するための図”と定義されている．

管理図を作成する際には，工程からデータを取る前に群の分け方を決める必要がある．例えば，1 日に製造された製品を一つの群とする場合や，製品の製造ラインのシフトを昼勤と夜勤に分けて二つの群とする場合がある．

群の内部のばらつきは群内変動，複数の群の間のばらつきは群間変動と呼ばれる．代表的な管理図である $\bar{X}$–R 管理図において，群内変動は R 管理図に表され，群間変動は $\bar{X}$ 管理図に表される．

実際の工程を管理する際には，作業者の作業によるばらつきや材料のばらつきなど管理が難しいばらつきと，工具や設備の種類や設定条件によるばらつきなどの管理すべきばらつきの2種類に分けられる．管理図においては，管理が難しいばらつきを群内変動，管理すべきばらつきを群間変動に取り上げる．

設問には，“群内変動にはできるだけ多くの原因による変動が含まれるようにする”とあるが，管理図においては，群内変動と群間変動には，管理の観点でそれぞれに適した工程のばらつきを割り当てるべきである．

よって，正解は×である．

② **10** $\bar{X}$管理図の管理限界線は，$\bar{\bar{X}} \pm A_2\bar{R}$ で求められる．A_2は，管理図の係数表で示される正の数値である．$\bar{R}$は，データの各群の範囲の平均値であり，正の数値である．$\bar{\bar{X}}$はデータの全平均値である．

したがって，$\bar{\bar{X}} \pm A_2\bar{R}$ で求められる$\bar{X}$管理図の管理限界線は，負の値となる場合がある．

よって，正解は×である．

③ **11** さまざまな種類の管理図において，その管理限界線を求める際の根拠となる分布は，特性の分布に応じて，正規分布，二項分布，ポアソン分布などがある．

$\bar{X}$–R管理図は，連続量の特性を対象として正規分布に基づくものである．u管理図とc管理図は欠点数を対象としているので，ポアソン分布に基づくものである．p管理図とnp管理図は不良発生数を対象にしているもので，二項分布に基づいている．

よって，正解は○である．

解説 31.3

この問題は，散布図について，相関の有無の見方，相関係数の意味を問うものである．散布図作成における層別の重要性，異常点と相関係数の関係などを理解しているかどうかが，ポイントである．

▶解答

12 ア　13 ウ　14 ウ　15 イ　16 イ

---

① 12 問題解決において，散布図を使って要因系の特性と結果系の特性の間の相関の有無を調べて，相関があれば要因系の特性をコントロールして良い結果を得ようとすることがある．この設問では，生地の重量（x）と製品の重量（y）の関係を調べるために図 3.1 の散布図を作成した．得られた図のような x の値が増加すると y の値も増加していく直線的な傾向がある場合に“正の相関がある”という．点の集まり具合から，直線的な傾向が明確でない場合には，あるいは，本問のように解析を進めて層別を検討する必要がある場合，“正の相関がありそうだ”という表現をする．よって正解はアである．

13, 14 この散布図を使うときに注意しなければならないことの一つとして，散布図を作成したデータについて，履歴としての情報があり層別が可能かどうか，またその必要性を検討しておくことがある．データを層別して散布図を作成したときに，新たな情報が得られることがあり，層別について検討しておくことは重要である．この設問では，生産装置 A と生産装置 B に層別することが可能であるため，層別した結果を図 3.2 として作成してある．

図 3.2 から生産装置 A，生産装置 B のデータごとに散布図を層別したデータに分けて考えてみると，■と×のそれぞれにおいては x の値が増加したときに y の値が増加するような関係が明確になっていない．このことから生産装置 A，生産装置 B では相関がなさそうであることがわかる．よって正解は 13 がウ，14 もウである．

② 15, 16 散布図を使うときのもう一つの注意事項として，外れ値の有無について確認することが挙げられる．散布図に打点した点の大多数が同じ集団としてとらえられる場合に，少数の点が大多数の点の集団から離れて存在する図 3.3，図 3.4 のような場合には，外れ値の発生原因を検討するこ

とが必要である．

外れ値は他のデータの状況とは異なった状況で得られた場合や，計測ミスなどにより生じることがある．これは，散布図の点の並び具合の見え方に影響するだけでなく，その点があることにより相関の強さが変わってくるため，その発生した原因の検討が必要である．設問では，図 3.3 の外れ値である二つの点のデータを調べて，一つの●が測定の誤り，もう一つの●はデータ転記の誤りであり，点の集団が正の相関があることに疑義を生じさせるものではないことがわかっている．ただし，相関は図 3.3 の右下の点がなくなった図 3.4 の図は点の並び方の広がり具合が図 3.3 よりは狭くなり，x が増加すれば y も増加する直線的傾向を比較すると強まることを示している．

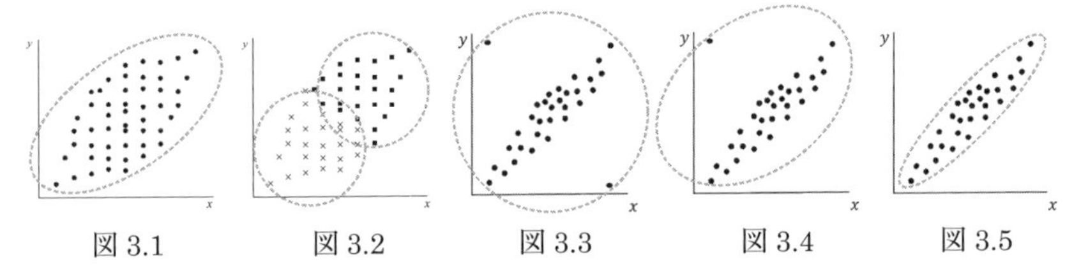

図 3.1　図 3.2　図 3.3　図 3.4　図 3.5

x が増加すれば y も増加する傾向の強さは相関係数として数値化される．相関係数 r は規準化後の散布図の楕円の膨らみ具合を定量化したもので，$-1 \leqq r \leqq 1$ の値であり，**解説図 31.3-1** のようになる．

正の相関を表す傾向が強くなれば相関係数の値は大きくなることから図 3.3 と図 3.4 の相関係数を比較すると図 3.4 のほうの傾向が強くなっているため図 3.3 の相関係数は図 3.4 の値より小さくなる．同様のことが図 3.3 と図 3.5 の比較においても言える．よって正解は 15 ， 16 ともにイである．

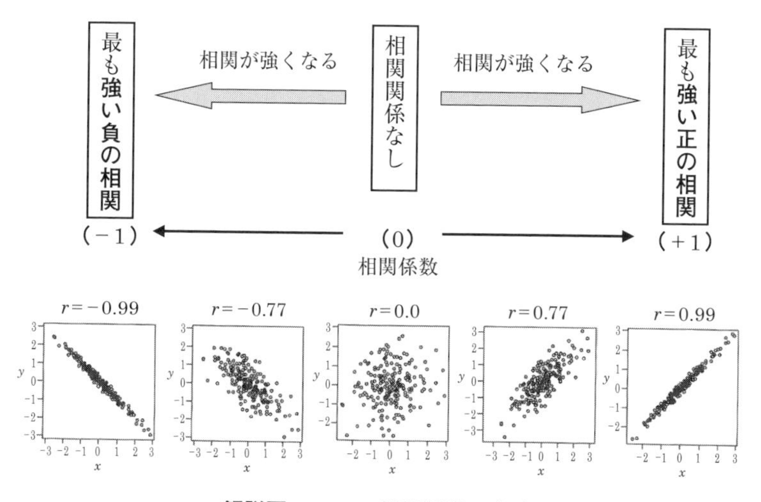

解説図 31.3-1　相関係数の意味

解説 31.4

この問題は，想定される状況に対して，活用するのに適切なQC七つ道具を選択する問題である．QC七つ道具の意味やつくり方だけでなく，その使い方まで理解しているかどうかがポイントである．

▶解答

17 エ　18 カ　19 ケ　20 キ　21 ア
22 ア　23 ウ　24 キ

① 17 ～ 19　現状とあるべき姿との差異ということは，現状があるべき姿に到達していないことであり，この状態は**問題**であるといえる．よって，17 はエが正解である．問題の改善には，現状把握をとおしてこれに影響を及ぼすと考えられる要因を列挙して整理する必要がある．頭の中だけで考えても要因を整理することは難しく，影響つまり結果とその要因の関係を可視化して整理するとよい．そのときに有効な手法として**特性要因図**がある．

よって，[18]はカが正解である．

その際には，一人で思い悩んで考えるよりも，多くの人の意見を取り入れたほうがよい．多くの人の意見を活発にするためには，脳をフル活用し，嵐のように意見を出し合うことが大切で，ブレーン（脳）とストーミング（嵐）で**ブレーンストーミング**という考え方で臨むことが有効である．

ブレーンストーミングを進めるにあたり，留意すべきポイントがある．

・たくさんの意見を出すこと：“量を求む”

・自由に意見を出せること：“自由奔放”

・他の人の意見を批判しないこと：“批判厳禁”

・他の人の意見を膨らませてさらに意見を出すこと：“他人の意見への便乗”

である．よって，[19]はケが正解である．

② [20]～[22] 問題を解決するためには，数多く抽出された要因の中から，問題に影響を与えている真の原因を探し出さなければならない．勘や当てずっぽうでは真の原因は探し出せないので，適切に**要因分析**を行う必要がある．よって，[20]はキが正解である．

原因と結果の因果関係がわかれば，真の原因か否かについて適切に判断できる．温度と寸法の因果関係を調査する場合は，温度と寸法は**計量値**なので，選択肢の中では**散布図**を活用するのが最適である．よって，[21]はア，[22]はアが正解である．

③ [23]，[24] 設備ごとの寸法の分布の形状を把握するというのは，寸法の中心となる値がどれくらいで，どのくらいのばらつきがあるかを知ることにほかならない．それには，**ヒストグラム**が最適である．しかし，3 台ある設備のデータを混ぜこぜにして 150 個のデータでヒストグラムを作成しても，設備ごとの分布の違いはわからない．3 台の設備ごとでヒストグラムを作成する必要がある．

そのためには，データを取る段階から，どの設備のデータかを明らかにして，後でもわかるようにしておかなければならない．この考え方を**層別**という．層別すべき対象はさまざまであるが，層別の要因の代表例として人，設備，原材料，方法，測定，環境，時間などがある．よって，23 はウ，24 はキが正解である．

解説 31.5

この問題は，具体的事例に基づいたヒストグラムの作成方法と工程能力指数の算出方法について問うものである．特にヒストグラムの形状の名称と特徴を理解しておくことがポイントである．

解答

25	オ	26	ウ	27	ケ	28	カ	29	キ
30	キ	31	ウ	32	エ				

ヒストグラムとはQC七つ道具の一つであり，横軸に連続した特性値の階級をとり，縦軸にその特性値に属する度数を柱状に表した度数分布図である．

① 25 ヒストグラムにおいて区間の数が多すぎても少なすぎても読みづらい形状になるため，適度な区間数を決める必要がある．一般的にはデータ数の平方根を仮の区間の数とし，実際の区間の数はデータによって後に増減する．

$$\sqrt{\text{データの数}} = \sqrt{48} = 6.93$$

を整数に丸めると7となる．

したがって，オが正解である．

26 区間の幅は最大値から最小値を引いて，仮に決めた区間の数で割った値を測定単位の整数倍に丸めて求める．

問題文より測定単位は0.01であることから，

$$\frac{\text{最大値}-\text{最小値}}{\text{仮の区間の数}} = \frac{3.35-1.69}{7} = 0.237$$

0.01 単位で丸めると 0.24 となる.

したがって，ウが正解である.

27，**28** ヒストグラムの形状には，正規分布に近似した一般型のほかにも，二山型，歯抜け型，高原型，離れ小島型，裾引き型，絶壁型などがある.

図 5.1 に示されるヒストグラムの形状は，中央値よりも左右に度数が多く，これは二山型と呼ばれる. この場合は，一般的に二つの異なる母集団からのデータが混在していることが想定されるため，データを層別してみて，再度それぞれの母集団の分布を調べる必要がある.

したがって，27 はケ，28 はカが正解である.

29 図 5.2 に示されるヒストグラムの形状は，中央から離れた端に小さい山が見られることから離れ小島型と呼ばれる.

この場合は，異常データの混入や，測定や入力の誤りなどの可能性がある.

したがって，キが正解である.

② **30** 表 5.1 のデータ表及び①の問題文より平均値は以下の式で求める.

$$\frac{\text{データの合計}}{\text{データ数}} = \frac{\sum x_i}{n} = \frac{119.51}{48} = 2.4898 \fallingdotseq 2.490$$

したがって，キが正解である.

31 標準偏差 s は以下の式で求められる.

$$s = \sqrt{V} = \sqrt{\frac{S}{n-1}} = \sqrt{\frac{1}{n-1}\sum (x_i - \overline{x})^2}$$

平方和 S は以下の簡便式に代入して求められる.

$$S = \sum (x_i - \overline{x})^2 = \sum {x_i}^2 - \frac{1}{n}\left(\sum x_i\right)^2 = 303.7673 - \frac{119.51^2}{48}$$

$$= 303.7673 - 297.5550 = 6.2123$$

よって，標準偏差 s は下記となる.

$$s=\sqrt{V}=\sqrt{\frac{S}{n-1}}=\sqrt{\frac{6.2123}{47}}=0.364$$

したがって，ウが正解である．

32 工程能力指数 C_p は，求めた標準偏差から以下の式で求められる．

$$\text{工程能力指数 } \widehat{C_p}=\frac{\text{上限規格値}-\text{下限規格値}}{6\times\text{標準偏差}}=\frac{3.50-1.50}{6\times0.364}$$

$$=\frac{2.00}{2.184}=0.92$$

したがって，エが正解である．

解説 31.6

この問題は，QC 七つ道具の一つであるパレート図の作成に関する問題である．同じくQC 七つ道具の一つであるチェックシートで整理されたデータの見方，及びパレート図作成時の注意点などを理解しているかどうかがポイントである．

▶解答

33 オ　**34** イ　**35** ア　**36** エ　**37** イ

① **33** 週全体の不適合数のデータは表6.1 のチェックシートでは一番右の列の総計となる．よって，パレート図で使用するデータは，

たれ：113 件，異物：38 件，光沢むら：7 件，膜厚むら：20 件，
その他：3 件

である．

選択肢のパレート図の棒グラフの長さに着目すると，これらの件数データと一致するものは“ウ”か“オ”のどちらかである．両者の違いは棒グラフが件数の多い順に並んでいるか否かである．パレート図の棒グラフは件数の多い順に並べるルールであるので（項目“その他”は除く），正解はオのパ

レート図となる．

② 34, 35 月曜日の不適合数のデータは表 6.1 の月曜日列の最下段の小計である．

また，木曜日の不適合数のデータも同様に木曜日列の最下段である．

よって，使用するデータはそれぞれ以下のようになる．

月曜日……たれ：16 件，異物：13 件，光沢むら：0 件，
膜厚むら：3 件，その他：0 件

木曜日……たれ：21 件，異物：6 件，光沢むら：1 件，
膜厚むら：7 件，その他：0 件

これらのデータと選択肢のパレート図の棒グラフの長さの一致を確認すると，月曜日のデータと一致するのは選択肢の“イ”と“エ”，木曜日のデータと一致するのは“ア”と“ウ”である．該当する二つのパレート図の違いは棒グラフの並び順であるので，①での解説に従い，34 はイが，35 はアがそれぞれ正解である．

③ 36, 37 作業者 C の不適合数のデータは表 6.1 の作業者 C 行の小計である．

また，作業者 D の不適合数のデータも同様に作業者 D 行の小計である．

よって，使用するデータはそれぞれ以下のようになる．

作業者 C……たれ：22 件，異物：3 件，光沢むら：1 件，
膜厚むら：2 件，その他：1 件

作業者 D……たれ：23 件，異物：3 件，光沢むら：5 件，
膜厚むら：5 件，その他：1 件

パレート図の横軸は項目の軸であり，棒グラフは件数の多い順に並べるので，上記のデータを多い順に並び替えると，

作業者 C……たれ：22 件，異物：3 件，膜厚むら：2 件，
光沢むら：1 件，その他：1 件

作業者 D……たれ：23 件，光沢むら：5 件，膜厚むら：5 件，
異物：3 件，その他：1 件

となり，作業者Cのデータの左から3番目（言い換えると3番目に件数が多い）の項目は“膜厚むら”，作業者Dのデータの左から4番目は“異物”となる．よって，36 はエ，37 はイがそれぞれ正解である．

解説31.7

この問題は，QC七つ道具の一つであるチェックシートについて問うものである．各種チェックシートの特徴を理解しているか，実際にチェックを行ったチェックシートから必要なことを読み取れるかどうかがポイントである．

▶解答

38 オ　39 ア　40 ア　41 エ　42 カ
43 イ

① 38 問題内の表7.1のチェックシートより，38 の前に書かれている“機械”はAとBがあり，“作業者”は佐藤，鈴木，高橋，田中の4名がいる．“作業時間”は8:00～10:00，…，17:00～19:00の五つの時間帯に分かれている．これらはすべて分けられているのであって，結合しているのではない．要因によって結果を分けることは言い換えると**層別**であるため，正解はオである．

39 表7.1のチェックシートは，機械，作業者，時間帯で記入欄を分け，不適合項目であるシワ，濁り，異物を記入するシートになっている．これによって，不適合項目それぞれについて，機械，作業者，時間帯といった不適合要因との関連性を調査することができる．よって**不適合要因調査用**チェックシートであり，正解はアである．

② 40 表7.1の○△×の不適合項目の発生件数を数えると**解説表31.7-1**になる．

解説表31.7-1より，発生件数が最も多いのは“○シワ”であり，正解はアである．

解説表 31.7-1　不適合項目ごとの発生件数

不適合項目	○シワ	△濁り	×異物	計
発生件数	20	13	13	46

41, 42　機械，作業者，時間帯ごとに発生件数を層別した結果を，**解説表 31.7-2** に示す．なお，問題内の表 7.1 のチェックシートには作業者，時間帯について層別した値が出ているため，これらは表 7.1 から抜粋した．

解説表 31.7-2　機械，作業者，時間帯ごとに層別した不適合の発生件数

機械	A	B	計
発生件数	23	23	46

作業者	佐藤	鈴木	高橋	田中	計
発生件数	11	12	11	12	46

時間帯	8:00～10:00	10:00～12:00	13:00～15:00	15:00～17:00	17:00～19:00	計
発生件数	14	13	8	5	6	46

解説表 31.7-2 より，不適合の発生件数に大きな違いが見られないのは，**機械**と**作業者**であり，41 の正解はエである．

時間帯について，不適合の発生件数が最も多いのは 8:00～10:00 の 14 件である．よって 42 の正解はカである．

③　43　43 の前の文章にある“製品を図示”と“製品の不適合箇所をチェックする”より，不適合が発生したときに製品の図の該当部分にチェックして不適合の位置を示すチェックシートであることがわかる．これは**不適合位置調査用**チェックシートであり，正解はイである．

解説 31.8

この問題は，QC七つ道具の一つであるグラフについて，グラフの意義や種類を問うものである．いくつかあるグラフの特徴や使い方などを理解しているかどうかが，ポイントである．

グラフに関しては，定番と言えるほど毎回の出題があるので，管理図や工程能力図も含めて学習しておくとよい．主なグラフの概要をまとめた**ポイント解説31.8**も参考にしていただきたい．

▶解答

44 ウ　45 エ　46 カ　47 オ　48 キ
49 ケ　50 エ

① 44，45　44の前に位置する“細かな数値の変化を気にせず”の文言から反対の意味の語句を選択肢から選ぶと**全体**がふさわしい．さらに，“職場の管理”と同じような活動を選択肢から探すと**改善**が見つかる．よって，正解は44がウ，45がエである．

② 46～49　折れ線グラフの書き方と使用目的についての設問である．折れ線グラフは，主に**時間**的経過に伴う特性値（測定値や観測値）の変化を表した図である．折れ線グラフの特性値は**数量**であり，その折れ線の推移や変化に着目してデータ全体の様子を知るわけである．すなわち，**母集団**がどのような変化をしているのかを推測するのである．

また，折れ線グラフは総称であって，個別にはいろいろと種類が多い．選択肢の中で，グラフらしい名称を探すと，ヒストグラム，レーダーチャートと管理図がある．ヒストグラムは棒グラフであり，レーダーチャートはレーダーを折れ線というにはやや無理がある．**管理図**，例えば$\overline{X}$管理図の打点の動きは折れ線である．よって，正解は46がカ，47がオ，48がキ，49がケである．

③ 50　データの内訳を表すグラフの名称が問われている．内訳を表す代

表的なグラフには，円グラフと帯グラフがある．設問の 3 か所に同じ語句が挿入されるので，正解候補の語句をそれぞれの空欄に当てはめてみると，データの内訳の割合もその変化が併せてわかるという意味で，**帯**グラフがふさわしいことがわかる．正解はエである．

なお，問題文①冒頭の“グラフは，データの大きさを図形で表し～理解しやすくした図である．”という文言は JIS Q 9024:2003（マネジメントシステムのパフォーマンス改善―継続的改善の手順及び技法の指針 7.1.3 グラフ）からの引用である．

ポイント解説 31.8

代表的なグラフの種類と特徴

代表的なグラフの種類と特徴などの概要をまとめる．

解説表 31.8-1　代表的なグラフの種類と特徴

	名　称	内容・特徴
内訳を知る	円グラフ 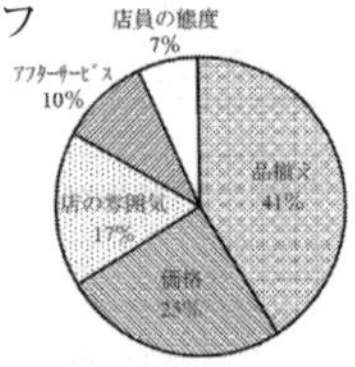 “お客様要望事項”の円グラフの例	①全体を円で表し，内訳の部分に相当する割合で扇型に区切った図．
	帯グラフ 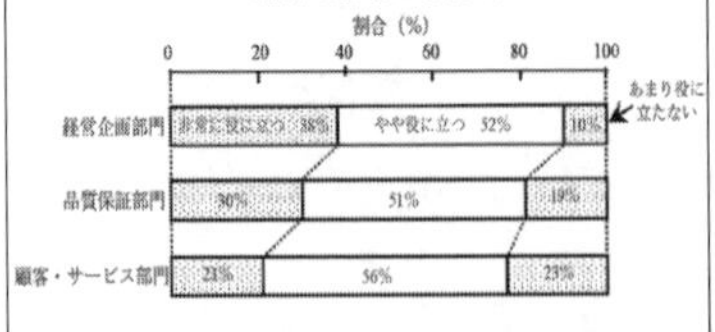 “マネジメント研修会アンケート結果”の帯グラフの例	①全体を帯状の細長い長方形で表し，その内訳の割合を長方形のヨコの長さで区切った図． ②複数の帯を作ることによって，数量や割合の変化・対比がわかる．

解説表 31.8-1　（続き）

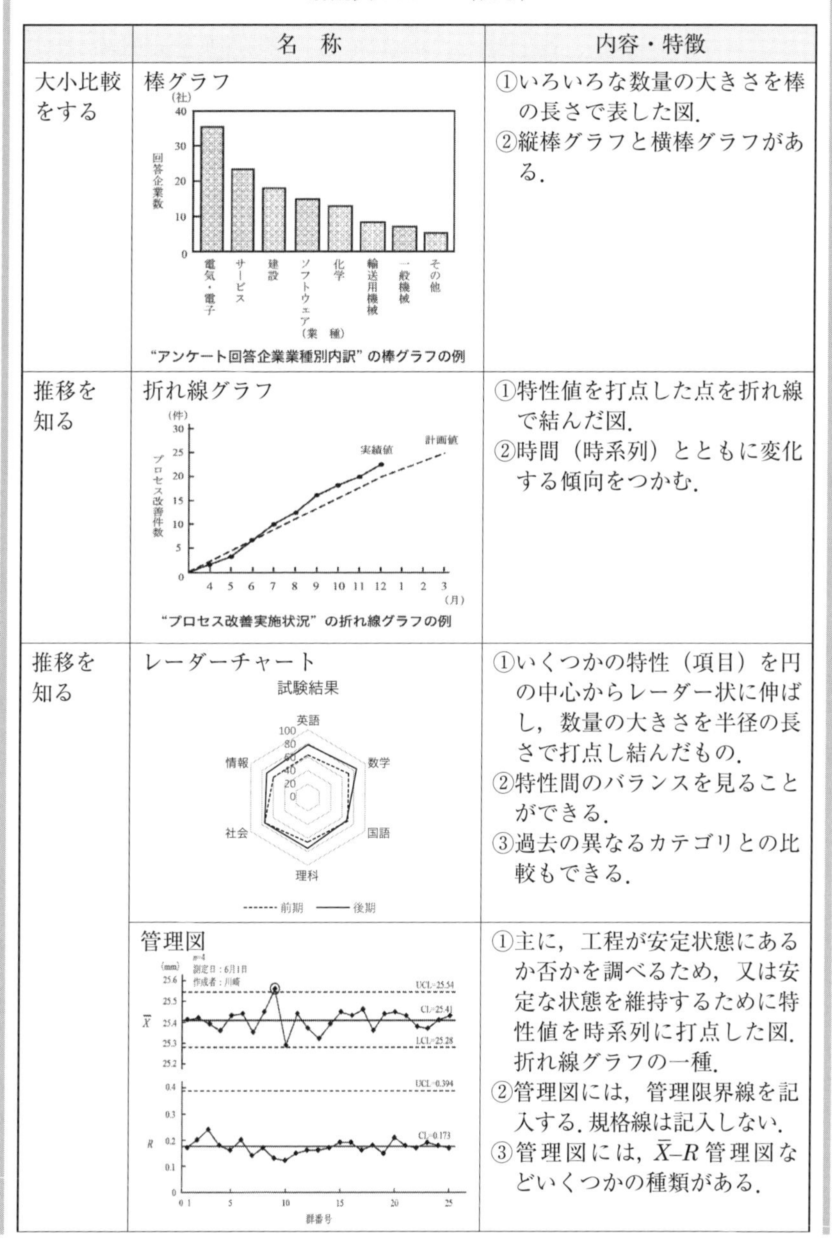

	名　称	内容・特徴
大小比較をする	棒グラフ “アンケート回答企業業種別内訳”の棒グラフの例	①いろいろな数量の大きさを棒の長さで表した図. ②縦棒グラフと横棒グラフがある.
推移を知る	折れ線グラフ “プロセス改善実施状況”の折れ線グラフの例	①特性値を打点した点を折れ線で結んだ図. ②時間（時系列）とともに変化する傾向をつかむ.
推移を知る	レーダーチャート	①いくつかの特性（項目）を円の中心からレーダー状に伸ばし，数量の大きさを半径の長さで打点し結んだもの. ②特性間のバランスを見ることができる. ③過去の異なるカテゴリとの比較もできる.
	管理図	①主に，工程が安定状態にあるか否かを調べるため，又は安定な状態を維持するために特性値を時系列に打点した図. 折れ線グラフの一種. ②管理図には，管理限界線を記入する. 規格線は記入しない. ③管理図には，$\bar{X}$–R 管理図などいくつかの種類がある.

解説表 31.8-1 （続き）

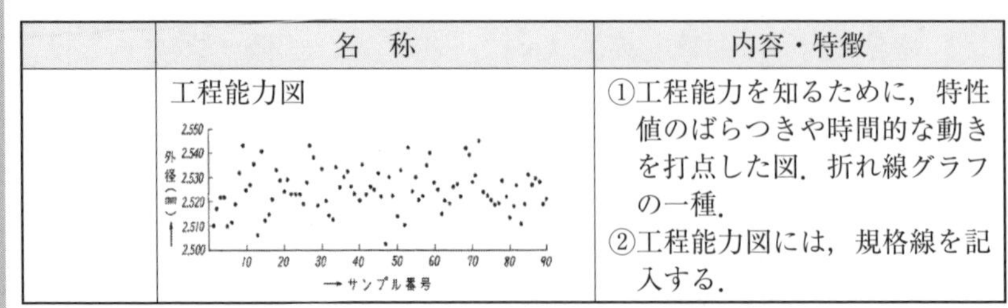

	名　称	内容・特徴
	工程能力図	①工程能力を知るために，特性値のばらつきや時間的な動きを打点した図．折れ線グラフの一種． ②工程能力図には，規格線を記入する．

出典　JIS Q 9024:2003 マネジメントシステムのパフォーマンス改善―継続的改善の手順及び技法の指針，図 3，図 6，及び JIS Z 9041-1:1999 データの統計的な解釈方法―第 1 部：データの統計的記述，図 1 をもとに作成．

解説 31.9

この問題は，品質管理の基本について問うものである．品質管理を進めていくうえでの基盤となる基本的な考え方の一つである“事実に基づく管理”に関して，内容や進め方及び用語を理解しているかどうかがポイントである．

解答

51 ア　52 エ　53 イ　54 ウ　55 オ
56 ア　57 イ

① 51～53　品質管理の基本的な考え方の一つに“**事実**に基づく管理”がある．“事実に基づく管理”とは，経験や勘のみに頼るのではなく，事実やデータに基づいて客観的に判断する活動という意味である．よって，51 はアが正解である．事実を示すデータを採取し，現状把握や問題解決のための要因解析をし，データのばらつきを管理することで工程の維持をしていくことが必要である．文中の“～と結果の確認”は因果関係の確認ということから，選択肢は**原因**が適正である．また，“工程の～管理にも対応”の文面で該当する選択肢は**維持**が適正である．したがって，52 はエ，53 はイが正解である．

② 54 ～ 56 入手したデータを分析した結果，好ましくない事象が判明すれば，その**要因**に対して処置をして**工程**を管理することが必要である．異常に対する処置の対象は，異常の“要因”であり，管理対象は“工程”であることから 54 はウ， 55 はオが選択される．安定した品質を作り出すためには，要因系の管理項目の設定と管理方式を設定して，“工程”を重視した**管理**の運用が重要である．したがって， 56 はアが選択される．

③ 57 工程での異常に対する処置は，まず応急処置が必要であるが，異常が発生した真の原因が何であるかを追究し，二度と同じ異常が起きないように是正処置を行うことが必要である．さらに，起こり得る不適合又はその他起こり得る望ましくない状況の原因を除去し，異常の発生につながらないように未然に防止することが必要である．この未然防止の方法として設計段階では**FMEA**，FTAといった手法が使われる．したがって，イが選択される．

なお，FMEAはFailure Mode and Effect Analysis（故障モード影響解析），FTAはFault Tree Analysis（故障の木解析）の略称である．

解説 31.10

この問題は，品質保証活動について問うものである．製品・サービスの品質を保証するための取組みの中で必要となる留意点などについて理解できているかが，ポイントである．

▶解答

58 エ　59 キ　60 ウ　61 キ　62 オ

① 58 製品やサービスを提供する側は，品質のよい製品・サービスを，より早く，安く提供することでお客様からの信用を得ることができるので，この信用を得るためには品質のよい製品・サービスを保証することは当然のことである．このための一連の活動を品質保証活動といい，大変重要である．

なお，製品・サービスを提供する側とは**生産者**のことである．

したがって，エが解答となる．

② 59 特定のお客様を最終製品のメーカーとして，その最終製品の部品を生産する部品メーカーを生産者という場合で考えてみる．このような場合，品質並びに価格はメーカー（お客様）と部品メーカー（生産者）の話合いで決まる．この話合いで取引が成立すると**契約**が行われ，売買が行われることとなる．部品メーカー（生産者）は，メーカー（お客様）との契約を守るための品質保証をしっかり行い，信用を得ることで，売買の契約をし続けることができる．

したがって，キが解答となる．

③ 60，61 製品・サービスの品質を保証することが生産者にとって大変重要であることは前問の解説で記した．この品質を保証する活動を確実に行うために，製品の開発から販売，アフターサービスに至るまでの各ステップにおける業務を各部門間に割り振ったものを体系的にまとめておく必要がある．これを**品質保証体系図**といい，フローチャートとして示されていることが多い．右端に関連規定・標準類の主要なものをリストアップしておくと便利である．

なお，品質保証体系を制定する際に重要なことは，一つのステップから次のステップに移行する際の判定基準，あるいは判定基準が一般的に定まらない場合にはだれが判定する判定者かを明確にしておくことである．部門間の責任の所在をあいまいにしておくと，組織的な活動が進まない．この判定者のことを保証業務の**保証責任者**と言い換えることができる．

したがって，60はウ，61はキが解答となる．

④ 62 品質保証体系図にはアフターサービスに至るまでの範囲が必要であることは前問で記した．このアフターサービスの一つに不適合が発生した場合の対応も含まれ，迅速な処置が必要となる．そのために，苦情・クレームの受付から現地訪問，現物と発生状況などの調査，応急処置までを遅延なく確実に実施できる社内体制を確立しておく必要がある．さらに苦情・クレ

ームが発生した原因を明確にし，二度と起こらないようにすることも当然必要である．このような対応が顧客満足の向上につながり，信用を得ることとなる．このように品質の保証を補完する活動も重要となるので覚えておくとよい．

なお，この二度と起こらないような対応を**再発防止**という．

したがって，オが解答となる．

解説 31.11

本問は，品質の概念に関する問題である．単に品質といってもいろいろな品質があり，本問に関しては，ねらいの品質とできばえの品質について，よく理解しているかどうかが，ポイントである．

▶解答

63 カ　64 ウ　65 ア　66 キ　67 エ
68 ア　69 イ

① 63, 64 **設計品質**とは，顧客や市場が求めている要求品質を，品質機能展開などを活用して設計に落とし込んだものである．また，設計品質は，設計図面や製品規格などに規定され，製造段階の目標となるもので，**ねらい**の品質とも呼ばれている．よって，63はカ，64はウが正解である．

② 65, 66 **製造品質**とは，ねらいの品質である設計品質をそのとおり製造した実際の品質のことであり，できばえの品質ともいう．また，製造品質は，ロット又は工程の**社内検査不適合品率**やばらつきなどで表され，適合の品質とも呼ばれる．よって，65はア，66はキが正解である．

③ 67～69 Ａの製品は，設計が指定した規格の外にあるが，顧客が要求する範囲内にある．したがって，工程検査では不合格と判定され，これを誤って出荷しても顧客からのクレームは発生しない．よって，67はエが正解である．

Bの製品は，設計が指定した規格内にあるが，顧客が要求する範囲外にある．したがって，工程検査では合格と判定され，これを出荷すると顧客からのクレームが発生する．よって，68 はアが正解である．

Cの製品は，設計が指定した規格の外にあり，さらに顧客が要求する範囲外にある．したがって，工程検査では不合格と判定され，これを誤って出荷すると顧客からのクレームが発生する．よって，69 はイが正解である．

解説 31.12

この問題は，製造現場においてプロセス保証のために行われている作業標準，QC 工程図，教育訓練，5S などについて，それらの目的や考え方を問うものである．

実際の業務での実践活用イメージを正しく理解しているかどうかが，ポイントである．

解答

70 オ　71 ウ　72 コ　73 キ　74 カ
75 イ　76 ケ

① 70 設問の文章で，“正しい作業をするため”，“目的，条件，方法，結果の確認方法” とあることと，“図や写真を用いる”，また “作成している” とあることから，選択肢の中より，具体的なものであり，作業を対象にしているのは，**作業標準**のみであることが判断できる．

よって，正解はオである．

② 71 設問の文章で，“作業における管理すべき項目”，“管理項目を明確化” とあることと，“文書” であることから，選択肢の中より，文書であり，作業の管理項目を対象にしているのは，**QC 工程図**のみであることが判断できる．

よって，正解はウである．

③ 72 設問の文章で，“作業する前に，作業標準を順守して正しい作業ができるように”とあることと，“製品知識と作業手順を理解させたうえで”，とあることから，選択肢の中より，作業について直接関わる対象は，**教育・訓練**のみであることが判断できる．

よって，正解はコである．

④ 73 設問の文章で，“職場の美化，躾（しつけ）の徹底”，とあることから，選択肢の中より，対象は **5S** のみであることが判断できる．

5S とは，整理，整頓，清掃，清潔，しつけを意味しており，製造の現場での改善の基本として重要視されている考え方である．

よって，正解はキである．

⑤ 74 設問の文章で，“不適合品は次の工程に流さない”とあることと，“考え方”とあることから，選択肢の中より，**後工程はお客様**のみを選ぶことができる．

よって，正解はカである．

⑥ 75 設問の文章で，“日常の作業開始にあたって”，“ 75 を用いて機材・設備，材料・部品などの状態を確認している”とあることから，**点検用チェックシート**のみが対象であると判断できる．

よって，正解はイである．

⑦ 76 設問の文章で，“ヒューマンエラーの防止”とあることから，作業者の作業ミスを防ぐという機能を持つ，**ポカヨケ**のみが対象であると判断できる．

よって，正解はケである．

解説 31.13

この問題は，日常管理の進め方について問うものである．組織の各部門における日常管理，製造現場における日常管理などの進め方を理解しているかどうかが，ポイントである．

▶解答

77 オ　78 キ　79 イ　80 ク　81 ア
82 カ

① 77, 78 組織の各部門における業務はさまざまなものがあり，日々進められている業務の日常管理を行うためには，まず日常的に実施される業務のあるべき姿が明確になっていることが必要である．これが**業務分掌**であり，使命・役割などが組織の経営理念や中長期経営計画から各部門に展開されているものである．日常管理を進めるには，まずこの業務分掌の内容が部門内において，日常的に進められるように整理し，明確にされている必要がある．この設問のように業務分掌を一覧表に整理することも大切なことである．よって 77 の正解はオである．

この業務分掌は日常管理を進めるためには，管理項目として各業務の達成度合いがどの程度なのか評価できるようにすることが必要である．その評価結果が好ましい水準にあるかどうかの基準となる**管理水準**が明確になっていることにより，通常か異常かを判断できるようになる．よって 78 の正解はキである．

② 79 ～ 81 日常管理において業務の目標を達成できるようにするために，異常を見つけ出す結果を定常的に監視することが必要で，異常かどうか判定するために管理項目としての評価する**評価尺度**が必要である．得られる結果をこの評価尺度の管理水準に照らし合わせて管理を進める．選択肢には“測定尺度”があるが，測定方法により得られる値の尺度全体を示す言葉であり，目標達成を評価することに特化されるものではなく不適当である．よって 79 の正解はイである．

この管理項目は業務プロセスの要因系であるインプットと結果系となるアウトプットの両面から管理することが大切であり，要因系のインプットを点検することにより管理することから点検項目，**点検点**，要因系管理項目などと呼ぶ．結果系のアウトプットは管理水準に照らし合わせて管理することから**管理点**，結果系管理項目などと呼ぶ．よって選択肢の中では 80 の正解はク， 81 の正解はアである．

③ 82 製造現場においては，製造プロセスの 4M について標準化された状態から変わると，結果に影響が出てくる．設備の故障，作業者の変更，意図しない作業方法の変化などが異常をもたらすことが多い．このような意図しない変更など避けられないものもあり，その変化の時点・内容をとらえて必要な対応を施しておくような，アウトプットの製品に影響を与えないように変化した時点（**変化点**）における管理が重要になる．異常を検出し，その原因を追究していくうえでも，この変化点を明確にしておくことがポイントになる．よって正解はカである．

解説 31.14

この問題は，標準と標準化の意味と社内標準化活動の活動について，その知識を問う問題である．普段，何気なく使用している標準，標準化，社内標準化について，今一度確認し，理解しておくことが大切である．

▶解答

83 エ　84 カ　85 イ　86 イ　87 エ

① 83, 84 標準は，手順・方法・手続き・考え方などの統一化を行うものであり，いくつもの選択肢を設けて複雑化することは避けなければならない．つまり，**単純化**を図っていくことが求められる．

また，標準を定めるにあたり大切なことは，一部の人にとっては利益や利便があるが，一方で別の人にとっては大変な不利益があったり，不便があったりしてはいけないということである．利益や利便が関係者間で**公正**に得られなければならないのである．よって， 83 はエ， 84 はカが正解である．

② 85 標準を定める活動を標準化という．標準は，一部の関係者のみで使用するのではなく，関係者で**共通**に使用できなければならない．標準は，

一度使用すれば終わりではなく，繰り返し使用するものであり，必要に応じて変更していくものである．よって，イが正解である．

③ 86, 87 企業内における標準化の活動を社内標準化という．さまざまな決まりをつくらなければならないのであるが，標準の作成者が自分の考えだけで，勝手につくるようなことは避けなければならない．その標準を使用する社内の関係者や関連部門，全体を調整する関係者や関連部門の**合意**が必要である．

また，**客観的**な情報やデータに基づいて決めていくことが必要で，かつ一部の関係者だけで決定されるのではなく，社内関係者が納得いく合理的な方法で決めることが重要である．よって，86はイ，87はエが正解である．

さらに社内標準化では，企業の独りよがりにならないように関係する国家規格や国際規格と整合させていくことが大切である．

解説 31.15

この問題は，問題解決型 QC ストーリーの概要と QC 七つ道具，新 QC 七つ道具の使い方について問うものである．QC 七つ道具と新 QC 七つ道具では，数値データを扱う手法と質的データを扱う手法の違いを理解することがポイントである．

▶解答

88 ク　89 イ　90 キ　91 オ　92 コ
93 ウ　94 ク

QC ストーリーとは，問題を解決するときに取り組むプロセスや手順の筋道のことである．経験や勘に頼らず，事実に基づいて QC ストーリーに沿って進めていけば，だれでもある程度の問題が解決できるものである．

QC ストーリーには，現状の問題を解決することを目的とする問題解決型と，現状を改善することで課題や目標の達成を目的とする課題達成型があり，それぞれ手順が異なる．

① 88 この問題は問題解決型QCストーリーにおける手順であり，まず業務における数多い問題の中から重点指向の考えに基づき優先順位を明確にし，問題の大きさや取り組む納期及び工数を考慮しテーマを選定する．**テーマの選定**にあたっては，選定理由を明確にする必要がある．

したがって，クが正解である．

89，90 要因の解析を行い，突き止めた原因に対し**対策の立案**を行う．対策の立案では，真の原因に対する対策になっているか，その対策により他への影響や負荷の増加になっていないか，発生と流出の両方に歯止めがかかっているかなどのチェックを行う．

十分検討して対策の立案が決まると，次は計画に基づき**対策の実施**を行う．

したがって，89はイ，90はキが正解である．

91 対策の実施後は，**効果の確認**を行う．効果の確認では，手順２で設定した目標値との比較を行い，目標を達成したかどうかを確認する．

また効果の確認では，目標値以外にも付帯効果や力量の向上など無形効果についても把握することで更なる改善へとつなげる．

したがって，オが正解である．

92 改善の効果が確認できたら，その改善を確実に維持させるために**標準化と管理の定着**を行う．標準化では，図面，QC工程表，作業標準書などの標準類の改訂や，更には規定，基準など仕組みの制定，改訂までを行うことで再発防止を図ることが重要である．

したがって，コが正解である．

② 93 要因の解析は，QCストーリーの中で最も重要なステップであり，ここでしっかりと真の要因を見つけなければ的外れな対策になってしまう．この要因の解析で用いられる手法はいくつかあるが，特に要因と結果や要因同士が複雑に絡み合った問題を解明するときは，要因間の関係を矢線で表現する**連関図**を用いるとよい．

したがって，ウが正解である．

94 言語など質的データの要因分析に適している連関図に対し，数値データの要因分析には，QC 七つ道具の一つである散布図が適している．

散布図とは，二つの項目からなるデータを縦軸と横軸にとり，打点された形状から二項目間の関係を読み取る手法である．散布図の軸は，一般的に縦軸に結果系，横軸には要因系を設定する．座標軸は連続した計量値を示すことになるので，散布図によって，連続した**計量的**要因と特性の関係を確認する．

したがって，クが正解である．

解説 31.16

この問題は，QC サークル活動について問うものである．QC サークルの基本理念やねらい，活動の進め方などについて理解できているかどうかがポイントである．

▶解答

95 ×　**96** ×　**97** ○　**98** ×　**99** ○

① **95** 正解は×である．QC サークルは特定の問題を解決するために結成されるものではなく，第一線の職場で働く人々が，継続的に製品・サービス・仕事などの質の管理・改善を行う小グループである．よって，特定の問題が解決されたからといって解散して活動を終了するものではない．

② **96** 正解は×である．QC サークル活動はメンバーの自主的な運営により，自己啓発や相互啓発を図りながら，メンバーの能力向上・自己実現，活気ある職場づくりやお客様満足の向上，社会への貢献を目指す活動である．よって管理者は徹底的に活動に口を出すのではなく，活動がうまく進むような後方支援（例えば職場の環境づくりや QC サークルの指導者育成など）を中心とし，重要な判断の局面以外についてはメンバーの自主性に任せること

が重要である．

③ **97** 正解は○である．①で解説したとおり，QCサークル活動は継続的に管理・改善を行っていく活動である．

④ **98** 正解は×である．グループ編成をする場合は同じような能力や技量を持った人のみを集めるのではなく，ベテランや新人を織り交ぜて編成することが大切である．ただし，業務内容についてはある程度の共通性があるメンバーを集めておかないと，活動テーマが業務と全く関係ないメンバーのモチベーション低下につながるので注意が必要である．

⑤ **99** 正解は○である．社外活動へ参加することにより，他サークルの進め方や改善事例などを知る機会となり，メンバーの視野拡大や新たなアイデアにつながる情報収集の場として非常に有効である．また，自サークルの活動成果を発表できるというモチベーション向上にもつながるため，積極的に参加したほうがよい．

実践現場での活用方法

手法問題として“QC 七つ道具”に関する設問が七つ出題されており，七つの道具（手法）すべてが網羅されている．QC 七つ道具は数値データや言語データを整理し，見やすくすることで，問題点を見つけやすくするための手法であるが，元となるデータについて実践時の注意事項を紹介する．

ヒストグラムは，数値データの中で測って得られる計量値を扱う手法である．例えば，製品・部品の寸法はこれにあたる．この寸法データの中心値やばらつきを把握して，お客様との契約でもある規格値の中心値とのかたより具合や規格値の上限値・下限値と比較し，規格値から外れる不適合の状況を把握することができる．しかも，少数のデータで，日々何千，何万と生産している全体の状況を把握することができる．ただし，この場合に大事なことは，データ数である．一般的には 50 個から 100 個のデータが必要となっている場合が多いが，数だけの問題ではないことを理解しておく必要がある．その例として，一つのロットから 100 個のデータを収集した場合のヒストグラムと，五つのロットから各 5 個，計 25 個のデータを収集したヒストグラムについてどちらが全体を表しているといえるか，ということである．もちろん，データ数は少ないが，後者のヒストグラムのほうが全体を表しているといえる．ロット内のデータよりロット間のデータのばらつきのほうが大きいことが前提であるが，この前提に違和感がないことは言うまでもない．要は，把握したい全体にどのようなばらつきがあり，そのばらつきが含められたデータであるかどうかが大事なのである．

なお，このばらつきは 5M（Man, Machine, Material, Method, Measurement）で考えることになるが，ロットの例は Material に該当する．

今回はヒストグラムの例を紹介したが，QC 七つ道具を活用する場合には，作成者，作成日に加え，データ収集期間，対象工程，製品・部品などを作成した図に入れておくことが必要となり，作成のためのデータの収集には，その期間に起き得るさまざまなばらつきを含める必要があるので，覚えておくとよい．

解　　説

第32回の試験問題は，大問が18問，設問数が100問である．前回は，大問が16問，設問数が99問であったので，大問はわずかに増加，設問数はほぼ同数である．

出題内容の内訳は，手法分野では大問が9問，設問数50問，実践分野も全く同数で，バランスよく出題されている．また，実践分野には○×問題が2問ある．

手法分野の問題では，基本統計量の計算，正規分布，管理図における管理線の計算，QC七つ道具と新QC七つ道具の使い方や手順，用途を問う問題などの定番が出題されている．手法分野9問のうち，6問が管理図を含むQC七つ道具に関する出題である．改めて，QC七つ道具についてしっかりと学習しておきたい．

実践分野も，品質管理，品質保証や品質マネジメントの基本的用語，改善活動の進め方とそのツール，小集団活動の進め方など定番の出題である．目先の変わった問題として，QC教育についての上司と部下との会話の流れの中で設問が展開されるものがあった．

全体としては，難易度もほぼ従来レベルであるので，試験範囲の内容を確実に履修したうえで，腕試しとして過去問題を制限時間内で解いてみることが役立つであろう．

第32回　基準解答

問	番号	解答
問1	1	オ
	2	ケ
	3	ク
	4	ケ
	5	カ
問2	6	イ
	7	ク
	8	イ
	9	ク
問3	10	ウ
	11	オ
	12	イ
	13	ク
	14	カ
	15	キ
問4	16	ク
	17	ケ
	18	キ
	19	イ
	20	オ
	21	カ
	22	ウ
	23	ク
問5	24	カ
	25	オ
問5	26	エ
	27	ア
問6	28	ア
	29	ウ
	30	ア
	31	エ
	32	オ
問7	33	ク
	34	エ
	35	オ
	36	イ
	37	ウ
問8	38	ア
	39	ア
	40	エ
	41	イ
	42	ウ
問9	43	オ
	44	カ
	45	コ
	46	ク
	47	ア
	48	イ
	49	エ
	50	ウ
問10	51	ウ
	52	ク
	53	オ
	54	ク
	55	オ
	56	ウ
	57	ア
問11	58	ウ
	59	ケ
	60	オ
	61	イ
	62	カ
問12	63	エ
	64	キ
	65	イ
	66	オ
	67	カ
	68	ウ
問13	69	○
	70	×
	71	×
問14	72	ケ
	73	オ
	74	イ
	75	エ

問 15	76	エ
	77	ア
	78	キ
	79	イ
	80	カ
	81	ア
問 16	82	ア
	83	オ
	84	キ
	85	ウ
	86	ケ
	87	ウ
	88	イ
	89	ケ
問 17	90	○
	91	×
	92	×
	93	○
問 18	94	ケ
	95	キ
	96	イ
	97	ウ
	98	カ
	99	コ
	100	ケ

※問 1 ～問 9 は「品質管理の手法」，問 10 ～問 18 は「品質管理の実践」として出題

解説 32.1

この問題は，基本統計量の計算を問うものである．平均値，中央値，範囲，平方和，標準偏差についての計算方法を理解しているかどうかが，ポイントである．

▶解答

1 オ	2 ケ	3 ク	4 ケ	5 カ

① 1 平均値は個々の測定値（データ）の総和を測定値の個数で割ったものをいい，$\bar{x}$と表す．個々の測定値（データ）を$x_1, x_2, \cdots, x_n$とすると，平均値$\bar{x}$は以下の式で求められる．

$$\bar{x} = \frac{x_1 + x_2 + \cdots + x_n}{n} = \frac{\sum_{i=1}^{n} x_i}{n}$$

この問いでは 7 個のデータから求めるため，$n = 7$であり，この 7 個のデータを上式に入れて計算すると

$$\bar{x} = \frac{9.6 + 10.7 + 11.0 + 9.8 + 10.5 + 10.2 + 10.4}{7} = \frac{72.2}{7} = 10.314\cdots$$

となるため，オが正解である．

2 中央値は，測定値を大きさの順に並べたときに中央に位置する値であり，$\tilde{x}$と表しメディアンとも呼ぶ．問いの 7 個のデータを大きさの順に並べると，

9.6　9.8　10.2　(10.4)　10.5　10.7　11.0

となり，中央に位置する値は 10.4 である．よって，ケが正解である．

参考までに，データ数nが偶数の場合，中央に位置する 2 個のデータの平均値を中央値とする．

② 3 ばらつき程度を表す範囲Rは，測定値の中の最大値（x_{max}）と最小値（x_{min}）との差である．この問いの 7 個のデータにおいて最大値は 11.0，最小値は 9.6 であり，

$$R = x_{\max} - x_{\min} = 11.0 - 9.6 = 1.4$$

となるため，クが正解である．

4 平方和 S は，個々の測定値と平均値との差（偏差と呼ぶ）の二乗和と定義されるが，計算は以下のように展開した式を用いることもある．

$$S = \sum (x_i - \bar{x})^2 = \sum x_i^{\,2} - \frac{\left(\sum x_i\right)^2}{n}$$

この問いの 7 個のデータから

$$\sum x_i^{\,2} = 9.6^2 + 10.7^2 + 11.0^2 + 9.8^2 + 10.5^2 + 10.2^2 + 10.4^2 = 746.14$$

$$\sum x_i = 9.6 + 10.7 + 11.0 + 9.8 + 10.5 + 10.2 + 10.4 = 72.2$$

$$S = 746.14 - \frac{72.2^2}{7} = 1.44857$$

となり，ケが正解である．

5 標準偏差 s は，平方和 S を（データ数－1）で割った分散 s^2 の平方根をとったものであり，以下のように計算する．

$$s = \sqrt{s^2} = \sqrt{\frac{S}{n-1}}$$

4 での結果を使って計算すると

$$s = \sqrt{\frac{1.449}{7-1}} = \sqrt{0.2415} = 0.4914$$

となり，カが正解である．

解説 32.2

この問題は，正規分布に関する基礎的な知識を問うものである．正規分布の概要だけでなく，正規分布表を用いて指定された範囲に入る確率を求める手順についても理解しているかどうかがポイントである．

▶解答

6 イ　**7** ク　**8** イ　**9** ク

① **6** 工程が安定状態にあるとは，その工程が偶然原因のみでばらついている場合である．また，工程が不安定状態にあるとは，偶然原因に加えて異常原因が作用してばらついている場合である．不安定状態の工程では，ばらつき具合がこの先どうなるのかがわからず予測不可能となる．ヒストグラムを作成すると，このばらつき具合を目で見てわかるようになる．ヒストグラムの形状は，工程が安定状態であれば左右対称の鐘型をした一般型を示すが，工程が不安定状態であればヒストグラムの形状がどのような形になるのかが予測できず，一般型以外のさまざまな形状となる可能性がある．なお正規分布の形は，ヒストグラムの一般型と近いことがわかっている．よって，イが正解である．

② **7** 正規分布の形状は，鐘型をしているが，その中心となる位置や広がり具合は，さまざまである．逆に言うと中心となる位置や広がり具合が決まれば，正規分布の形状は決まることになる．知りたい対象である母集団の中心となる位置は母平均であり，広がり具合は母標準偏差で示される．よって，クが正解である．

③ **8** $N(12.0, 0.2^2)$ とは，平均 12.0，標準偏差 0.2 の正規分布を表す．X が 12.5 mm 以上となる確率を図示すると**解説図 32.2-1** のようになる．

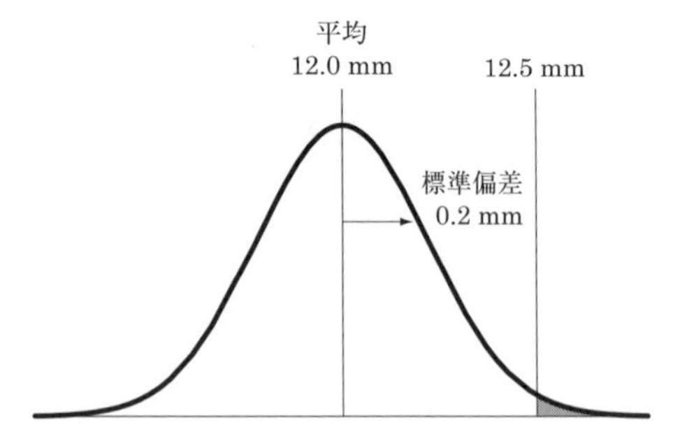

解説図 32.2-1　x が 12.5 以上となる確率（網掛け部分）を示す図

12.5 mm は分布の中心 12.0 mm から 0.5 mm 大きいほうに離れている．規準化と呼ばれる以下の手順により確率を導く．

1)　12.5 mm から母平均の 12.0 mm を引く．

2)　1)で求めた値を母標準偏差 0.2 で除する．

3)　2)で求めた値に対して正規分布表の“（Ⅰ）K_P から P を求める表”を使って確率 P を求める（**解説図 32.2-2** 参照）．

（Ⅰ）K_P から P を求める表

K_P	*=0	1	2	3
2.1 *	**.0179**	.0174	.0170	.0166
2.2 *	**.0139**	.0136	.0132	.0129
2.3 *	**.0107**	.0104	.0102	.0099
2.4 *	**.0082**	.0080	.0078	.0075
2.5 *	**.0062**	.0060	.0059	.0057
2.6 *	**.0047**	.0045	.0044	.0043
2.7 *	**.0035**	.0034	.0033	.0032
2.8 *	**.0026**	.0025	.0024	.0023

解説図 32.2-2　正規分布表（K_P から確率 P を求める表）

$$\frac{12.5-12.0}{0.2}=2.50$$

$K_P=2.50$ により，$P=0.0062$．よってイが正解である．

9　また，x が 11.7 から 12.3 の間に入る確率を図示すると**解説図 32.2-3** のようになる．これは 11.7 mm より小さくなる確率と 12.3 mm よ

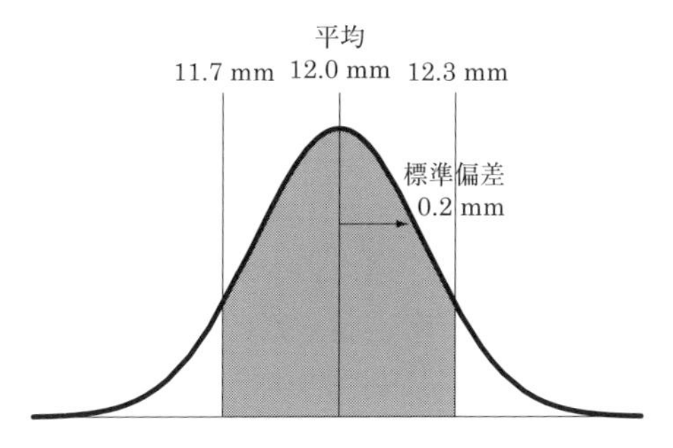

解説図 32.2-3　x が 11.7 から 12.3 の間に入る確率（網掛け部分）を示す図

り大きくなる確率を，全体の確率である 1 から引くことで求められる．11.7 mm より小さくなる確率を求める際，同様に計算すると K_P が負の値となる．正規分布表には正の値のみ記載されているが，正規分布は左右対称であるため，求められた値を正に変換すればよい．

12.3 mm より大きくなる確率は，規準化の手順に従って求めれば，以下のようになる．

$$\frac{12.3-12.0}{0.2}=1.50$$

$K_P=1.50$ により，$P=0.0668$.

また，11.7 mm より小さくなる確率は，規準化の手順に従って求めれば，以下のようになる（**解説図 32.2-4** 参照）．

（I） K_P から P を求める表

K_P	*=0	1	2	3
1.1 *	.1357	.1335	.1314	.1292
1.2 *	.1151	.1131	.1112	.1093
1.3 *	.0968	.0951	.0934	.0918
1.4 *	.0808	.0793	.0778	.0764
1.5 *	.0668	.0655	.0643	.0630
1.6 *	.0548	.0537	.0526	.0516
1.7 *	.0446	.0436	.0427	.0418
1.8 *	.0359	.0351	.0344	.0336

解説図 32.2-4　正規分布表（K_P から確率 P を求める表）

$$\frac{11.7-12.0}{0.2}=-1.50$$

これを正の値にして，$K_P=1.50$ により，$P=0.0668$.

したがって，$1-0.0668-0.0668=0.8664$

よって，クが正解である．

解説 32.3

この問題は，QC 七つ道具の実務的な活用方法について問うものである．整理された結果から原因を見つけ出すには，どの手法が適しているのか，それぞれの手法の目的と用途を理解しておくことがポイントである．

▶解答

10 ウ　11 オ　12 イ　13 ク　14 カ
15 キ

① 10 チェックシートとは，あらかじめ必要とされる項目や分類される項目を列挙し，チェック欄を設け，観察結果を記録していく手法であり，使用目的に応じて２種類ある．

一つは設備の点検や工程の状態をチェックするときのように，確認の抜け防止を目的とする点検・確認用チェックシートと，もう一つは，問題点やデータをつかむために調査結果をチェックする調査・記録用チェックシートである．

表 3.1 は，不適合の調査のためにデータを記録するチェックシートなので，**調査・記録用**チェックシートである．

したがって，ウが正解である．

② 11 すべての不適合項目の中から，大きな影響を与える項目に着目し，重要な現象を特定し重点的に改善に取り組むことは，改善効果も大きく効率的である．

その現状を把握するために各項目の占有率と不適合品数をグラフに表し，影響度が一目でわかる手法を**パレート図**と呼ぶ．

したがって，オが正解である．

③ 12 不適合品数が日々どのように推移をしているのかを把握することは，改善の手掛かりを知るうえでとても有効である．時系列に特性値を調査し，異常を見つけ出すという着眼で監視する手法に管理図があるが，同様に

時系列に数だけの推移を把握するのであれば，**折れ線グラフ**が適している．

したがって，イが正解である．

④ **13** 全体のデータをながめるだけでは，なかなか要因抽出のヒントは見いだせない．アイデアや知見をもとに，データをいろいろな切り口で分類することにより，特徴や傾向がわかり，対策立案に結び付くのである．

このように全体のデータを，考えられる要因を挙げ，類似のグループごとに分けることを**層別**と呼ぶ．

したがって，クが正解である．

⑤ **14** 的確な対策を立案するために，結果に対し影響を与える要因を探り出すことは重要なプロセスである．結果に影響を及ぼす要因は一つとは限らず，さまざまな要因が関係していることが多い．

考えられる要因を，いろいろな角度や知見をもとに抽出し，図式化する手法の一つに**特性要因図**がある．

したがって，カが正解である．

⑥ **15** 不良の特性値がキズの有無のように計数値データではなく，規格公差に対する寸法データなど計量値データを調査の対象としたとき，製造している母集団のデータ分布の姿を推測することは，現状把握として有効な手段である．

このように，分布の状態や工程能力を知るために，特性値の平均やばらつきを棒グラフ状で表す手法を**ヒストグラム**と呼ぶ．

したがって，キが正解である．

解説 32.4

この問題は，$\bar{X}$–R 管理図について問うものである．$\bar{X}$ 管理図，R 管理図それぞれの管理限界線の求め方やデータの群分けの考え方など，管理図を作成するうえで必要な知識を理解しているかどうかがポイントである．

▶解答

16	ク	17	ケ	18	キ	19	イ	20	オ
21	カ	22	ウ	23	ク				

① 16 ～ 20 $\bar{X}$ 管理図及び R 管理図の中心線CL，上方管理限界線UCL，下方管理限界線LCLは以下の式で求められる．

$\bar{X}$ 管理図

$$CL = \bar{\bar{X}} = \frac{\sum \bar{X}}{n}$$

$$UCL = \bar{\bar{X}} + A_2\bar{R}$$

$$LCL = \bar{\bar{X}} - A_2\bar{R}$$

R 管理図

$$CL = \bar{R} = \frac{\sum R}{n}$$

$$UCL = D_4\bar{R}$$

LCL：$n \leqq 6$ の場合は考えない

設問及び表4.1で与えられた数値を上記式に代入してそれぞれの値を計算する．群の大きさは $n=5$ であるので，表4.1は $n=5$ に対応した A_2 及び D_4 の値を使用する．

$\bar{X}$ 管理図

$$CL = \frac{1185.8}{20} = 59.29$$

$$UCL = 59.29 + 0.577 \times 11.4 = 65.87$$

$$LCL = 59.29 - 0.577 \times 11.4 = 52.71$$

R 管理図

$$CL = \frac{228}{20} = 11.4$$

$$UCL = 2.114 \times 11.4 = 24.1$$

よって，16 はク，17 はケ，18 はキ，19 はイ，20 はオがそれぞれ正解である．

② 21 ～ 23 管理図は工程のばらつきが，偶然原因によるものか，異常原因によるものかを区別することができる非常に有効な手法である．$\bar{X}$–R 管理図の場合，工程から得られたデータをいくつかの組に分け，組ごとに平均値 $\bar{X}$ や範囲 R を算出し，その値を管理図にプロットして工程管理を行う．このときの組を群と呼び，いくつかの組に分ける行為を**群分け**と呼んで

いる．

よって，21 はカが正解である．

管理図の各種管理限界線を求める式は，すべて範囲 R の平均値を使用している．範囲 R は，一つの群の中の最大値と最小値の差であり，群内変動を表した数値である．群内変動に異常原因によるばらつきが含まれてしまうと，異常原因のばらつきを含んだ管理限界線となってしまうため，異常を検出できなくなる．よって，群分けをする場合は，想定される異常に対して群内に異常原因によるばらつきを含まないような群の大きさ，想定される異常が群間に現れるような群の大きさにする必要がある．そうすることで偶然変動によるばらつきのみの管理限界線を引くことが可能となり，異常による変動の検出が可能となる．

よって，22 はウ，23 はクが正解である．

解説 32.5

この問題は，QC 七つ道具の一つであるチェックシートについて問うものである．チェックシート内の項目や記入内容，またチェックシートを実際に活用する手順と実施内容を理解しているかどうかがポイントである．

▶解答

24 カ　25 オ　26 エ　27 ア

チェックシートは調査・記録用と点検・確認用があるが，問題の最初の文章では改善活動の現状把握で使うと述べられているため，調査・記録用のチェックシートの活用手順について問われている．調査・記録用チェックシートを作成することをイメージしながら各手順の空欄を埋めていくとよい．

24 手順 1 の説明文にある“何のために”をはっきりさせる手順であるため，選択肢からは，“何のため”を言い換えた**目的**だけがあてはまる．よって，正解はカである．

25　空欄の前の“欲しい”に続く用語として意味がとおるのは，選択肢からは“言語データ”と“情報”である．前者だとすると得られるものが言語データになるが，チェックシートはシート内に設定した項目に該当するかどうかを判定できるデータが欲しいため，言語データだけでなく数値データや位置のデータなど，チェックするための“情報”が必要である．よって**情報**のほうが適切であり，正解はオである．

26　空欄の後の“しやすくしておく”と合わせて意味がとおる用語は，選択肢からは“観察”，“実験”，“整理”である．これらのうち“観察”と“実験”はデータに対して行う行為ではなく，またデータを取得する前後に行うとしても，チェックシートの作成には関係がない．とられたデータを“整理”しやすいチェックシートを作成することがチェックシート作成時に留意すべきことであり，**整理**が適切である．よって，正解はエである．

27　**26** と同じく動詞として意味がとおる用語は，選択肢からは“観察”，“実験”，“整理”である．“整理”は，**26** に入る用語であるため候補から除外する．“実験”はチェックの実施段階ではなくチェックシートを使った解析よりも後に行う行為であり，現物に対する行為としては不適切である．現場で現物をよく**観察**することがチェックの実施段階で行う行為であり，正解はアである．

解説 32.6

この問題は，QC七つ道具の一つであるパレート図について問うものである．基本的な考え方やグラフの見方などを理解しているかどうかがポイントである．

パレート図に関する問題は第26回（2018年）以降毎回出題されているので，しっかりと学習しておきたい．

解答

[28] ア　[29] ウ　[30] ア　[31] エ　[32] オ

表 6.1 集計表は計算途中なので，まず表の空欄を埋めることにする．機械 A, B 計や小計も含めて完成した集計表は**解説表 32.6-1**（以下，解説表と記す）のとおりである．計算ミスを防止するために，機械 A, B 計は該当欄内の両側に記しておくとよい．また，標準的なパレート図の描き方の手順は，各項目を上位順に並び替え，その百分率や累積百分率も計算するが，今回は時間の節約のために，百分率計算は省略する．設問に応じて対応すればよい．

解説表 32.6-1　完成した集計表

不適合項目	機械別	7月1日	…	7月5日	計	小計
破れ	機械 A				5	11
	機械 B				6	
汚れ	機械 A				20	29
	機械 B				9	
文字欠け	機械 A				9	17
	機械 B				8	
位置ずれ	機械 A		略		19	39
	機械 B				20	
しわ	機械 A				11	22
	機械 B				11	
印字ミス	機械 A				14	27
	機械 B				13	
めくれ	機械 A				10	20
	機械 B				10	
機械 A　計					88	165
機械 B　計					77	

① [28], [29]　解説表の最右欄“小計”を見る．不適合数の最小の項目は“破れ”（11 件），2 番目に少ないのは“文字欠け”（17 件）である．よって，正解は [28] はア，[29] はウである．

② 30, 31 パレート図は，項目の件数を多い順に棒グラフにし，項目の累積百分率を折れ線グラフにしたものである．解説表の最右欄“小計”の数値の大きい項目の順は次のようになる．

“位置ずれ”“汚れ”“印字ミス”“しわ”“めくれ”“文字欠け”“破れ”

不適合数が少ない２項目は，まとめて“その他”とするので，項目がこの順番に並んでいる選択肢アのパレート図が正しい．

不適合数の上位２項目を０件にするということは，解説表の合計 165 件中 68 件（“位置ずれ”39 件＋“汚れ”29 件）が消滅することになる．すなわち，165－68＝97 件の比率が問われている．97/165＝0.5879≒58.8%．

よって，正解は 30 はア，31 はエである．

③ 32 機械Ａについてのパレート図の項目の順番が問われている．解説表の計の欄に着目する．数値の大きい項目の順は次のようになる．

“汚れ”“位置ずれ”“印字ミス”“しわ”“めくれ”“文字欠け”“破れ”

不適合数が少ない２項目は，まとめて“その他”とするので，選択肢オが合致する．よって，正解はオである．

解説 32.7

この問題は，QC 七つ道具の一つである特性要因図に関して問うものである．特性要因図の作り方や目的を理解しているかどうかが，ポイントである．

▶解答

33 ク　34 エ　35 オ　36 イ　37 ウ

特性要因図は，特定の結果（特性）と要因との関係を系統的に表した図である．

特性要因図は，問題の因果関係を整理し原因を追究することに使用し，問題に対する解決策を実施するために採用する必要のある基本要素の根本原因を見いだすために使用する（JIS Q 9024:2003 の 7.2.2 項より）．

設問の①～⑥は作成手順に関して，⑦⑧は使い方に関するものである．

特性要因図の作成手順は以下に示すが，細部については**ポイント解説 32.7** を参照していただきたい．

① **33** 特性要因図は，特定の結果（**品質特性**）と要因との関係を系統的に図式化したもので，その結果（品質特性）を具体的に決める．また，左から水平の矢印（背骨）の先に結果（品質特性）を書く．よって，クが正解である．（ポイント解説の手順 2）

④ **34** 結果に影響する要因を 4M などに区分した大分類を大骨として整理し，大骨の要因をさらに洗い出し中骨を書く．さらに中骨に影響する要因を小骨として整理し，小骨に影響する要因を洗い出し，**孫骨**として矢印を書き整理する．よって，エが正解である．（ポイント解説の手順 3, 4）

⑥ **35** 特性要因図が出来上がったら，最後に，目的，作成日，作成場所，作成者など**必要事項**を記入して完成させる．よって，オが正解である．（ポイント解説の手順 6）

⑦ **36** 特性要因図は品質特性（結果）に対する要因との関係を整理していることから，工程での問題に対しその原因を見つけ出し，改善していくように**工程管理**を進めるうえで有効な道具である．よって，イが正解である．

⑧ **37** 特性要因図の活用の一つとして，新人の作業員教育の際に，作業ポイントや重要度について“～を深めるためにも有効である”の“～を”は，選択肢から**理解**が当てはまる．よって，ウが正解である．

ポイント解説 32.7

特性要因図の作成手順について

特性要因図は以下の手順で作成する.

手順1　品質特性を決める

現場で問題となっている品質特性を取り上げる.

手順2　主軸を右方向矢印(背骨)で書き，その先端に品質特性を記入する

右端に特性（結果・課題）を書き，特性を四角の枠で囲み，左から太いヨコ線を引き矢印を付ける.

解説図 32.7-1　特性要因図（特性と背骨）

手順3　要因を大枝（大骨）で書き，四角で囲む

要因を4～8ぐらいに大分類する（例えば**4M**や**5M1E** *の切り口で整理する).

* **5M1E**とは，人（Man)，機械（Machine)，材料（Material)，方法 (Method), 計測 (Measurement), 環境 (Environment) をいう.

背骨に対して左から斜めに大骨をつくり，骨の先端にそれらの要因を一つひとつ四角の枠で囲む（大骨の幅は特性の枠より狭くする).

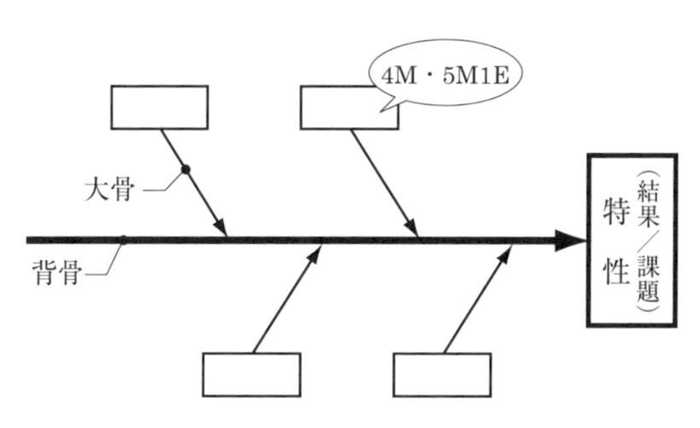

解説図 32.7-2　特性要因図（大分類と大骨）

手順 4　要因のグループごとに更に要因を小枝で書き込む（中骨，小骨，孫骨）

大骨の要因を追究して大骨に向けた矢印で中骨を書き込む．さらに中骨の要因を追究して中骨に向けた矢印で小骨を，同様に小骨の要因を追究して小骨に向けた矢印で孫骨を記入する．

要因は一番末端のアクションのとれる要因まで最大漏らさず洗い出すこと．

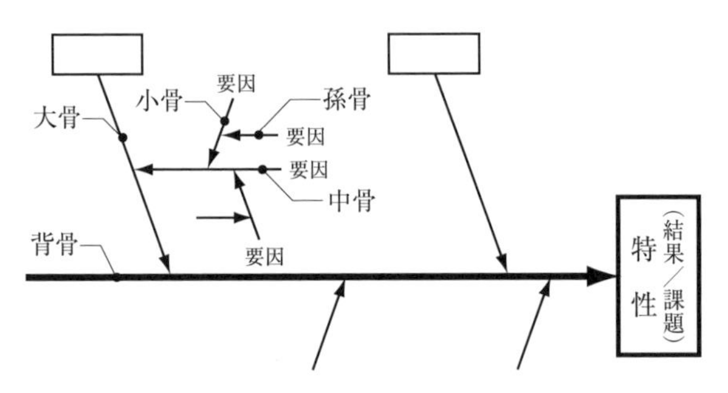

解説図 32.7-3　特性要因図（概略図：大骨，中骨，小骨，孫骨）

手順 5　根本原因を絞り込み，色付けなどによってより識別する

書き込んだ中骨・小骨・孫骨に漏れがないかどうか再チェックをして，特に影響を及ぼすと思われる重要な要因には，○枠や色付けなどをして識別する．

手順 6　必要事項を記入する（特性要因図の仕上げ）

表題，製品名，工程名，作成部署，作成グループ，参加者名，作成年月日など，作成時の情報を記入して特性要因図を仕上げる．

参考文献　JIS Q 9024:2003“マネジメントシステムのパフォーマンス改善—継続的改善の手順及び技法の指針”の 7.2.2 項

解説 32.8

この問題は，層別について問うものである．工場別や製品別で層別した際の不適合品率の計算方法や不適合品率に基づく判断を間違いなくできるかどうかが，ポイントである．

① 38 ある一日のA工場とB工場のそれぞれで製造された製品の適合品数と不適合品数の数が表8.1に記されている．その値からA工場とB工場の不適合品率を算出すると以下のとおりとなる．

A工場の不適合品率

$$\frac{\text{不適合品数}}{\text{適合品数}+\text{不適合品数}}\times 100 = \frac{100}{4900+100}\times 100 = 2.00\%$$

B工場の不適合品率（計算式はA工場と同じ）

$$\frac{100}{2900+100}\times 100 = 3.33\%$$

この結果を比較すると，

A工場の不適合品率(2.00%)＜B工場の不適合品率(3.33%)

となる．

したがって，アが解答となる．

② 39 ～ 42 表8.1はそれぞれの工場で製造されている製品Xと製品Yを合算したものであり，それを製品別に層別した表が表8.2と表8.3である．その中の製品Yの表8.3と前問の表8.1の値から製品YのB工場の不適合品数は以下のとおりとなる．

B工場の不適合品数－B工場の製品Xの不適合品数＝100－90

＝10

次に，製品XのA工場とB工場の不適合品率を算出すると以下のとおりとなる．

A 工場の製品 X の不適合品率

$$\frac{\text{不適合品数}}{\text{適合品数}+\text{不適合品数}}\times 100=\frac{40}{960+40}\times 100=4.00\%$$

B 工場の製品 X の不適合品率（計算式は A 工場と同じ）

$$\frac{90}{2160+90}\times 100=4.00\%$$

この結果を比較すると，

A 工場の製品 X の不適合品率(4.00%)

＝B 工場の製品 X の不適合品率(4.00%)

となる．

最後に，製品 Y の A 工場と B 工場の不適合品率を算出すると以下のとおりとなる．

A 工場の製品 Y の不適合品率

$$\frac{\text{不適合品数}}{\text{適合品数}+\text{不適合品数}}\times 100=\frac{60}{3940+60}\times 100=1.50\%$$

B 工場の製品 Y の不適合品率（計算式は A 工場と同じ）

$$\frac{10}{740+10}\times 100=1.33\%$$

この結果を比較すると，

A 工場の製品 Y の不適合品率(1.50%)

＞B 工場の製品 Y の不適合品率(1.33%)

となる．

したがって，**39** はア，**40** はエ，**41** はイ，**42** はウが解答となる．

解説 32.9

本問は，新 QC 七つ道具の活用場面や使用目的を問うものである．新 QC 七つ道具に関する問題は毎回のように出題されており，各手法の名称だけでなく，特徴や概念図についてもよく理解しておくことが，ポイントである．

解答

43 オ　44 カ　45 コ　46 ク　47 ア
48 イ　49 エ　50 ウ

QC 七つ道具は，主に数値データを整理していく手法である．それに対し，新 QC 七つ道具は，主に言語データを整理することによって，問題解決を進める手法である．新 QC 七つ道具の概要と概略図については**ポイント解説 32.9** を参照されたい．

① 43 PDPC（Process Decision Program Chart）法は過程（プロセス）決定計画図と呼ばれており，計画段階からそれまで全く予想されていなかった不測の事態を予測し，事前に対策を講じることによりこれを予防し，望ましい方向へ導く手法である．問題文の 43 の語句は，前述の“不測の事態”と同じ意味で使われており対応している．これと同じ意味合いの選択肢の中の語句は**トラブル**である．よって，オが正解である．

② 44 アローダイアグラム法とは，プロジェクトを達成するために必要な決められた作業の順序関係を矢線で結んで表すことにより，適切な日程計画を立て，また効率よく進捗の管理をするための手法である．問題文の“問題に対する解決手段”や“手段”は前述した説明文の“作業”と同じ意味で使われている．つまり，この作業（手段）は“決められた作業（手段）”であり，言い換えると“作業（手段）は決められたもの”といえる．“決められたもの”と類似する語句は選択肢の中では**確定**である．よって，カが正解である．

③ 45, 46 マトリックス・データ解析法とは，行と列に配列された多

くの要素からなるマトリックス図に示された数値データについて，各要素間の相関係数を手掛かりに，元の要素をより少数の総合特性に変換（要約）することによって，元の数値データがもっている総合的な特徴をとらえる手法である．よって，マトリックス・データ解析法は**数値データ**を解析して，**総合的な特徴**を捉える手法なので，45 はコ，46 はクが正解である．

④ 47 連関図法とは，原因と結果（目的と手段）が複雑に絡み合った問題について，それらの因果関係を論理的につないでいくことによって，有効な解決策を見いだすために真の原因を明らかにしていく手法である．よって，連関図法は原因と結果の**因果関係**を論理的につないでいくので，アが正解である．

⑤ 48，49 親和図法とは，混沌とした状態の中から得られた言語データを親和性（何となく似ている）によって統合していき，その結果を図解することによって，大きな観点から問題の全体像（所在や構造など）を捉え，解決すべき問題を明らかにしたり，発想を得たりする手法である．よって，親和図法は言語データを**親和性**によって統合し，問題の**全体像**を捉える手法なので，48 はイ，49 はエが正解である．

⑥ 50 系統図法とは，目的・目標・結果などのゴールを設定し，それに至るための手段（方策）となる事柄を枝分かれさせながら，それぞれ上位から下位へと系統づけて，さらに細分化して具体的に展開していき，解決策を見いだす手法である．このように方策が上位から下位へと展開されるに従い，より具体的で細分化された**小さな方策**に展開されることになる．よって，ウが正解である．

ポイント解説 32.9

新 QC 七つ道具について

新 QC 七つ道具の各手法の概要と概略図を**解説表 32.9-1** に示す．

解説表 32.9-1　新 QC 七つ道具の概要

	手法名	概　要	概略図
1	親和図法	言語データの相互の親和性によって統合した図を作ることにより，解決すべき問題の所在，形態を明らかにしていく方法	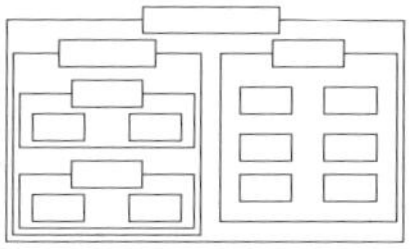
2	連関図法	原因—結果，目的—手段などが複雑に絡み合った問題について，その関係を論理的につないでいくことによって問題を解明する方法	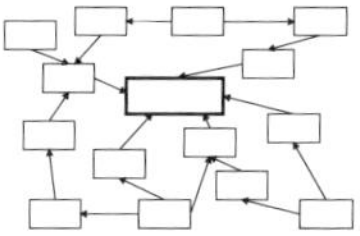
3	系統図法	目的や目標，結果などのゴールを設定し，それに至るための手段や方策となる事柄を系統づけて展開していく手法	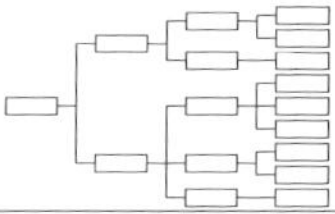
4	PDPC 法	計画を実施していくうえで，予期しないトラブルを防止するために事前に考えられるさまざまな結果を予測し，プロセスの進行をできるだけ望ましい方向に導く方法	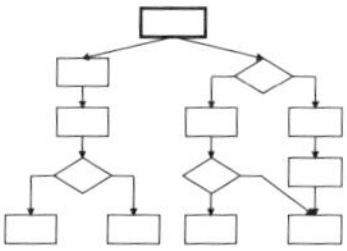
5	アローダイアグラム法	順序関係のある作業を結合点と矢線によって表し，最適な日程計画を立てる方法	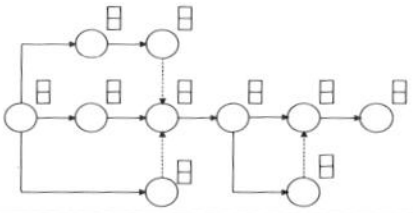
6	マトリックス図法	行に属する要素と，列に属する要素により構成された二元表の交点に着目して，二元的配置の中から問題の所在や問題の形態を探索したり，二元的関係の中から問題解決への着想を得るなどする方法	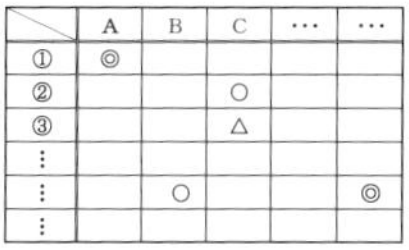
7	マトリックス・データ解析法	マトリックス図に配列された多くの数値データを整理する方法．主成分分析と呼ばれる多変量解析法の一手法	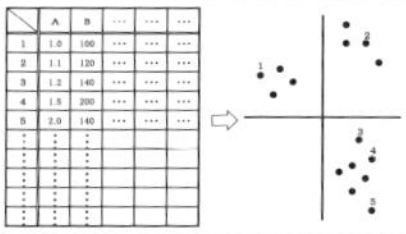

解説 32.10

この問題は，問題解決におけるQC的考え方について，問うものである．1960年代に品質管理が企業活動の中で広く浸透する際に，問題解決の考え方の重要性が知られるようになり，その実践におけるポイントとなるQC的考え方が実務において活用されるようになってきた．

一般にQC的考え方には，“重点指向”“品質第一”“マーケットイン”“後工程はお客様”“再発防止”“PDCA”“標準化”などがあり，これらの考え方を，実務のどのような局面で，どのように活用すべきかを理解することがポイントとなる．

▶解答

51	ウ	52	ク	53	オ	54	ク	55	オ
56	ウ	57	ア						

① 51 設問より，プロダクトアウトの反対の意味とあるので，あてはまる考え方は，**マーケットイン**である．よって，正解はウである．

② 52 設問より，後の工程に喜んで受け取ってもらえる，とあるので，あてはまる考え方は，**後工程はお客様**である．よって，正解はクである．

③ 53 設問より，効果が大きくなるものに焦点を絞って解決する，とあるので，あてはまる考え方は，**重点指向**である．よって，正解はオである．

④ 54 設問より，よく観察し客観的な数値データをとらえる，とあるので，あてはまる考え方は，**三現主義**である．よって，正解はクである．

三現主義とは，“現地”“現物”“現実”を重要視する考え方のことであり，“ファクトコントロール”とも呼ばれており，広く製造業における問題解決の中で適用されている．

⑤ 55 設問より，Plan，Do，Check，Actの繰り返し，とあるので，あてはまる考え方は，PDCAサイクルを回す，又は，デミングサイクルを回す，であり，**管理**のサイクルを回す，とも言われる．よって，正解はオである．

⑥ **56** 設問より，同じ原因で二度と起こさないように，とあること，未然防止は該当しないことから，あてはまる考え方は，**再発防止**である．よって，正解はウである．

⑦ **57** 設問より，失敗を繰り返さないために最良の状態を維持するため，とあるので，あてはまる考え方は，**標準化**である．よって，正解はアである．

標準化を怠ると，改善を行ってもその状態が定着せずに，いつのまにか元の状態に戻ってしまうことがある．このため，改善と標準化は，ともに企業活動において重要である．

解説 32.11

品質の定義にかかわるさまざまな解釈がある．この問題は，品質の定義に関連してよく使われる言葉についての理解を問うものである．よく使われる言葉のそれぞれにおける意味と使い分け方を理解しているかどうかが，ポイントである．

▶解答

58 ウ　**59** ケ　**60** オ　**61** イ　**62** カ

① **58** 品質についての定義としてよく使われるのは，ISO 9000:2015（JIS Q 9000:2015）に示された“対象に本来備わっている特性の集まりが，要求事項を満たす程度”である．ここで“対象”というのは製品，サービス，プロセスなどのことを意味する．よって **58** に該当する言葉は，“製品やサービスが顧客のニーズや期待を満たしている**程度**と考えられる”となり，正解はウである．

59 品質は顧客の求めているニーズや期待を把握し，製品の企画・設計段階でそれを製品やサービスに作り込むことで要求事項を満たせるようにする．この問いにおける a) がこの段階であり，“企画品質と **59** の品質”には，選択肢の中でケの**設計**があてはまる．よって正解はケである．

② 60 顧客の求めているニーズや期待を製品規格，原材料規格などに規定し，良い製品とはどのようなものかを品質特性として具体的に明確化する．製品の製造やサービスの提供においては，この明確になった内容をねらいとして作り込み，提供する．そのためこの明確化されたものを設計品質あるいは“**ねらい**の品質”という．よって正解はオである．

61 ねらいの品質として製品やサービスのあるべき姿が具現化されると，製造場面ではきちんとねらいの品質どおりに作り込むことが必要である．そのねらいの品質をどれだけ実現できたかの程度が製造品質であり，**できばえ**の品質，適合の品質と呼ぶ．この問いの選択肢では“できばえ”があるため，正解はイである．

③ 62 この問いにおける“当たり前品質”とは，その品質が物理的に充足されていても顧客の満足度は向上せず，当たり前と受け止められ充足していないと不満に感じる品質のことである．これに対して，品質が充足されれば満足するが，物理的に充足していなくても仕方がないと受け止められるような品質のことを“**魅力的**品質”と呼ぶ．よって正解はカである．これらは狩野紀昭氏が提唱した狩野モデルとしてよく知られているものである．

解説 32.12

この問題は，課題達成型QCストーリーの手順のみならず，適切なツールの選択までを問うものである．課題達成型QCストーリーの手順だけでなく，効果的に進めるための実践的なツールについても理解しているかどうかがポイントである．

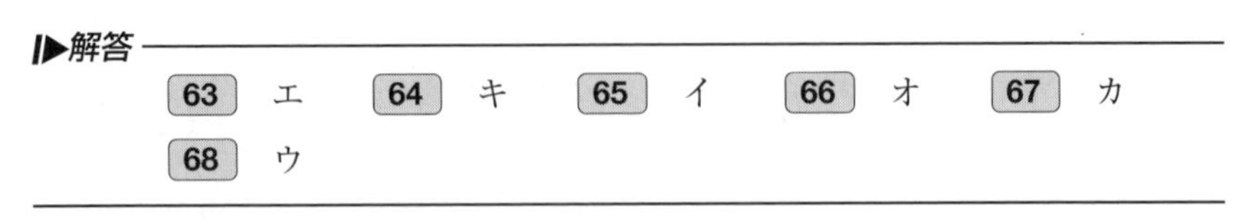
▶解答

63 エ　64 キ　65 イ　66 オ　67 カ
68 ウ

① 63～67 新規事業への対応や現状を大幅に改善する場合というのは，

理想となる状態が想定され，達成すべき目標が設定される．この目標と現実とのギャップが課題であり，課題達成のためにわかりやすく八つのステップで手順を示したものが課題達成型 QC ストーリーである．一方で，あるべき姿と現実とのギャップを問題ととらえて，その問題解決のためにわかりやすく八つのステップで手順を示したものが問題解決型ストーリーである．**解説図 32.12-1** に課題達成型と問題解決型の QC ストーリーの手順を示す．

解説図 32.12-1 より，問題文に示されている手順 2 は“攻め所と目標の設定”，手順 4 は“成功シナリオの追求”，手順 5 は“成功シナリオの実施”，手順 6 は“効果の確認”，手順 7 は“標準化と管理の定着”であることがわかる．よって，63 はエ，64 はキ，65 はイ，66 はオ，67 はカが正解である．

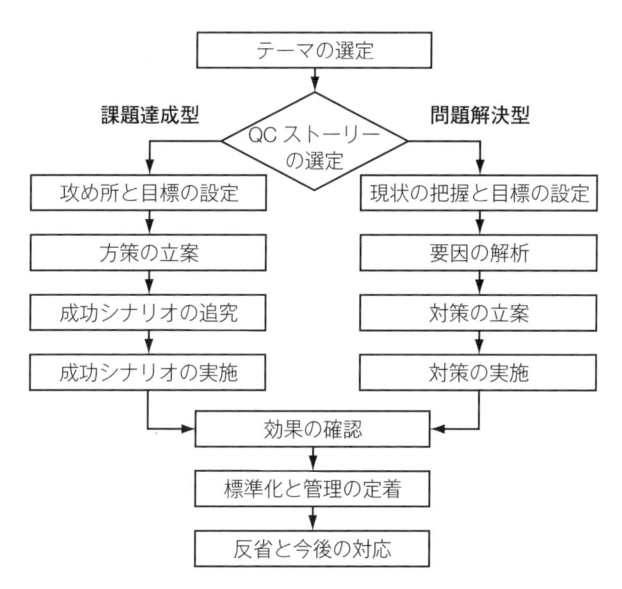

解説図 32.12-1　QC ストーリーの手順

出典　吉澤正編(2004)：クォリティマネジメント用語辞典，p.89，日本規格協会

② 68 　課題達成型 QC ストーリーの手順 4 は，成功シナリオの追求である．成功シナリオの追求においては，今後の活動における期待効果を予測す

るとともに，活動を実施するにあたり想定される問題点や障害を取り除く手段を検討することが求められる．この検討においては，目標達成のための実施計画が，想定されるリスクを回避して目標に至るまでのプロセスをフロー化した図であるPDPC法が最適である．選択肢にある系統図は，問題に影響している要因間の関係を整理し，目的を果たす最適手段を系統的に追求するのに適しており，連関図法は，問題の因果関係を解明し，解決の糸口を見いだすことに適している．FMEAは設計の不具合及び潜在的な欠点を見いだすことに適している．よって，ウが正解である．

解説 32.13

この問題は，実務において起こりうる事例に対し，品質管理の考え方に基づいて良否を問うものである．QC的なものの見方・考え方を幅広く理解しておくことがポイントである．

▶解答

69 ○　70 ×　71 ×

① 69 工程や製品にトラブルが発生したときは，まず，応急処置により正常な状態に戻した後，起きたトラブルが二度と起こらないよう再発防止に努めなければならない．再発防止とは，そのトラブルの真因を取り除く処置や，その真因が今後発生しない仕組みやルールを確立することである．

さらに現状では起こってはいないものの，トラブルが起こる可能性が想定されるのであれば，事前に問題点を洗い出し，それに対する対策を講じておくことが重要である．この考え方を未然防止と呼び，特に発生させてはいけない重大不具合などは，未然に防いだり，対応を準備しておくことが必要である．したがって，○が正解である．

② 70 意図しない結果となる前に，事前に影響を及ぼすリスクや要因を抽出し，損害が出る前に問題を解決しておく考え方は重要である．その対処

は事が起こる前に手を打つことが大切であり，実施後にリスクを考えるのでは，対応が遅くなる．したがって，×が正解である．

リスクに対する取組みの着眼点には，

・リスクを回避する
・リスク源を除去する
・損害を最小限に変える
・リスクを共有する

などが挙げられる．

③ **71** 作業標準とは，作業の手順を具体的に文章などで表したものであり，作業標準を守ることにより，品質・コスト・納期が満足される．

作業標準どおりに作業していないとき，その原因として，

① 作業標準の中身を知らなかった，もしくは違った解釈をしてしまっていた．
② 作業標準を理解していたが，作業者独自の判断により標準どおりの作業を行わなかった．
③ 守ることができない作業標準になっていた．

などが考えられるが，作業標準を正しく守らせるには，作業標準の作成や改訂時に，作業標準どおりに実際の作業が行えるか実作業を観察し確認する．場合によっては，作業監督者自身が作業を行い自ら確かめるのも良い方法であり，作業標準の作成・改訂だけで終わるのではなく，実作業を確認し作業の目的やポイントをあわせて教育することが重要である．したがって，×が正解である．

解説 32.14

この問題は，新製品開発における品質保証活動での有効な手法の名称について問うものである．3級の試験範囲（品質管理の実践）にさまざまな手法の名前が記されているので，それぞれの概要や活用場面などを勉強しておくとよい．

▶解答

72 ケ　73 オ　74 イ　75 エ

① 72 正解はケの**品質保証体系図**である．品質保証体系図は，一般的に上から下の縦方向に活動ステップを配置し，左から右の横方向に部門を配置して，各活動ステップにおける各部門及び部門間での行為について，フローチャートで示される．この図を作成することにより，部門間の役割が明確になり，組織間での仕事の押し付け合いもなくなるので，組織全体での品質保証活動を効率的に推進することができるなどの利点がある．

② 73 正解はオの**デザインレビュー**である．設計段階では設計にインプットすべきニーズや設計仕様などの要求品質が，設計のアウトプットに漏れなく織り込まれ，品質目標を達成できるかどうかを審査する必要があり，これをデザインレビューと呼んでいる．通常，設計を行うのは設計の専門家なので，製造，購買，品質保証などの知見が十分にあるとは限らない．したがって，設計の適切な段階で必要な知見をもった人が集まって評価し，次の段階に進んでよいかどうかを確認決定するデザインレビューを行い，設計のやり直しなどのトラブルを未然に防止する．

③ 74 正解はイの**品質表**である．要求品質展開表も品質特性展開表もどちらも品質機能展開で使用される表であり，それぞれ，要求品質展開表は市場の生の声（要求）を言語情報として整理した表，品質特性展開表は製品に関する技術特性を展開した表である．この二つの表を組み合わせた表が品質表である．一般的に縦軸に要求品質展開表，横軸に品質特性展開表を配置

し，要求品質を実現するために必要な製品としての技術特性を明確にする目的で使用される．

④ 75 正解はエの**FTA**である．設問に“故障の木解析”と書いてあり，FTAは“Fault Tree Analysis”の略である．FTAは，FMEAなどで明らかにされた致命的な故障など，発生が好ましくない事象について，対策を打つべき発生経路，発生要因，発生確率を解析するために，因果関係を目で見てわかるように樹形図で示したものである．

解説 32.15

この問題は，プロセス保証について問うものである．プロセス保証の活動や使われるツール，プロセス内で行われる検査について，しっかり理解しているかどうかがポイントである．

▶解答

76 エ　77 ア　78 キ　79 イ　80 カ
81 ア

① 76 プロセスの最終的なアウトプットは製品やサービスである．これらが合致するものを選択肢から検討する．“経営資源”はアウトプットを生み出すプロセスで必要になるものでアウトプットには合致しない．“方針管理”は管理でありアウトプットと合致するものではない．“教育計画”はプロセスで必要とされる人の育成のための計画でありアウトプットと直接的には関係ない．“工程の管理や改善”もプロセスでの活動でありアウトプットと合致することではない．**目的や基準**は，製品は基準に，サービスは目的に合致するということで適切である．よって，正解はエである．

77 77の前で示されている“人・設備類・必要な技術”を表す選択肢の用語は，76の検討結果から，アウトプットを生み出すプロセスで必要になる**経営資源**だけである．よって，正解はアである．

② **78** 78 の後に“ツールのひとつ”とあり，選択肢でツールに該当するのは“工程 FMEA”と“QC 工程図”である．次の文に“記号を用いてプロセスの流れを記述する”とあり，工程 FMEA は記号も使われず，プロセスの流れの記述もないことから，**QC 工程図**だけが該当する．よって，正解はキである．

79 79 の後の“の視点”と組み合わせて意味のとおる選択肢は，“5W1H”“5 ゲン主義”“方針展開”“成果主義”“重点指向”と候補になる用語は多い．しかしながら，79 の前に“品質特性に対する管理方式”とあり，例えば品質特性である寸法を管理する方法を決めるときにどのようなことを検討するかを考えると，**5W1H** だけがあてはまる．よって，正解はイである．参考までに**解説表 32.15-1** に QC 工程表（QC 工程図）の例を載せる．

解説表 32.15-1　QC 工程表（QC 工程図）の例

工程図	工程名	管理項目（点検項目）	管理水準	管理方法					関連資料
				担当者	時期	測定方法	測定場所	記録	
ペレット ▽									
①	原料投入	（ミルシート）		作業員	搬出時	目視	原料倉庫	出庫台帳	
②	成形	（背圧）	○○N/cm^2	作業者	開始時		作業現場	チェックシート	検査標準
		（保持時間）	2min±30sec	作業者	開始時		作業現場	チェックシート	
		厚さ	2mm±0.05mm	検査員	1/50個	マイクロメータ	検査室	管理図	
③	ばり取り	平面度	6μm	検査員	1日2回	拡大投影機	検査室	チェックシート	
▽									

出所　JIS Q 9026:2016

③ **80** 80 の前の文章に“統計的な理論に基づいて”と“サンプルのみを検査”と記述されていることから，計量規準型一回抜取検査や計数規準型一回抜取検査などの**抜取検査**であることがわかる．よって，正解はカである．

81 検査の頻度や時期などではなく検査対象物についての検査方式は，選択肢からは“非破壊検査”“破壊検査”が該当する．これらのうち，“検査によって製品価値が失われず”，“検査された製品でも次工程へ流すことができる”ことに対応するのは，製品を壊さずに行う検査，すなわち**非破壊検査**である．よって，正解はアである．

解説 32.16

この問題は，日常管理と方針管理について問うものである．それらの基本的な考え方や両者の関係などを理解しているかどうかがポイントである．

日常管理や方針管理に関する問題は，○×問題を含めて毎回必ず出題されるので，しっかりと学習しておきたい．なお，図 16.1 に示されている SDCA は，第 24 回問 12（2017 年）に初出し，第 30 回問 15（2020 年）に続き，今回が 3 回目の出題である．

▶解答

82	ア	83	オ	84	キ	85	ウ	86	ケ
87	ウ	88	イ	89	ケ				

問題文は，図 16.1 の説明にあたる．図をしっかりと見ながら解答するとよい．図は日常管理と方針管理の関係から TQM 活動を説明している．横軸はスパンを区切って活動の時間の経過が，縦軸は“より好ましい経営状態へ”（パフォーマンス）の尺度が示されている．図中の折れ線グラフの傾斜ごとに SDCA と PDCA 活動が対応されて挿入されている．SDCA を熟知していなくとも，SDCA が活動の維持を，PDCA がより好ましい状態への活動ツールであることが推量できる．

ちなみに，PDCA が問題解決のサイクルと言われ，改善活動の進め方であるのに対し，SDCA は日常的な業務を過誤なく確実に進める，いわば現状を維持する活動である．

① 82～86　図から，82と85が大別される管理活動であろうと推察できる．82が“現状～”という文言から**日常管理**，85が“レベルアッ

プの程度ではなく，より〜”から**方針管理**ではないかと推量する．82に日常管理をあてはめると，“日常管理は現状を**維持**する活動が基本である〜”と文章がつながる．“さらに好ましい状態へ”の文言に続くには，選択肢の中では**改善**がふさわしい．“維持—改善”ときて，図中の急激な上昇線から**現状打破**を意図していると想像できる．

よって，正解は82はア，83はオ，84はキ，85はウ，86はケである．

② 87〜89 方針管理を進めるステップについての設問である．方針管理の用語が紛らわしいので注意されたい．ステップ1はPDCAのPに相当すると考えられ，方針づくりである．選択肢の中では**方針を策定する**がPに相応する．ステップ2は，組織の関係者が上位と下位間で“すりあわせ”を行い，より具体的な目標や方策づくりをする．これを**方針の展開をする**という．ステップ3は“実施スケジュール〜”から，**方針を実施する**をあてはめる．

よって，正解は87はウ，88はイ，89はケである．

解説 32.17

この問題は，小集団改善活動に関して問う○×問題である．小集団活動の推進方法や活動の仕方及び人材育成にかかわる活動などについて理解しているかどうかが，ポイントである．

▶解答

90 ○　91 ×　92 ×　93 ○

小集団とは，“第一線の職場で働く人々による，製品又はプロセスの改善を行う小グループ”であり，この小集団は，QCサークルと呼ばれることがある[2)]．

小集団活動とは，従業員による少人数（10人以下）の集団を構成し，そのグループ活動を通じて構成員の労働意欲を高めて，企業の目的を有効に達成しようとするもので，経営参加の有力な方法である．この活動には，職場別グループ（QC サークルのようなもので永続的活動グループ）と目的別グループ（プロジェクトチーム，QC チームのようなもので目的を達成すると解散するようなグループ）があり，TQM にとって欠かせないものである．

① **90** 小集団改善活動は企業の体質改善・発展に寄与させるため継続的改善を行うことであり，企業としての中長期的な視点に立った推進が必要である．よって，○が正解である．

② **91** 小集団改善活動は，自主的な運営を行い，QC の考え方・手法などを活用して創造性を発揮し，自己啓発・相互啓発を図り改善活動を進めることであるが，経営者・管理者は企業の体質改善・発展に寄与するために，自主的な継続的活動ができるよう職場の環境づくりや小集団改善活動の指導育成に努力することが必要である．したがって，組織のトップが活動にかかわらないということは間違いである．よって，×が正解である．

③ **92** 小集団改善活動の目的は，個人個人の能力向上・自己実現や明るく活力に満ちた生きがいのある職場づくりを目指すことである．そうすることで職場の活性化が図られ，さらには会社のために自己啓発・相互啓発を図りグループとしてのレベルを上げることがねらいである．したがって，組織として，良い活動を行った小集団を評価・表彰したり，一定の要件を満たした個人を資格認定したりすることによって，当該の活動に参画した小集団や個人に達成感を感じてもらうことができる．よって，×が正解である．

④ **93** 小集団改善活動を通じて得られる成果は，活動メンバー個々人が実践的な活動から得た想像力・解析能力・管理能力などが一段と向上することにつながり，人材育成の場としての活動になっている．その能力を高めるには，多くの人が積極的に教育や研修に参加できる場を与えることが重要である．よって，○が正解である．

解説 32.18

この問題は，品質経営の要素の一つである人材育成について問うものである．人材育成の方法と内容などについて理解できているかが，ポイントである．

▶解答

94 ケ　95 キ　96 イ　97 ウ　98 カ
99 コ　100 ケ

---

94 ものづくりはばらつきとの戦いとも言われるとおり，すべての仕事にはばらつきが存在する．品質管理活動の一つにばらつきの低減があり，そのばらつきを把握して適切な処置をすることで不適合の低減や仕事のミスの低減を図ることができる．このばらつきを把握するためにデータを収集し，そのデータを解析するなどのためには一定の知識を習得することが必要となる．その知識を社内に普及する手段として**教育**があり，このことから品質管理を行うには教育が必要不可欠で“品質管理は，教育に始まり教育に終わる”と言われている．

したがって，ケが解答となる．

95 品質管理の教育を組織的に実施していくためには，役員や部門長，職長，一般社員などの**階層**に応じた教育（これを階層別教育という）と，事務部門，設計部門，生産技術部門，生産部門，品質部門などの職能に応じた専門的な教育（これを職能別教育という）をうまく組み合わせて実施していく必要がある．

したがって，キが解答となる．

96～98 品質管理の新入社員向け教育は，以下の三つで構成されることが多い．

・QC 的ものの見方・考え方

主な内容：管理のサイクル，ファクトコントロール，プロセス重視，標

準化，現地現物，品質第一，再発防止，未然防止など

・**QC手法（QC七つ道具）**

主な内容：パレート図，特性要因図，ヒストグラム，グラフ，管理図，チェックシート，散布図

・**問題解決**

主な内容：テーマの選定，現状の把握と目標の設定，要因の解析，対策の検討，対策の実施，効果の確認，標準化と管理の定着（歯止め），反省と今後の対応からなる八つのステップ

さらに，この三つの教育を受講して知識を得ることとあわせて，職場の問題を実際に解決することで実践力を身につける必要がある．その手段として，多くの企業では小集団改善活動である**QCサークル**活動が活用されている．

したがって，96はイ，97はウ，98カが解答となる．

99，**100**　また，QCサークル活動以外にも職場の先輩から日々の業務をとおして実践的に習得する方法もある．この方法をOn the Job Trainingといい，**OJT**と呼んでいる．一方，集合教育のような通常業務から離れて行う研修のことをOff the Job Trainingといい，**Off-JT**と呼んでいる．Off-JTは集中的に知識・技術・技能を学習できることや，ほかの受講者との情報交換，コミュニケーションなどのネットワーク構築にも役立つというメリットがある．

したがって，99はコ，100ケが解答となる．

実践現場での活用方法

問 12 に課題達成型 QC ストーリーの手順が取り上げられている．小集団活動の定番ツールである QC ストーリーには，**問題解決型**と**課題達成型**があり，それぞれ広く活用されている．そこで，改めて問題解決型と課題達成型 QC ストーリーの違いや活用についてまとめてみる．

最初に，日常的にはほぼ同じように使われている“問題”と“課題”の定義を再確認する（**図 A** 参照）．**問題**（problem）とは“設定してある目標と現実のとの，対策して克服する必要のあるギャップ [2)]”，いわば，目標やあるべき姿と現状の差である．**課題**（issue）とは“設定しようとする目標と現実との，対処を必要とするギャップ [2)]”，すなわち，理想やありたい姿と現状との差である．

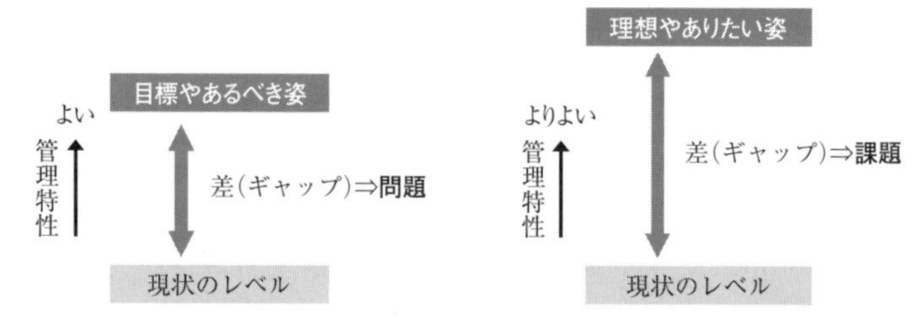

図 A　問題と課題

問題解決型と課題達成型 QC ストーリーは，テーマの性格や周囲の環境などに応じて，使い分けをするとよいと言われている（**表 A** 参照）．二つの型には，進め方のステップに若干の差異がある．課題達成型 QC ストーリーは，数値目標は作りにくく，どう目標を設定するのか，その攻め方のステップは，制約条件も多いなど，“やってみなければわからない”ような業務の場合に使いやすい．従来からの改善活動の延長ではない活動を扱うのである．

JIS では，進め方のステップは循環型であり，どのステップから始めてもかまわない [2)] と記されている．

また，いずれの QC ストーリーも，大きくは PDCA の枠組み（いわゆる“大きな PDCA”）の中で語られることが多いが，各ステップの中においても，PDCA が回っているのである．例えば，課題達成型 QC ストーリーにおいて，攻めどころを決めて，目標を作っても，制約条件が致命的な障害になることが机上検討で判明すれば，改めて，別の攻めどころを採択しなければならないであろうし，リスクが大きいほど各ステップの検討が必要である．一つのステップの中であっても“小さな PDCA”が回るわけである．問題解決型 QC ストーリーにおいても同様で，現状の把握のステップで，こんなデータはあるが，こんなデータも欲しい．データを収集してみよう，いつ，どこで(P)，データを収集するか(D)，このデータでよかったか(C)，いや，もう少し…(A) などと“小さな PDCA”が回るのである．

現実的には，これら二つの手法は厳密には区別されず，柔軟に適用されている．時間的経過の中で，問題解決型と課題達成型 QC ストーリーを組み合わせて活用することもよい．また，革新的な新商品開発や大きなプロジェクトなどは，渦中では七転八倒していても，振り返ってみると，おおむね課題達成型 QC ストーリーに沿ったマネジメントがなされていたことに気づくこともある．読者諸氏の課題達成や問題解決に QC ストーリーは有用であることを，改めて記しておきたい．

表 A　問題解決型と課題達成型 QC ストーリー

	問題解決型 QC ストーリー	課題達成型 QC ストーリー
誕生の背景	月刊誌『品質管理』1964 年 4 月号に“QC サークル運営の円滑化をはかるための手引き書”（小松製作所粟津工場）として紹介されたのが最初である．その 8 ステップ（下記）が，QC サークル（小集団活動）の成果報告書のまとめや発表の手順として“QC ストーリー”と命名された．	1980 年代に QC サークル関東支部京浜地区で原型が誕生した．京浜地区では，業種としてサービス業などの第 3 次産業も多く，事務部門や管理部門も使いやすい小集団活動向けの改善のテンプレートが要望されたのである．
対象領域	顕在化した問題への対応． 現状の仕事の改善．現流動品の改良． 例えば，製造上の不具合の解消．設計図面の手直し回数の低減．	潜在的な問題への対応． 現状の仕事の革新・現状打破．市場にない新商品の開発や拡販． 例えば，コロナ禍の外食産業のあり方．経験のない海外工場の早期立上げ．
特徴	問題解決の定番として，改善活動の推進ツールの一つ． テーマ選定がボトムアップ的． フォアキャスティングの考え方（今を起点に検討すること）に基づく． 数値データを扱うことが多い．	事務管理・間接部門やサービス業で使いやすい． テーマ選定がトップダウン的． バックキャスティングの考え方（将来を起点に，今から何をするかを検討すること）に基づく． 言語データを扱うことも多い．
進め方のステップ（対応する PDCA 付記）	P ① テーマの選定 P ② 現状の把握と目標の設定 P ③ 活動計画の作成 P ④ 要因の解析 D ⑤ 対策の検討と実施 C ⑥ 効果の確認 A ⑦ 標準化と管理の定着 A ⑧ 反省と今後の対応	P ① テーマの選定 P ② **攻めどころ**と目標の設定 P ③ 活動計画の作成 P ④ **方策の立案** D ⑤ **成功シナリオの追求と実施** C ⑥ 効果の確認 A ⑦ 標準化と管理の定着 A ⑧ 反省と今後の対応
主な分析ツール	QC 七つ道具	新 QC 七つ道具

解　　説

第33回の問題は，大問では手法が8問，実践が8問で計16問である．設問では手法が50問，実践が52問である．手法と実践が半数ずつで設問が100問程度であることは，レベル表が改定された20回以降同じ傾向である．出題範囲は，レベル表の各分野から出題されており，バランスがよい．

また，過去の出題傾向との違いは，主に以下のポイントである．

・QC七つ道具の出題数が少ない
　第31回は6問，第32回は5問なのに対して，第33回は4問であり出題が少ない傾向である．

・一方，品質管理の要素の出題数が多い
　第31回，第32回ともに3問なのに対して，第33回は4問であり出題が多い傾向である．内容としては，第31回，第32回ともに，方針管理と日常管理の分野が1問なのに対して，第33回は方針管理と日常管理の分野は2問出題されており，重要度が高まっている．

問題の難易度は従来と大きく変わっていないが，実践問題については，企業での活用シーンを想定した問題が多い．過去の問題を解くとともに，解説をとおして実務での活用について理解を深めるとよい．

第33回　基準解答

問1	1	ア
	2	ア
	3	イ
	4	イ
	5	ウ
	6	ウ
	7	エ
問2	8	イ
	9	イ
	10	イ
	11	カ
	12	イ
問3	13	ウ
	14	イ
	15	エ
	16	オ
	17	イ
	18	ア
	19	ウ
問4	20	エ
	21	オ
	22	ウ
	23	ア
	24	イ
問5	25	ウ

問5	26	ア
	27	エ
	28	ア
	29	ウ
問6	30	ア
	31	ウ
	32	ア
	33	イ
	34	イ
	35	エ
	36	ア
	37	ア
問7	38	イ
	39	オ
	40	ウ
	41	エ
	42	エ
	43	ウ
	44	ア
	45	イ
問8	46	キ
	47	カ
	48	ア
	49	ア
	50	ウ

問9	51	キ
	52	イ
	53	オ
	54	ウ
	55	キ
	56	エ
問10	57	オ
	58	ウ
	59	エ
	60	キ
	61	ア
	62	カ
	63	ク
	64	ウ
問11	65	カ
	66	オ
	67	イ
	68	オ
	69	ウ
問12	70	ウ
	71	イ
	72	カ
	73	ア
	74	イ
	75	カ

問 12	76	オ
	77	ア
問 13	78	エ
	79	オ
	80	イ
	81	イ
	82	エ
	83	カ
問 14	84	ア
	85	エ
	86	カ
	87	ウ
	88	エ
	89	カ
	90	ア
問 15	91	カ
	92	オ
	93	ウ
	94	ク
	95	エ
	96	ア

問 16	97	カ
	98	ウ
	99	ケ
	100	オ
	101	キ
	102	イ

※問 1～問 8 は「品質管理の手法」，問 9～問 16 は「品質管理の実践」として出題

解説 33.1

この問題は，データの取り方・まとめ方に関する問いである．サンプリングや基本統計量の言葉の定義などを理解しているかがポイントである．今回は出題されなかったが，基本統計量については計算式も含めて勉強しておきたい．

▶解答

1	ア	2	ア	3	イ	4	イ	5	ウ
6	ウ	7	エ						

① 1 JIS Z 8101-2:1999 で，**サンプリング**とは“母集団からサンプルを取ること”と定義されている．サンプリングしたサンプルを検査してロットの適合，不適合を判定するのが抜取検査，サンプリングしたサンプルを調査して工程の正常，異常を判定し管理するのが工程管理である．

よって，アが正解である．

② 2, 3 データは言語データと数値データの大きく二つに分けられる．数値データではさらに二つに分けることができる．一つは量を計測して得られるデータで，**計量値データ**と呼ばれる．計量値データの特徴は連続量であることや，値に単位がある（例えば，重さなら kg，長さなら m など）ことである．もう一つは数を数えて得られるデータで，**計数値データ**と呼ばれる．計数値データの特徴は，離散的な値であることである．

よって，2 はア，3 はイが正解である．

③ 4, 5 計量値データの場合は，その値を用いて母集団の分布の様子を推測することができる．分布の様子を推測するには分布の中心はどこか，分布の広がりはどの程度かを計量値データから算出する．このときによく使われる尺度（統計量）として，次のようなものがある．

中心を表す尺度：平均値（mean），中央値（median），最頻値（mode）

ばらつきを表す尺度：分散（variance），標準偏差（standard deviation），範囲（range）

よって，4 はイの**平均やメディアン**，5 はウの**分散**，**標準偏差**，**範囲**が正解である．

④　6，7　規定要求事項を満たしていないことを“不適合”と言い（JIS Z 8101-2:1999），その製品を不適合品と呼んでいる．

よって，6 はその個数であるのでウの**不適合品数**が正解であり，7 は全体における不適合品の割合であるエの**不適合品率**が正解である．

解説 33.2

この問題は，正規分布について問うものである．正規分布で使われる記号や表記方法，正規分布を使った確率の求め方をしっかり理解しているかどうかがポイントである．

▶解答

8	イ	9	イ	10	イ	11	カ	12	イ

①　8　サンプルを測定して得られるデータは，寸法や重量などの連続的な値のデータである．これは**計量値**と呼ばれている（問１の解説②も参照のこと）．

よって，正解はイである．

②　9　9 の後に“標準正規分布に従う確率変数 u に変換される”とあることから，9 の式は正規分布を標準正規分布に変換する式である．この変換は“規準化”と呼ばれ以下の式になる．

$$u = \frac{x - \mu}{\sigma}$$

変換式の分子で x から母平均 μ を引くことにより母平均を０に変換し，それを分母の母標準偏差 σ で割ることで母標準偏差を１に変換している．

よって，正解はイである．

10　標準正規分布は，母平均０，母標準偏差が１の正規分布であるため，以下のように表す．

$N(0,\ 1^2)$

括弧内の左側が母平均，右側は母分散である．

よって，正解はイである．

③ **11** 求める確率は，**解説図 33.2-1** の斜線部分の面積である．正規分布表では，斜線部分の面積を直接求められないため，白色の部分を求めて全体の面積 1 から引いて求める．上限規格値 50 を規準化すると，

$$u=\frac{50-45}{2}=2.5$$

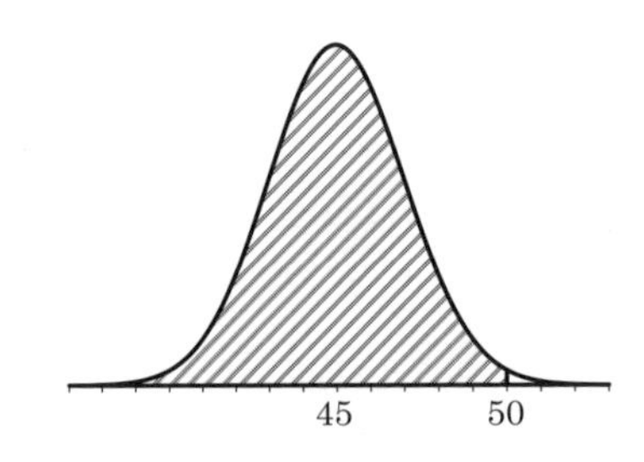

解説図 33.2-1 $N(45,\ 2^2)$ における 50 以下の部分（斜線部分）

$u=K_p=2.50$ であるため，正規分布表(Ⅰ)の $K_P=2.50$ を見ると 0.0062 である．これが白色の部分の面積となるため，斜線部分は以下になる．

$1-0.0062=0.9938$

よって，正解はカである．

④ **12** $N(\mu,\ \sigma^2)$ において，$\mu\pm1\sigma$ の確率は**解説図 33.2-2** の斜線部分の面

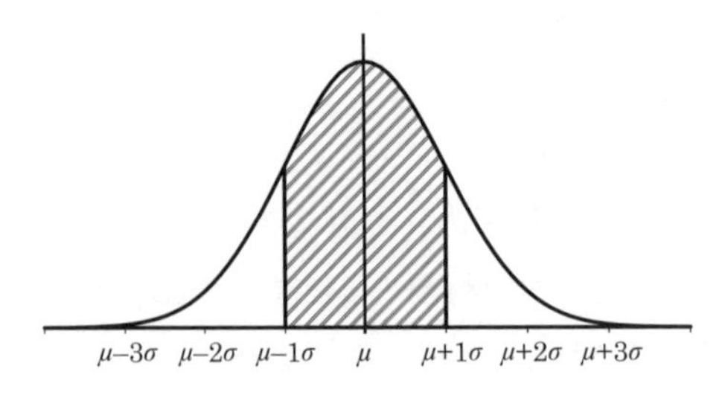

解説図 33.2-2 $N(\mu,\ \sigma^2)$ における $\mu\pm1\sigma$ の部分（斜線部分）

積である．正規分布表では右側の白色の面積だけが求まるが，正規分布は左右対称の形状のため，右側の面積を 2 倍して全体の面積 1 から引いて求める．$\mu+1\sigma$ を規準化すると，

$$u=\frac{(\mu+1\sigma)-\mu}{\sigma}=1.0$$

$u=K_p=1.00$ であるため，正規分布表(Ⅰ)の $K_P=1.00$ を見ると 0.1587 である．これが右側の白色の部分の面積となるため，左側の白色の部分と合わせて 2 倍し，斜線部分の面積を求めると以下になる．

$$1-2\times0.1587=0.6826$$

よって，正解はイである．

解説 33.3

この問題は，QC 七つ道具の一つである散布図と相関係数について問うものである．散布図と相関係数から，二つの変数の関連を読み解き，どう解釈するかがポイントである．類似の問題が過去 5 年間では，第 23 回問 7（2017 年），第 24 回問 7（2017 年），第 26 回問 5（2018 年），第 30 回問 5（2020 年），第 31 回問 3（2021 年）とほぼ毎年出題されているので要注意である．相関係数の計算式も併せて覚えておきたい．

解答

13 ウ　14 イ　15 エ　16 オ　17 イ
18 ア　19 ウ

① 13, 17　散布図は，x が大きくなるにつれて y は曲線すなわち凸型の放物線を描くように変化している．相関係数の絶対値の大小は，直線的な関係を表しているので，この図の相関係数は 0 に近いのではないかと考える．
よって，正解は 13 がウ，17 がイである．

② 14, 18　散布図から，x が大きくなるにつれて y が小さくなる傾向が

読み取れる．このとき，x と y の間に**負の相関**があるという．相関係数はマイナスとなる．よって，正解は 14 がイ，18 がアである．

なお，反対に x が大きくなるにつれて y も大きくなる傾向があるとき，x と y の間に**正の相関**があるといい，相関係数はプラスとなる．

③ 15, 19 散布図の左下に位置する3点は右上の集団（グループ又は群と読み替えてもよい）から遊離している．これは**外れ値**と考える．外れ値を除いて右上の集団のみを考えると，**相関はない**ように見える．ところが，相関係数を外れ値も含めて全体で計算すると，かなり高い数値となるのである．よって，正解は 15 がエ，19 がウである．相関係数は外れ値の影響を強く受けることに注意が必要である．

④ 16 散布図には二つの集団が打点されている．このような場合には，集団ごとに分けて，すなわち**層別**して，再度散布図を描くとよい．よって，正解はオである．

なお，層別とは，品質問題が発生した場合など，機械によって部品寸法に差がないか，材料や作業者によって不具合の発生に差異がないかなどのように，要因の共通点や特徴ごとにいくつかのグループに分けることである．

本問では，変数 x と y の相関係数 r_{xy} を求めることは要求されていないが，相関係数の算出式を覚えておきたい．

相関係数は，2変数間の共分散を対応する標準偏差の積で割った値である（JIS Z 8101-1:2015）．共分散 V_{xy} とは，下式右辺の分子を $(n-1)$ で除したものである．

$$r_{xy}=\frac{V_{xy}}{\sqrt{V_x}\sqrt{V_y}}=\frac{\sum_{i=1}^{n}(x_i-\overline{x})(y_i-\overline{y})}{\sqrt{\sum_{i=1}^{n}(x_i-\overline{x})^2}\sqrt{\sum_{i=1}^{n}(y_i-\overline{y})^2}},\quad i=1,2,\cdots,n$$

V は分散，$\sqrt{V}$ は標準偏差，添え字は変数を表す．$\overline{x}$, $\overline{y}$ は x, y の平均を表す．

解説 33.4

この問題は，QC 七つ道具の一つである特性要因図に関する知識を問うものある．特性要因図の概要を理解しているだけでなく，大骨，中骨，小骨，孫骨への展開方法などを理解しているかどうかが，ポイントである．

▶解答

20 エ　21 オ　22 ウ　23 ア　24 イ

20 ～ 24 特性要因図とは，“特定の結果と原因系の関係を系統的に表した図．”（JIS Z 8101-2:1999）である．特性には，品質特性や解決したい問題などを取り上げ，要因としては特性に影響を与える項目や影響を与えている原因等を取り上げ，“魚の骨”と呼ばれるような要因と特性の関係を整理する方法である．

A～E さん５人の意見を整理する．

A：“テレワーク中心の仕事のため，簡単にメンバーでの話合いができない”ということは，“コミュニケーション”に関係がある．要因として取り上げた“テレワーク中心になっている”が“対話する機会が少ない”ことに影響を与えていることから，(d)の枠に当てはまる．したがって，20 はエが正解である．

B：“マンネリ化していてモチベーションが上がらず，やらされている業務がある”との意見から，“やらされ感がある”を要因として取り上げた．このことは，“メンバーの意識”に関係があり，“やらされ感がある”ことが“やる気がおきない”ということに影響を与えている．つまり，“やらされ感がある”は，(e)の枠に当てはまる．したがって，21 はオが正解である．

C：“業務をしているときに多くの会議が入ってきて業務に集中できない”という意見から，“会議が多い”との要因を取り上げた．その結果として“業務に専念できない”ことにつながることから，(c)の枠に当てはまる．したがって，[22]はウが正解である．

D：この意見は，“上司”に関係する内容である．上司は多くの業務を抱えていて“忙しすぎる”ということから，部下からの相談も十分できていない状況である．つまり“忙しすぎる”ことが“相談できない”に影響していることになるので，(a)の枠に当てはまる．したがって，[23]はアが正解である．

E：“業務手順が標準化されていないため，メンバーの誰が担当するかによってばらつきが生じている”という意見である．すなわち，業務プロセスに関係する内容である．つまり，“作業手順が不明確”である要因は，結果として“業務が非効率的になっている”ことになるので，(b)の枠に当てはまる．したがって，[24]はイが正解である．

解説 33.5

この問題は，QC 七つ道具の一つになっているグラフについて問うものである．集めたデータを層別した際の級別生産割合の計算方法や計算した結果の考察を正しく行えるかが，ポイントである．

▶解答

[25] ウ　[26] ア　[27] エ　[28] ア　[29] ウ

① [25]～[27] グラフを書くためには各工場の級別の生産割合の算出が必要であり，算出方法（工場 A の 1 級から 4 級）は以下のとおりとなる．

工場 A の 1 級：(1 級の個数 85 個/工場 A の合計 250 個)×100

$$\frac{85}{250}\times 100 = 34.0$$

となる．

工場 A の 2 級，3 級，4 級を同様に算出すると，それぞれ，

$$\frac{50}{250} \times 100 = 20.0$$

$$\frac{40}{250} \times 100 = 16.0$$

$$\frac{75}{250} \times 100 = 30.0$$

となる．

これを工場 B，工場 C についても同様に行い，表としてまとめると**解説表 33.5-1** となる．

解説表 33.5-1　工場別・級別　生産割合

	工場 A		工場 B		工場 C	
1 級	85 個	34.0%	35 個	25.0%	55 個	27.5%
2 級	50 個	20.0%	21 個	15.0%	45 個	22.5%
3 級	40 個	16.0%	35 個	25.0%	60 個	30.0%
4 級	75 個	30.0%	49 個	35.0%	40 個	20.0%
計	250 個	100.0%	140 個	100.0%	200 個	100.0%

したがって，25 はウ，26 はア，27 はエが解答となる．

② **28**　**解説表 33.5-1** より，各工場の 1 級の割合は，それぞれ，工場 A が 34.0%，工場 B が 25.0%，工場 C が 27.5% であり，最も割合が大きい工場は工場 A である．

したがって，アが解答となる．

③ **29**　各工場の 1 級の割合と 4 級の割合の比の値の算出方法は以下のとおりとなる．

工場 A：1 級の割合 34.0／4 級の割合 30.0＝1.13

これを工場 B，工場 C についても同様に行うと，工場 B は 0.71，工場 C は 1.38 となり，最も大きい工場は工場 C となる．

したがって，ウが解答となる．

解説 33.6

本問は，工程能力に関する知識を問うものである．工程能力や工程能力指数の定義だけでなく，これらと製品規格との対比についても理解しているかどうかが，ポイントである．

▶解答

30 ア　31 ウ　32 ア　33 イ　34 イ
35 エ　36 ア　37 ア

① 30 ～ 33 JIS Z 8101-2:1999（統計—用語と記号—第 2 部：統計的品質管理用語）では，**工程能力**について，

“安定した工程の持つ特定の成果に対する合理的に到達可能な工程変動を表す統計的測度．通常は工程のアウトプットである品質特性を対象とし，品質特性の分布が正規分布であるとみなされるとき，**平均値±3σ** で表すことが多いが，6σ で表すこともある．また，ヒストグラム，グラフ，管理図などによって図示することもある．工程能力を表すために主として時間的順序で品質特性の観測値を打点した図を**工程能力図**（process capability chart）という．備考：JIS Z 8101-2:1999 は，“合理的に到達可能”とは，経済的・技術的にみて到達可能であることを意味する．”[1)]

と定義している．

また，**工程能力指数**について，JIS Z 8101-2:1999 は，

“特性の規定された公差を工程能力（6σ）で除した値．備考：製品規格が片側にしかない場合，平均値と規格値の隔たりを 3σ で除した値で表現することもある．”[1)]

と定義している．

しかしながら，これらの定義で σ は母数であり，未知である場合が多いので，データから求めた**標本標準偏差 s を σ の推定量（$\hat{\sigma}=s$）として用いることもある**．

よって，30 はア，31 はウ，32 はア，33 はイが正解である．

なお，①の問題文では，JIS Z 8101-2:1999 の定義に基づき工程能力や工程能力指数について述べられている．しかし，改正された JIS Z 8101-2:2015 では，これらの定義について，正規分布の場合だけでなく，非正規分布の場合でも適用できるように定義の表現が変更されているので注意する必要がある．

② 34 〜 37　製品の規格が両側規格の場合，上限規格を S_U，下限規格を S_L とすると，工程能力指数 C_p の定義式は，

$$C_p = \frac{S_U - S_L}{6\sigma}$$

である．しかし，母標準偏差 σ が既知でない場合は，データから標本標準偏差 s を求め，母標準偏差の推定量 $\hat{\sigma} = s$ と置いて，σ の代わりに s を用いる．この場合，工程能力指数も推定量となり，

$$\hat{C}_p = \frac{S_L}{6s}$$

と表される．

さらに，製品の規格が片側しかない場合の工程能力指数の定義式と推定量は，母平均を μ，平均値を $\bar{x}$ とすると，次のとおりである．

$$C_{pkL} = \frac{\mu - S_L}{3\sigma},\quad \hat{C}_{pkL} = \frac{\bar{x} - S_L}{3s}$$ （下限規格 S_L しかない場合：下側工程能力指数）

$$C_{pkU} = \frac{S_U - \mu}{3\sigma},\quad \hat{C}_{pkU} = \frac{S_U - \bar{x}}{3s}$$ （上限規格 S_U しかない場合：上側工程能力指数）

また，工程能力の有無の判定基準として，次のようなものがよく用いられている．

$C_p \geqq 1.33$：　工程能力は十分である

$1.33 > C_p \geqq 1.00$：　工程能力は十分であるとはいえないが，まずまずである

$C_p < 1.00$：　工程能力は不足している

上記について，規格との対比を行うと，次のようになる．

$C_p \geqq 1.33$ の場合： ヒストグラムで全データが規格の上限と下限の中に十分ゆとりをもっておさまっていて，規格に対して**満足な状態**.

$C_p < 1.00$ の場合： ヒストグラムでデータが規格の上限や下限からはみ出していなくても規格に対してゆとりがなく，規格に対して**不満足な状態**.

よって，34 はイ，35 はエ，36 はア，37 はアが正解である．

なお，35 については，$C_p \geqq 1.33$ という選択肢がなかったので，この範囲に含まれる $C_p > 1.67$ を選択した．

解説 33.7

この問題は，新 QC 七つ道具について，各手法の説明文より，該当する図の形状と用途を問うものである．新 QC 七つ道具は，QC 七つ道具と組み合わせて，企業の品質管理において幅広く活用されている．QC 七つ道具が，数値である定量データを対象としているのに対して，新 QC 七つ道具は，言語情報を中心とする定性データを対象としている．

ここでは，新 QC 七つ道具に含まれる七つの手法の目的や活用手順を理解しているかどうかが，ポイントである．新 QC 七つ道具の概要は，**ポイント解説 32.9** に示す．

▶解答

38	イ	39	オ	40	ウ	41	エ	42	エ
43	ウ	44	ア	45	イ				

38, 43 連関図法は，原因と結果や目的と手段について，複雑に絡み合った事象を表現するのに適している．その図の形状は，各事象を，関係を表す矢線でつないでいる．よって 38 の正解はイである．

また，作成手順は，複雑に絡み合った複数の言語データについて，原因と結果の関係のような論理性から矢線でつないでいくものである．解答の選択肢において，“絡み合った問題の原因を特定”が含まれているものが連関図を表している．よって，43の正解はウである．

39 系統図法は，目的から結果までを設定し，その間に含まれる手段や方策を表現するのに適している．その図の形状は，目的などの上位概念から，さまざまな手段や方策を矢線で展開していくものである．よって，正解はオである．

40，**45** PDPC法は，計画のスタートからゴールまでの間に，予測される多くのトラブルを表現するのに適している．その図の形状は，スタートから，予測される各トラブルを矢線でつないでいる．よって，40の正解はウである．

また，作成手順は，スタートとゴールの間で発生が想定されるトラブルなどの事象を書き加えていくものである．解答の選択肢において，“不測の事態を予測してあらかじめ手段を考え”が含まれているものがPDPC法を表している．よって，45の正解はイである．

41 マトリックス・データ解析法は，マトリックス図によって整理された数値データを多変量解析法の一つである主成分分析で分析する手法である．その主なアウトプットは，主成分分析の結果である主成分得点の散布図となる．よって，正解はエである．

42 親和図法の作成手順は，混沌とした複数の言語データについて，それらの親和性によって配置をして全体をまとめるものである．解答の選択肢において，“混沌とした”，“類似性に基づき”が含まれるものが親和図を表していることになる．よって，正解はエである．

44 マトリックス図法の作成手順は，行の要素と列の要素について，つながりのある箇所を○で示していくものである．解答の選択肢において，“対応関係にある要素の関係を２次元表で整理”が含まれているものがマトリックス図を表している．よって，正解はアである．

解説 33.8

この問題は，$\bar{X}$–R 管理図について，作り方とそこから得られる情報の読み取り方について問うものである．管理図の点の動き方から工程の変化を読み取る考え方を理解しているかどうかが，ポイントである．

▶解答

46 キ　47 カ　48 ア　49 ア　50 ウ

① 46, 47 管理図を使って工程を管理する際に，まず解析用管理図を作成し，管理状態であることを確認する．集めたデータから $\bar{X}$ 管理図を作成する場合は，管理限界線を以下のように計算し，各群の平均値 $\bar{X}$ をプロットした折れ線グラフとともに記入する．

$$CL = \bar{\bar{X}}$$

$$UCL = \bar{\bar{X}} + A_2\bar{R}$$

$$LCL = \bar{\bar{X}} - A_2\bar{R}$$

ここでは 4 個の計測値で平均値 $\bar{X}$ と範囲 R を計算していることから群の大きさ n は 4 である．$\bar{\bar{X}} = 49.992$，$\bar{R} = 1.932$ 及び表 8.1 の係数表で $n = 4$ の行の $A_2 = 0.729$ を上記の式にあてはめて計算すると，

$$UCL = \bar{\bar{X}} + A_2\bar{R} = 49.992 + 0.729 \times 1.932 = 49.992 + 1.408$$
$$= 51.400$$

$$LCL = \bar{\bar{X}} - A_2\bar{R} = 49.992 - 0.729 \times 1.932 = 49.992 - 1.408$$
$$= 48.584$$

となる．

よって正解は 46 がキ，47 がカである．

48 同様にして，R 管理図を作成する場合には管理限界線を以下のように計算する．

$$CL = \bar{R}$$

$$UCL = D_4\bar{R}$$

$LCL = D_3\bar{R}$

ここでUCLは表8.1の$n=4$の行の$D_4=2.282$を上記の式にあてはめて計算するが，LCLは群の大きさ$n=6$以下の場合は考えないため，表8.1にも記載されていない．$\bar{R}=1.932$を上記の式にあてはめて計算すると，

$CL = \bar{R} = 1.932$

$UCL = D_4\bar{R} = 2.282 \times 1.932 = 4.409$

となる．

よって正解はアである．

② **49**，**50** 解析用管理図を作成して，管理状態であることが確認できたことから，求めた管理限界線を延長して管理用に使用する．その状況でデータa又はデータbが得られた場合の管理図を**解説図33.8-1**，**解説図33.8-2**に示す．

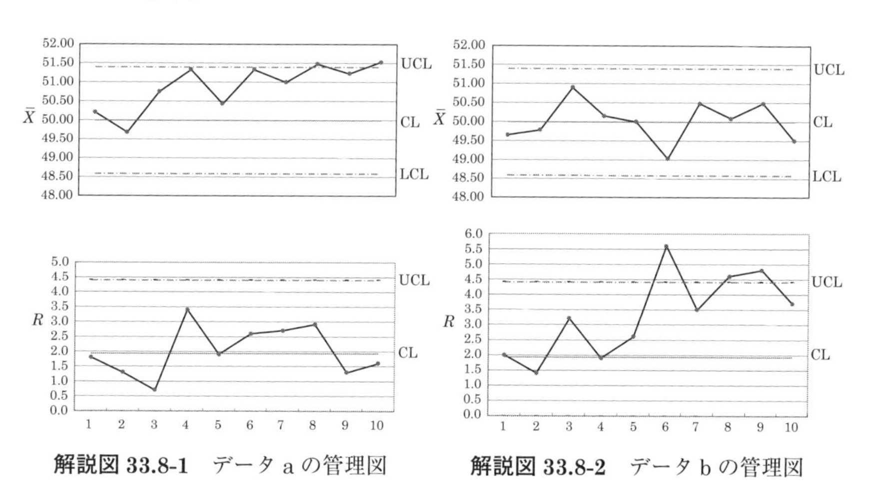

解説図33.8-1　データaの管理図　　**解説図33.8-2**　データbの管理図

データaの$\bar{X}$管理図では，$\bar{X}$の値が徐々に大きくなっていき，UCLを超える値が出てきている．またR管理図では管理限界線の中に納まっていることから，工程平均が大きくなっていると判断できる．データbの場合は，R管理図においてRの値が管理限界線を超えるものが出てきており，Rの値が大きくなってきていることがわかる．Rは群内変動を表すもので，群内

変動が大きくなったと考えられる.

よって正解は 49 がア, 50 がウである.

$\bar{X}$ 管理図の管理限界線は R 管理図が管理状態であることを前提に計算されるので, この問いのように R 管理図が管理状態でないとき, $\bar{X}$ 管理図の管理限界線は意味をもたないことに注意が必要である.

解説 33.9

この問題は, 顧客満足を向上させるための考え方を問うものである. プロダクトアウト, マーケットインなどの基本用語について理解しているかどうかがポイントである.

解答

51 キ　52 イ　53 オ　54 ウ　55 キ
56 エ

① 51, 52 企業が製品化をする場合に, 自社にある経営資源を活用することは当然である. しかし, 消費者の立場やニーズをあまり考えずに, 自社の都合だけを優先した製品化を行えば, その製品が数多く売れる可能性は低くなる. **企業側**の一方的な立場から製品化を行い, その製品（プロダクト）を単に販売（アウト）するので, これをプロダクトアウトという. 製品が数多く売れるためには, **市場ニーズ**を分析し, そのニーズを満たす製品を企画し, 設計, 製造, 販売することが重要である. 市場（マーケット）のニーズを取り入れる（イン）ということで, これをマーケットインという. よって, 51 はキ, 52 はイが正解である.

なお, JIS Q 9000:2015（品質マネジメントシステム—基本及び用語）では, 顧客満足を“顧客の期待が満たされている程度に関する顧客の受け止め方”と定義している.

② 53, 54 マーケットインを実現するためには, 市場で実際に製品を

購入する顧客のニーズをとらえることが大切である．顧客のニーズに注意深く向き合うことが大切で，この姿勢を**顧客指向**という．顧客指向で製品化をすれば，顧客のニーズをしっかりとらえることができ，満足につながる．この状態を**顧客満足**という．よって，53はオ，54はウが正解である．

③ 55，56 顧客満足を向上させていくためには，顧客の期待どおりであるばかりでなく，それを超える**価値の提供**が必要である．顧客は単純に製品を所有することを望んでいるのではなく，その製品を使用することにより，何らかの価値を望んでいる．例えば，掃除機を購入する場合，掃除機という家電を所有したいからではなく，楽に確実にゴミやほこりを吸引して，部屋をきれいに保つことができるという価値を望んでいるのである．この価値については使用段階だけでなく，買う前から廃棄までの製品の**ライフサイクル**全体で考慮することが重要である．よくある例は，製品の寿命がきて廃棄する際に分解が非常に難しいとか，リサイクルができないなど環境負荷が大きい場合がある．これでは，顧客の環境保全に対する価値を提供できないことになる．よって55はキ，56はエが正解である．

解説 33.10

この問題は，品質管理の基本的な考え方に基づいた問題解決のアプローチについて問うものである．特に実務で直面する不適合品の流出に対し，発生源に対策する重要性と検査の目的とは何かを理解することがポイントである．

▶解答

57	オ	58	ウ	59	エ	60	キ	61	ア
62	カ	63	ク	64	ウ				

① 57，58 検査とは，製品を決められた判定基準に照らし合わせて合格，不合格を判定することであり，製品の品質を向上させることはできない．この検査の目的の一つとして，不適合品を顧客へ流さないように品質を

保証することであり，不適合品の流出を，とりあえず防ぐための当面の**応急対策**といえる．したがって，57 はオが正解である．

検査で流出を防ぐのではなく，根本的に不適合品を作らない，もしくは作れない対策が必要である．一度発生した問題が二度と起こらないために，発生に対する真の原因を究明して手を打つことを**再発防止**と呼ぶ．したがって，58 はウが正解である．

類義語に未然防止があるが，未然防止とは将来起こるかもしれない問題に対し未然に手を打つことである．

② 59 ～ 61 不適合品発生の改善を進めるには，問題解決型のQCストーリーに沿って進めるのが一般的である．問題解決では，まず現状把握として事実をとらえることから着手する．事実をとらえるには，机上で判断するのではなく，現場で現物をよく見て現実を知ることが重要である．この三つの“現”を重視する考え方を**三現主義**と呼ぶ．したがって，59 はエが正解である．

すべての問題に対して対策をとるのは効率的ではなく，優先順位をつけて影響が大きい原因から改善を進めていくとよい．これを**重点指向**と呼び，パレート図などを使用して手を打つべき現象や原因を把握する．したがって，60 はキが正解である．

不適合に影響を与える特性や条件などを調査し収集したデータが，どのような分布なのかを知ることは重要なステップである．量的データの場合，ヒストグラム等を用いて分布を把握し，分布の中心を表す平均値に問題があるのか，分布の幅を表す**ばらつき**に問題があるのかを調査する．したがって，61 はアが正解である．

③ 62 ～ 64 不具合となる規格外れの品質特性に何が影響しているのかを，究明していく際，その品質特性と関連があると思われる原因系の項目を**要因**と呼ぶ．その要因の中から真の原因を探り出し，真因に対策をとることが重要である．したがって，62 はカが正解である．

検査で流出を防止する対策ではなく，不適合品を作らないようにするためには，プロセス（工程）で品質を作り込み，悪い製品は作らず，後の工程に流さない活動が重要となる．この考えを**プロセス**（工程）で品質を作り込むと呼ぶ．したがって， 63 はクが正解である．

これら品質管理の活動をとおして不適合のムダをなくすことで，生産側に利益をもたらし，顧客側にも品質の良い商品を安価で提供できるため，お互い **Win-Win** の関係構築に発展することができる．したがって， 64 はウが正解である．

解説 33.11

この問題は，品質の概念について問うものである．単に品質といってもさまざまな解釈がある．この問題はその中でも品質の定義としてよく使われる言葉についての理解を問うものなので，それぞれの意味と使い分けを理解しているかどうかがポイントである．

▶解答

65 カ　66 オ　67 イ　68 オ　69 ウ

① 65 , 66 　製品やサービスなどの対象に本来備わっている特性が，お客様が求める要求事項を満たす程度を“品質”と呼ぶ．このとき，対象に本来備わっている特性が**品質特性**である．品質特性の抽出には，お客様の声を市場から収集し，分析することで要求品質を明確にしたうえで，それを品質機能展開などで個々の性質や性能である品質要素へ変換し，さらにそれを測定・評価できる項目に落とし込む．その際，直接的に測定・評価ができるものはよいが，特性の中には測定技術不足により測定できない特性や，製品を破壊しないと測定できない特性（例えば破壊荷重など）がある．この場合，その特性に関連する別の特性を代用することがしばしばある．この特性のことを**代用特性**と呼んでいる．よって， 65 はカ， 66 はオが正解である．

② 67 　充足されれば満足するが，充足されなくても仕方がないと受け取

られる品質は**魅力的品質**である．よって，イが正解である．一方で充足されていても満足とも不満足ともならないが，充足していなければ不満足となる品質が“当たり前品質”である．また，充足されていれば満足，充足していなければ不満足となる“一元品質”というのもある．この三つの品質を二元的な認識方法で表した図（狩野モデル）を**解説図 33.11-1** に示すので参考にしていただきたい．

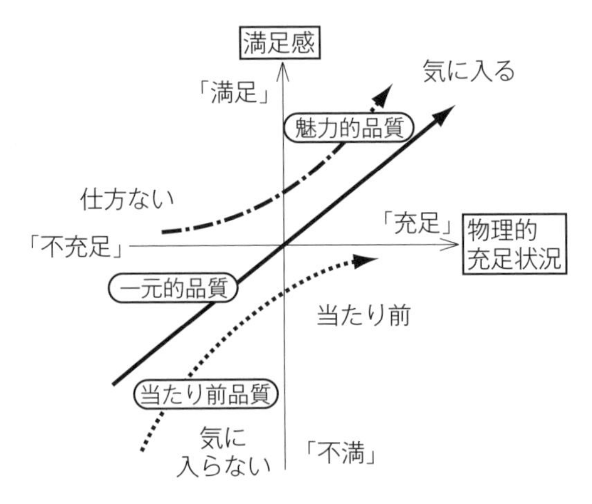

解説図 33.11-1　物理的充足状況と使用者の満足感との対応関係概念図

出典　狩野紀昭他(1984)：魅力的品質と当たり前品質，品質，Vol.14, No.2, pp.39–48

③　68，69　製品の機能，性能，サイズなど顧客の求める要求品質からその仕様を決めるのは製品の設計段階であり，これらの品質を設計品質と呼んでいる．また，この品質は製品の製造時には製造目標，すなわち製造の“ねらい”となることから**ねらいの品質**とも呼ばれる．よって 68 はオが正解である．さらに“ねらいの品質”を実際の形にすることができたかどうかは，製品の製造したときの品質を示すことから製造品質と呼ばれる．また，形にした状態の評価は“できばえ”を評価することになるので**できばえの品質**とも呼ばれる．よって，69 はウが正解である．

解説 33.12

この問題は，管理の方法について問うものである．PCDA や SDCA，管理項目など管理に使われる用語や，管理を行うために必要な設定事項をしっかり理解しているかどうかがポイントである．

▶解答

70	ウ	71	イ	72	カ	73	ア	74	イ
75	カ	76	オ	77	ア				

① 70，71　日常管理において，“現状を維持する”ことは標準を守って現状の状態を維持することであり，標準化（Standardize）から始める**SDCA のサイクル**を回す．これに対し，“好ましい状態へ改善していく”ことは，好ましい状態である目標を決め，目標を達成するための計画を立て（Plan），実行する（Do），評価する（Check），改善する（Act）という**PDCA のサイクル**を回す．よって 70 はウ，71 はイが正解である．

② 72，73　72 の前に“成果の指標”とあり，言い換えれば“結果の指標”である．選択肢からは**結果系管理項目**があてはまり，正解はカである．

73 の前に“プロセス系の管理項目”とあり，プロセス（過程，工程）は結果を生み出す“要因”であるため，選択肢からは**要因系管理項目**があてはまる．よって正解はアである．

③ 74　結果の管理項目は問題文の②で示されているように，“クレーム件数”，“不適合品率”などである．これらの特性に対して特性要因図などを使って要因を検討する場合には，**4M**（Man，Machine，Material，Method）で大骨を作って検討することが基本である．よって，正解はイである．

④ 75　管理を行うための“ものさし”は，評価，測定するための指標であり，これまでの問題文では“管理項目”という名称で，“クレーム件数”，

“不適合品率”が挙げられてきた．これらを“ものさし”という見方で見た場合，“管理項目”の言い換えとして選択肢からは**管理尺度**が最も適切な表現になる．よって正解はカである．

76 管理項目である管理尺度を使って管理する場合には，異常かどうかを判断する“管理尺度の値”が必要になる．これを**管理水準**と呼ぶ．例えば，クレーム件数10件，不適合品率10%である．よって，正解はオである．

77 77 と並んで“業務管理表”が示されていることから，管理に使われるツールを選択肢から探すと，該当するのは**QC工程図**だけである．QC工程図はQC工程表とも呼ばれ，“製品・サービスの生産及び提供に関する一連のプロセスを図・表に表し，このプロセスの流れに沿ってプロセスの各段階で，誰が，いつ，どこで，何を，どのように管理したらよいかを一覧にまとめたものである．”[4)]よって，正解はアである．

解説 33.13

この問題は，品質の概念について，用語の意味や考え方を問うものである．ねらいの品質（設計品質）やできばえの品質（製造品質）などを理解しているかどうかが，ポイントである．過去数年では，第26回問10（2018年），第27回問13（2019年），第28回問11（2019年），第32回問11（2021年）と頻出しているので要注意である．

▶解答

78 エ　79 オ　80 イ　81 イ　82 エ
83 カ

穴埋めの文章問題は，まずは通読して，全体の文意を確認することをお勧めする．通読することによって，繰り返して同じ選択肢を用いる箇所があることにも気づき，解答により自信を持つこともできる．

① 78 問題文冒頭の“顧客のニーズや期待を満たし”がキーフレーズになる．これから，選択肢の中で“注目”と“満足”が正解候補となる．さらに，“○○する製品やサービス”と続く．○○に当てはめてスムーズに文意が通じるのは前出の“注目”，“満足”である．そこで，“注目”は新製品や新製品開発に関連しそうであるが，文章全体には新製品関連の用語がない．一方，**満足**は“期待を満たし”にも合致する．よって，正解はエである．

② 79，80 ②の文章はプロセス保証について述べていることに気が付く．そのプロセス保証の二大柱は，設計品質と製造品質である．設計品質は**ねらいの品質**，製造品質は**できばえの品質**とも呼ばれることを覚えておこう．よって，正解は 79 がオ，80 がイである．

③ 81 “管理すべき○○を定め”と記述されている．“管理する”と“定める”に対応する選択肢を探すと**品質特性**がある．“平均値”や“ばらつき”は品質特性に比べて，やや意味合いが狭く，異なる．よって，正解はイである．

なお，③の問題文に 79，80 が再出する．解答の確認をすることができる．

④ 82，83 “プロセスの実態について○○を示すデータ”に着目する．候補となるのは“平均値”，“品質特性”，“ばらつき”，“事実”である．品質特性は既に 81 に充当している．問題文に各選択肢は複数回用いることはないと明記されているので，候補から除外する．また，平均値とばらつきは管理図に代表されるようにセット（対）で利用されることが多い．**事実**を当てはめてみると，違和感はない．これは，QC 的ものの見方・考え方の一つの“事実に基づく管理（ファクト・コントロール）”に相応する．

83 には残る選択肢の“未然防止”と“再発防止”が候補となる．“再度同じ原因”というキーワードから**再発防止**を選択する．よって，正解は 82 がエ，83 がカである．

解説 33.14

この問題は，品質管理の要素に関する知識を問うものである．TQM の基本的な活動や方針管理及び日常管理についての進め方などを理解しているかどうかが，ポイントである．

▶解答

84 ア　85 エ　86 カ　87 ウ　88 エ
89 カ　90 ア

① 84 品質管理を効果的に実施するためには，市場調査，研究・開発，製品の企画，設計，生産準備，購買・外注，製造，検査及びアフターサービス並びに財務，人事，教育などの企業活動の全段階にわたり，経営者をはじめ管理者，監督者，作業者など企業の全員の参加と協力していく活動が必要である．このように実施される品質管理を TQM といい，Total Quality Management の略である．いわゆる，**総合的品質管理**という．したがって，アが正解である．最近では，戦略的な経営管理を重視する総合的品質マネジメントや総合的品質経営などということもある．

② 85, 86 TQM を実施するには，経営基本方針に基づき，長・中期経営計画や短期経営計画を定め，それらを効果的・効率的に達成するために，企業組織全体の協力のもとに行われるトップダウン活動である**方針管理**が必要である．したがって，85 はエが正解である．

また，これらの方針管理の活動が計画どおり進んでいるか，目標の達成状況などの成果を社長自ら確認することが重要である．これを**トップ診断**という．したがって，86 はカが正解である．

③ 87, 88 TQM のもう一つの活動の柱が**日常管理**である．日常管理とは，日常的に実施する分掌業務を効率的に達成するために，定められた標準に基づき業務を実施することである．したがって，87 はウが正解である．

日常管理の代表的な活動として，維持活動と小規模な改善活動を行う **QC**

サークル活動がある．したがって，88 はエが正解である．

④ 89，90 方針管理と日常管理の活動から得られた成果は，そのプロセスを**標準化**することで日常業務において継続できる．したがって，89 はカが正解である．

さらに，この活動を効果的に行うためには，各階層に求められる能力を身につける必要がある．そのために階層別**QC教育**の実施が重要である．したがって，90 はアが正解である．

解説 33.15

この問題は品質管理の要素の一つに含まれる標準化に関する問題である．標準化のねらいや設定される標準の活用・維持，さらには，国際標準，国家標準との整合性について理解しているかどうかがポイントである．

▶解答

91	カ	92	オ	93	ウ	94	ク	95	エ
96	ア								

① 91，92 標準化は，“実在の問題，又は起こる可能性のある問題に関して，与えられた状況において最適な程度の秩序を得ることを目的として，共通に，かつ繰り返して使用するための‘規定’を確立する活動．”[5)] と定義されており，人によって，仕事の完成度にばらつきが生じないように，いつ，誰がやっても，ムリ・ムダ・ムラなく同じような結果を得られるようになる．このことから，繰り返し使用するために確立された“規定”を活用する**関係者**がねらい・**必要性**をしっかりと理解して，協力できるようなものでなくてはならない．

したがって，91 はカ，92 はオが解答となる．

② 93 標準化の効果には，以下のようなものがある．

・個人の固有技術を，会社の技術として蓄積できる

・蓄積された技術をベースに，技術力向上を図ることができる
・類似製品／部品や類似作業の整合を図ることができ，社内全体の作業性向上や利便性を上げることができる　など

これら標準化による**効果**は，関係する組織や人々に分配されるので，その範囲が広ければ広いほど標準化の有効性は高いものとなる．

したがって，ウが解答となる．

③ 94 標準は一度作成したらそれで終わりではない．設定した標準を実際に使用して，効果は出ているか，また，使用している側に，守りにくい点がないか，もっと作業性の良くなる方法はないか，などの情報を収集して，更に良い標準にするための**改訂**が必要となる．また，設定してはみたが，本当に必要であったかを見極め，その結果，廃止することになる場合も出てくる．

したがって，クが解答となる．

④ 95，96 社内で標準化を進めるときに大切となるのが，社外の標準との関連付けである．標準（規格）は国際—国家—団体—企業の階層構造をもつ．社内標準化をしたとしても，国内だけでなくグローバルな視点で，その整合性を検討する必要がある．標準の階層構造は，**ISO**（International Organization for Standardization：国際標準化機構）や IEC（International Electrotechnical Commission：国際電気標準会議）などの国際標準，JIS（Japanese Industrial Standards：日本産業規格）や ANSI（American National Standards Institute：米国国家規格協会）などの国家標準，産業界などで定めた**団体**標準からなる．

したがって，95 はエ，96 はアが解答となる．

解説 33.16

本問は，小集団活動に関する問題である．小集団改善活動の二つの形とそれらの活動の進め方を理解しているかどうかが，ポイントである．

▶解答

97 カ　98 ウ　99 ケ　100 オ　101 キ
102 イ

---

① 97, 98 小集団改善活動には，目的別グループと職場別グループの二つの形がある．

目的別グループは，ある目的を達成するために，特別に編成されたチームで，QCチーム，プロジェクトチーム，クロスファンクショナルチームなどがある．目的別グループは，目的が達成されれば**解散**する．一方，職場別グループは，同じ職場の人たちでグループをつくり，次々とテーマを取り上げて継続的に改善活動に取り組むので，職場のある限り**永続**する．職場別グループの代表的な小集団改善活動がQCサークル活動である．

よって，97 はカ，98 はウが正解である．

② 99, 100 QCサークル活動は，メンバーによって**自主的**に運営され，継続的に職場の問題や課題を解決していく活動である．また，QC的なものの見方・考え方やQC手法などを活用し，自己啓発や相互啓発を図りながら，メンバーの**能力**向上・自己実現・明るく活力に満ちた職場づくりを目指す活動である．

よって，99 はケ，100 はオが正解である．

③ 101, 102 QCサークル活動は，TQM（総合的品質管理）の一環として現場における品質管理活動を担っている．この活動の基本理念は，次の三つである．

- “企業の体質改善・発展に寄与する”[7)]
- “人間性を尊重して，**生きがい**のある明るい職場をつくる”[7)]
- “人間の能力を発揮し，**無限**の可能性を引き出す”[7)]

よって，101 はキ，102 はイが正解である．

実践現場での活用方法

問３では，散布図に関する問題が出題されている．各設問では，複数の散布図を示して，相関係数の大きさを比較させている．

このように相関を検討する際には，相関係数を算出する前に，散布図を作成することが必須である．

ここでは，散布図を活用して相関を検討する際に必ず検討しておかなければならない事項について説明する．

＜相関を検討する際の検討事項＞

(1) 異常値がないか（図１）……異常値が発生した現場の状況を考える．

(2) 層別する必要はないか（図２）……打点が２グループ以上に分けられるかを考える．

(3) 直線的な関係があるか（図３）……曲線的な関係がある場合，相関係数を求める意味がない．

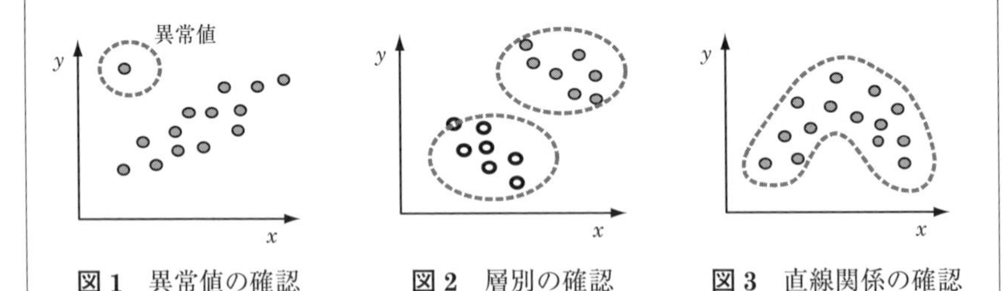

図１　異常値の確認　　**図２**　層別の確認　　**図３**　直線関係の確認

このように散布図を確認して，上記の検討事項に該当しないことで，はじめて相関があるという結論に至ることができる．

製造現場では数多くの散布図が活用されており，それらを用いて相関を判断する際には，検討事項のような異常値や層別の必要性，曲線関係に該当する場合は少なくない．これらの検討事項は，製造現場での実践には重要な位置付けにあり，十分な理解が求められる．

解　説

第 33 回に比べて大問は 16 問と同じであったが，設問数が 102 から 98 となり，若干減った．品質管理の手法に関する問題が 7 問（設問数 49），実践に関する問題が 9 問（設問数 49）と，設問数については半分ずつとなっている．

引き続き品質管理の手法分野の試験範囲である“統計的方法の基礎【定義と基本的な考え方】”のうち正規分布（確率計算を含む）にかかわる問いで正規分布表を読み取る問題が出題されている．正規分布の定義や考え方の理解とともに正規分布表を読み取る知識が必要である．試験範囲には，二項分布（確率計算を含む）も含まれているので，今後の学習においては準備が必要であろう．

手法分野の他の問題においては，基本統計量の計算，QC 七つ道具のうち管理図，パレート図，チェックシート，ヒストグラムと順当に出題されている．新 QC 七つ道具も例年出題されているので，確実に準備しておきたい．

実践分野においても，管理の方法，品質保証，品質経営の要素を中心として，かたよりなく出題されている．出題範囲全般について，幅広く学習しておくことが望まれる．

第34回　基準解答

問	番号	解答
問1	1	エ
	2	イ
	3	ク
	4	オ
	5	イ
	6	イ
問2	7	カ
	8	ク
	9	ア
	10	オ
	11	イ
	12	エ
	13	イ
問3	14	ア
	15	エ
	16	オ
	17	カ
	18	エ
	19	イ
問4	20	オ
	21	カ
	22	イ
	23	エ
	24	ケ
	25	キ
問4	26	カ
	27	エ
	28	イ
問5	29	エ
	30	イ
	31	カ
	32	ク
	33	オ
	34	コ
問6	35	オ
	36	エ
	37	ケ
	38	イ
	39	キ
	40	ウ
	41	ア
問7	42	イ
	43	ウ
	44	オ
	45	ア
	46	ウ
	47	エ
	48	イ
	49	ア
問8	50	エ
問8	51	ア
	52	キ
	53	イ
	54	コ
	55	オ
	56	ウ
問9	57	エ
	58	ウ
	59	カ
	60	オ
	61	イ
	62	エ
問10	63	オ
	64	ア
	65	ウ
	66	カ
	67	ケ
問11	68	イ
	69	エ
	70	キ
	71	ア
	72	ク
問12	73	イ
	74	エ
	75	イ

問 12	76	オ
	77	キ
問 13	78	イ
	79	キ
	80	エ
	81	ク
	82	カ
問 14	83	ア
	84	イ
	85	ア
	86	ア
問 15	87	ア
	88	カ
	89	オ
	90	カ
	91	エ
	92	オ
	93	イ
	94	ケ
問 16	95	ウ
	96	エ
	97	キ
	98	ア

※問 1 ～問 7 は「品質管理の手法」，問 8 ～問 16 は「品質管理の実践」として出題

解説 34.1

この問題は，平均値などの基本統計量について問うものである．基本統計量の計算や異常値を除去した際の基本統計量の変化を理解しているかどうかが，ポイントである．類似の問題がほぼ毎回出題されるので，基本統計量の計算方法はしっかりと習得しておこう．

▶解答

〔1〕 **1** データの中心位置を推測するための代表的な統計量の一つが**平均値** $\overline{x}$（エックスバーと読む）である．平均値 $\overline{x}$ はデータの総和をデータ数で割った値である．n 個のデータ $x_1, x_2, \cdots, x_n$ の $\overline{x}$ は，

$$\text{平均値 } \overline{x} = \frac{x_1 + x_2 + \cdots + x_i + \cdots + x_n}{n} = \frac{\sum_{i=1}^{n} x_i}{n}$$

ここで，5 個のデータ x_1, x_2, x_3, x_4, x_5 から $\overline{x}$ を求めると，

$$\overline{x} = \frac{12 + 14 + 15 + 18 + 42}{5} = \frac{101}{5} = 20.2$$

よって，正解はエである．

また，仮平均を用いた算出もよい．仮平均を 20.0 とすると，次のように計算できる．

$$\overline{x} = \frac{(12-20) + (14-20) + (15-20) + (18-20) + (42-20)}{5} + 20.0$$

$$= \frac{(-8) + (-6) + (-5) + (-2) + (22)}{5} + 20.0 = 0.2 + 20.0 = 20.2$$

2 **メディアン** $\tilde{x}$（エックスチルダと読む）とは，中央値とも呼ばれ，データの中心位置を推測するための統計量の一つである．メディアン $\tilde{x}$ は，データを大きさの順に並べて，

・データ数が奇数ならば，中央に位置するデータの値.

・データ数が偶数ならば，中央に位置する二つのデータの平均値.

本データは5個，奇数個であるので，中央に位置する“15”がメディアンである．よって，正解はイである.

3　データの広がり具合を推測するための統計量の一つに不偏分散 V があり，その平方根が標準偏差 s である．不偏分散や標準偏差を求めるために，まず次のように**平方和** S を算出する.

平方和 $S=\sum$(個別のデーター平均値) の2乗

$$=\sum_{i=1}^{n}(x_i-\bar{x})^2=\sum x_i{}^2-\frac{\left(\sum x_i\right)^2}{n} \qquad (1)$$

5個のデータの平方和 S は,

$$S=\sum_{i=1}^{5}(x_i-\bar{x})^2=\sum x_i{}^2-\frac{\left(\sum x_i\right)^2}{5}$$

$$=\{12^2+14^2+15^2+18^2+42^2\}-\frac{(12+14+15+18+42)^2}{5}$$

$$=2653-\frac{10201}{5}=612.8$$

よって，正解はクである.

なお，参考に式(1)の導出過程を示しておこう.

ここで，$\bar{x}=\dfrac{\sum x_i}{n}$ を代入すると,

$$S=\sum x_i{}^2-2\sum x_i\frac{\sum x_i}{n}+n\left(\frac{\sum x_i}{n}\right)^2$$

$$=\sum x_i{}^2-2\frac{\left(\sum x_i\right)^2}{n}+n\frac{\left(\sum x_i\right)^2}{n^2}$$

$$=\sum x_i{}^2-\frac{\left(\sum x_i\right)^2}{n}$$

4　不偏分散 V は平方和 S を（データ数 $n-1$）で割り算して求める.

（データ数 $n-1$）は自由度と呼ばれる．

$$V=\frac{S}{n-1}$$

ここで，

$$V=\frac{612.8}{5-1}=153.2$$

よって，正解はオである．

〔2〕 **5**，**6** 文意に基づくと，データが当初の 5 個から 4 個になった場合の基本統計量の変化が問われている．以下に計算結果を示す．4 個の場合の統計量に“′”を付記する．

$$\bar{x}'=\frac{12+14+15+18}{4}=14.75$$

$$\tilde{x}'=\frac{14+15}{2}=14.5$$

$$S'=\sum_{i=1}^{4}(x_i-\bar{x})^2=\sum x_i{}^2-\frac{\left(\sum x_i\right)^2}{n}=889-\frac{3481}{4}=18.75$$

$$V'=\frac{18.75}{3}=6.25$$

各々の統計量について，5 個の場合と比較すると，

① メディアンの値はあまり変わらないのに対し，平均値は大きく変化している．

② 不偏分散は 5 個の場合のほうがはるかに大きい．

よって，正解は **5** がイ，**6** もイである．

解説 34.2

この問題は，代表的な連続分布である正規分布に関する知識を問うものである．正規分布のパラメータや標準正規分布に基づいた確率計算や分布の性質を理解しているかどうかが，ポイントである．

解答

7	カ	8	ク	9	ア	10	オ	11	イ
12	エ	13	イ						

① 7 ～ 11 　正規分布とは，統計学で用いられる連続分布の代表的な分布である．正規分布の確率密度関数 $f(x)$ は，次式で表される．

$$f(x)=\frac{1}{\sigma\sqrt{2\pi}}e^{-\frac{(x-\mu)^2}{2\sigma^2}},\quad (-\infty<x<+\infty)$$

この式に含まれる μ と σ は確率分布を定める母数（パラメータ）で $-\infty<\mu<+\infty$，$\sigma>0$ である．μ と σ が定まれば正規分布が決まるので $N(\mu,\sigma^2)$ と表示する．

また，母平均 μ，母分散 σ^2 の正規分布に従う確率変数を x とするとき，確率密度関数の $-\infty$ から $+\infty$ 全区間を積分すれば 1 である．

$$\int_{-\infty}^{\infty}f(x)dx=1$$

また，正規分布は μ や σ の値が変化することで，無数に存在することになる．そこで，標準的なものを決めておくために正規分布を $u=\dfrac{x-\mu}{\sigma}$ に変換することで，標準化（規準化ともいう）することができる．つまり，$\mu=0$，$\sigma^2=1$ である標準正規分布 $N(0,1^2)$ に従うことになる．

したがって， 7 はカ， 8 はク， 9 はアが正解である．

付表 1 の正規分布表を用いて，ある値以上や以下が発生する確率を求めることができる．

$\Pr(u\leqq-0.85)$ は $\Pr(u\geqq0.85)$ と等しいので，縦軸 0.8* と横軸 *＝5 の交点の $K_P=0.1977$ を読み取れる（**解説図 34.2-1** の㋑を参照）．

正規分布表

（Ⅰ）K_P から P を求める表

K_P	*=0	1	2	3	4	5	6	7	8	9
0.0 *	**.5000**	.4960	.4920	.4880	.4840	**.4801**	.4761	.4721	.4681	.4641
0.1 *	**.4602**	.4562	.4522	.4483	.4443	**.4404**	.4364	.4325	.4286	.4247
0.2 *	**.4207**	.4168	.4129	.4090	.4052	**.4013**	.3974	.3936	.3897	.3859
0.3 *	**.3821**	.3783	.3745	.3707	.3669	**.3632**	.3594	.3557	.3520	.3483
0.4 *	**.3446**	.3409	.3372	.3336	.3300	**.3264**	.3228	.3192	.3156	.3121
0.5 *	**.3085**	.3050	.3015	.2981	.2946	**.2912**	.2877	.2843	.2810	.2776
0.6 *	**.2743**	.2709	.2676	.2643	.2611	**.2578**	.2546	.2514	.2483	.2451
0.7 *	**.2420**	.2389	.2358	.2327	.2296	**.2266**	.2236	.2206	.2177	.2148
0.8 *	**.2119**	.2090	.2061	.2033	.2005	**.1977** ㋑	.1949	.1922	.1894	.1867
0.9 *	**.1841**	.1814	.1788	.1762	.1736	**.1711**	.1685	.1660	.1635	.1611
1.0 *	**.1587**	.1562	.1539	.1515	.1492	**.1469**	.1446	.1423	.1401	.1379
1.1 *	**.1357**	.1335	.1314	.1292	.1271	**.1251**	.1230	.1210	.1190	.1170
1.2 *	**.1151**	.1131	.1112	.1093	.1075	**.1056**	.1038	.1020	.1003	.0985
1.3 *	**.0968**	.0951	.0934	.0918	.0901	**.0885**	.0869	.0853	.0838	.0823
1.4 *	**.0808**	.0793	.0778	.0764	.0749	**.0735**	.0721	.0708	.0694	.0681
1.5 *	**.0668**	.0655	.0643	.0630	.0618	**.0606**	.0594	.0582	.0571	.0559
1.6 *	**.0548**	.0537	.0426	.0516	.0505	**.0495**	.0485	.0475	.0465	.0455
1.7 *	**.0446**	.0436	.0427 ㋺	.0418	.0409	**.0401**	.0392	.0384	.0375	.0367
1.8 *	**.0359**	.0351	.0344	.0336	.0329	**.0322**	.0314	.0307	.0301	.0294
1.9 *	**.0287**	.0281	.0274	.0268	.0262	**.0256**	.0250	.0244	.0239	.0233
2.0 *	**.0228**	.0222	.0217	.0212	.0207	**.0202**	.0197	.0192	.0188	.0183
2.1 *	**.0179**	.0174	.0170	.0166	.0162 ㋩	**.0158**	.0154	.0150	.0146	.0143
2.2 *	**.0139**	.0136	.0132	.0129	.0125	**.0122**	.0119	.0116	.0113	.0110
2.3 *	**.0107**	.0104	.0102	.0099	.0096	**.0094**	.0091	.0089	.0087	.0084

解説図 34.2-1　付表 1 正規分布表（Ⅰ）より抜粋

同様に，$\Pr(u \geqq 1.72)$ は，縦軸 1.7^* と横軸 $^*=2$ の交点 $K_P=0.0427$ を読み取れる（**解説図 34.2-1** の㋺を参照）．

したがって，**10** はオ，**11** はイが正解である．

② **12**，**13**　この設問は，特性 x が $\mu=30$ で $N(30, \sigma^2)$ の正規分布に従っていて，下限規格値 $S_L=24$ であるとき，不適合品の発生確率が 10％となる σ を求めることである．まず，特性 x の正規分布を標準化して標準正規分布に変換する．

不適合品の発生確率が 10％となる K_P の値は付表の（Ⅱ）P から K_P を求める表（**解説図 34.2-2** 参照）から $P=0.10$ の場合の $K_P=1.282$ であるので，標準化の変換式，$u=-1.282=(24-30)/\sigma$ から $\sigma=6/1.282=4.680$ となる．

(Ⅱ) P から K_P を求める表

P	.001	.005	0.01	.025	.05	.1	.2	.3	.4
K_P	3.090	2.576	2.326	1.960	1.645	1.282	.842	.524	.253

解説図 34.2-2　付表 1 正規分布表(Ⅱ)より抜粋

したがって，**12** はエが正解である．

次の設問は，母平均が $\mu = 34$ に変化した場合の不適合品の発生する割合を求めることである．母標準偏差は変わらないものとするので $\sigma = 4.680$ である．

よって，

$$u = \frac{24 - 34}{4.680} = -2.137 \fallingdotseq -2.14$$

である（**解説図 34.2-3** 参照）．

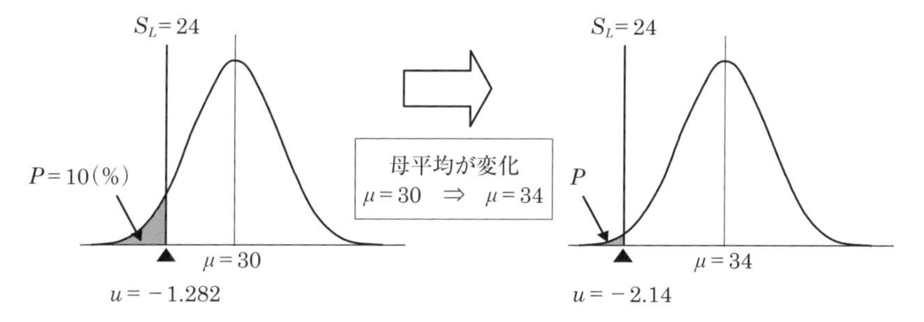

解説図 34.2-3　母平均が変化した場合の規格から外れる確率

$\Pr(u \leqq -2.14)$ は $\Pr(u \geqq 2.14)$ と等しいので，付表 1 から縦軸 2.1^* と横軸 $^* \fallingdotseq 4$ より下限規格値から外れる確率は 0.0162（$P = 1.62\%$）である（**解説図 34.2-1** の㋩を参照）．

したがって，**13** はイが正解である．

解説 34.3

この問題は，QC 七つ道具の一つとなっている管理図について問うものである．管理図は扱う数値によってさまざまな種類があり，その使い分け方や，最も代表的な $\bar{X}$–R 管理図の $\bar{X}$ 管理図，R 管理図はどのような変動を見るためのものなのか，管理限界線とはどのような線なのか，などについて理解しているかどうかが，ポイントである．

▶解答

14 ア　15 エ　16 オ　17 カ　18 エ
19 イ

① 14 ～ 17 一般的にデータには二つの種類があり，一つは“連続量として測られる品質特性の値”である長さ，質量，時間などのデータで，**計量値**と呼ばれている．もう一つは“不適合品（不良品），欠点数などのように個数を数えて得られる品質特性の値”である計数値である．計数値には，不適合（不良）率，平均欠点数なども含まれる．このようにデータにも種類があるので，それぞれのデータの種類に応じた管理図があり，$\bar{X}$–R 管理図は計量値の管理図としては最も代表的な管理図である．計量値の管理図としては，ほかにも一つの群で一つのデータしか収集できない場合の管理図である X–R_m 管理図などがある．また，計数値の管理図として，不適合（不良）数に対する np 管理図や不適合（不良）率に対する $\boldsymbol{p}$ **管理図**がある．

次に，計量値の管理図として最も代表的な $\bar{X}$–R 管理図は，$\bar{X}$ 管理図と R 管理図の二つを一つにまとめたものとなっており，$\bar{X}$ 管理図では，一つの群に対して，複数のデータを収集し，その平均値を打点して，その推移を見ている．このことから，$\bar{X}$ 管理図では，**群間の平均値**の推移を見ていることとなる．一方，R 管理図は，群の中の最大値と最小値の差を打点し，その推移を見るものである．このことから，**群内のばらつき**の推移を見ていることとなる．

したがって，14 はア，15 はエ，16 はオ，17 はカが解答となる．

② 18，19　計量値の管理図として最も代表的な $\bar{X}$–R 管理図は，すべての群の平均値，すなわち，$\bar{\bar{X}}$ を中心として，偶然原因によりばらつく範囲を標準偏差の**3**倍のところに設定する．上側を上側管理限界線（Upper Control Limit：UCL），下側を下側管理限界線（Lower Control Limit：LCL）で表す．工程の要因である人（Man），機械・設備（Machine），材料・部品（Material），方法（Method），測定（Measurement），環境（Environment）の5M1Eを標準化（いつもの状態に）したとしても，一定にすることは技術的にも経済的にも不可能であり，結果がばらつく．そのばらつきを偶然的なばらつきとし，そのばらつきの大きさ（標準偏差）をもとに管理限界線を設定する．5M1Eがいつもと同じ状態（管理状態）であれば，管理限界内に打点される確率が非常に高いという考え方である．管理状態であるにもかかわらず管理限界外（$\pm 3\sigma$ 外）に打点される確率は**0.3**%となる．したがって，管理限界外に打点されたならば，5M1Eがいつもの状態ではないと判断する．

したがって，18 はエ，19 はイが解答となる．

解説 34.4

本問は，製造工程における不適合の低減を図るために実施された現状調査の分析を題材にした問題である．ここでの分析には，パレート図，ヒストグラム，工程能力指数が活用されており，これらをよく理解しているかどうかがポイントである．

▶解答

20	オ	21	カ	22	イ	23	エ	24	ケ
25	キ	26	カ	27	エ	28	イ		

① 20～24　この設問では，表4.1のデータ表に示された各塗装メーカーや各塗装ラインのデータをもとに，選択肢の中から該当するパレート図を選

択することになる．

そのためには，まず，次のようなパレート図作成上のルールを活用する．

【パレート図作成上のルール】

ⅰ）パレート図の右縦軸での累積百分率100％の高さは，左縦軸でのデータ合計（度数，件数，金額など）の高さと同じにする．

⇒　件数合計の値は累積百分率100％の高さで知ることができる

ⅱ）横軸の項目は，データ値（度数，件数，金額など）が多い順に左から右に並べ，その他の項目は最後にする．

次に，表4.1のデータ表から各塗装メーカーや各塗装ラインの件数合計や各不適合項目の件数を調べ，上記ⅰ）とⅱ）を満足するパレート図を選択すればよい．

a）　塗装メーカーA社は，ライン1とライン2を合わせて件数合計が62件，件数が多い順に不適合項目を並べると，膜厚，ムラ，異物，キズ，…となる．件数合計ではオとカが該当しそうであるが，不適合項目の並び順が合致しているオを選択する．よって，**20** はオが正解である．

b）　塗装メーカーB社は，ライン1とライン2を合わせて件数合計が71件，件数が多い順に不適合項目を並べると，膜厚，ムラ，キズ，泡，…となる．件数合計と不適合項目の並び順が合致しているカを選択する．よって，**21** はカが正解である．

c）　塗装メーカーC社は，ライン1とライン2を合わせて件数合計が46件，件数が多い順に不適合項目を並べると，ムラ，膜厚，打痕，異物，…となる．件数合計と不適合項目の並び順が合致しているイを選択する．よって，**22** はイが正解である．

d）　ライン1のパレート図は，各塗装メーカーのライン1をまとめて作成する．各塗装メーカーのライン1をまとめると，件数合計が50件，件数が多い順に不適合項目を並べると，異物，泡，膜厚，打痕，…となる．件数合計と不適合項目の並び順が合致しているエを選択する．よって，**23** はエが正解である．

e)　ライン２のパレート図は，各塗装メーカーのライン２をまとめて作成する．各塗装メーカーのライン２をまとめると，件数合計が 129 件，件数が多い順に不適合項目を並べると，膜厚，ムラ，キズ，異物，…となる．件数合計と不適合項目の並び順が合致しているケを選択する．よって，**24** はケが正解である．

②　**25** ～ **28**　この設問では，工程能力指数 C_p とかたよりを考慮した工程能力指数 C_{pk} が求められている．JIS Z 8101-2:2015 では特性値が正規分布の場合，6 倍の標準偏差を参照区間とよび，工程能力指数 C_p は規格幅と参照区間の比

$$C_p = \frac{\text{規格幅}}{\text{参照区間}} = \frac{S_U - S_L}{6s}$$

となる．ここで，S_U, S_L はそれぞれ上側規格値と下側規格値を表す．

かたよりを考慮した工程能力指数 C_{pk} は，上側工程能力指数 C_{pkU} 及び下側工程能力指数 C_{pkL} のうち，値の小さいほうであるので，

$$C_{pk} = \min\{C_{pkU}, C_{pkL}\}$$

と示される．標準偏差 s の 3 倍を上側参照区間及び下側参照区間とよび，C_{pkU} と C_{pkL} は次のように示される．

$$C_{pkU} = \frac{S_U - \bar{X}}{3s}$$

$$C_{pkL} = \frac{\bar{X} - S_L}{3s}$$

図 4.2 に示されたライン１及びライン２のヒストグラムは，正規分布と考えられるので，C_p と C_{pk} は平均値 $\bar{X}$ と標準偏差 s を用いて計算することにする．

ライン１の膜厚の平均値 $\bar{X}$ は 33.776（μm），標準偏差 s は 1.762（μm），膜厚の規格は 34.0±6.0（μm）であるので，

$$C_p = \frac{S_U - S_L}{6s} = \frac{40.0 - 28.0}{6 \times 1.762} = 1.135$$

$$C_{pk} = \min\{C_{pkU}, C_{pkL}\} = \{1.177, 1.093\} = 1.093$$

$$C_{pkU} = \frac{S_U - \bar{X}}{3s} = \frac{40.0 - 33.776}{3 \times 1.762} = 1.177$$

$$C_{pkL} = \frac{\bar{X} - S_L}{3s} = \frac{33.776 - 28.0}{3 \times 1.762} = 1.093$$

よって，**25** はキ，**26** はカが正解である．

ライン 2 の膜厚の平均値 $\bar{X}$ は 35.736（μm），標準偏差 s は 2.704（μm），膜厚の規格は 34.0±6.0（μm）であるので，

$$C_p = \frac{S_U - S_L}{6s} = \frac{40.0 - 28.0}{6 \times 2.704} = 0.740$$

$$C_{pk} = \min\{C_{pkU}, C_{pkL}\} = \{0.526, 0.954\} = 0.526$$

$$C_{pkU} = \frac{S_U - \bar{X}}{3s} = \frac{40.0 - 35.736}{3 \times 2.704} = 0.526$$

$$C_{pkL} = \frac{\bar{X} - S_L}{3s} = \frac{35.736 - 28.0}{3 \times 2.704} = 0.954$$

よって，**27** はエ，**28** はイが正解である．

なお，JIS Z 8101-2:2015 では参照区間を

$$X_{99.865\%} - X_{0.135\%}$$

上側参照区間，下側参照区間をそれぞれ

$$X_{99.865\%} - X_{50\%},\quad X_{50\%} - X_{0.135\%}$$

とし，$\bar{X}$ の代わりに $X_{50\%}$ を使って工程能力指数が定義されている．ここで，$X_{99.865\%}$，$X_{50\%}$，$X_{0.135\%}$ は，それぞれ分布の 0.99865 分位点，0.5 分位点，0.00135 分位点である（**解説図 34.4-1** 参照）．これは特性値の分布が正規分布ではないときへの対応を考慮したものである．これらを用いて C_{pkU} と C_{pkL} も正規分布だけでなく非正規分布にも適用できるよう下記のように定義されている．

$$C_p = \frac{\text{規格幅}}{\text{参照区間}} = \frac{S_U - S_L}{X_{99.865\%} - X_{0.135\%}}$$

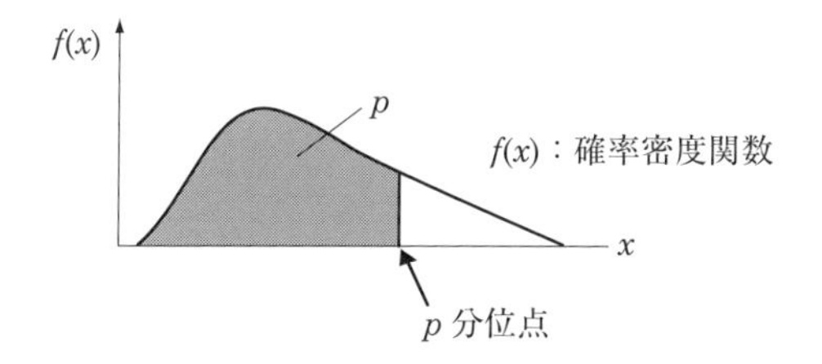

解説図 34.4-1　p 分位点

$$C_{pkU} = \frac{S_U - X_{50\%}}{X_{99.865\%} - X_{50\%}}$$

$$C_{pkL} = \frac{X_{50\%} - S_L}{X_{50\%} - X_{0.135\%}}$$

解説 34.5

この問題は QC 七つ道具の一つであるチェックシートについて，正しく事実を把握しアクションに結び付けるために，その活用目的や対象とする製品に応じ，最適な用紙を準備し，活用する方法を問うものである．

チェックシートは，作業途中に不適合やその原因となる事実・データを発見した場合に，その状況を記録するものであるので，作業を滞らせることのないように，短時間で効率的に，かつ正確に記録できる記入シートを準備しておくことが望まれる．こうした条件を満たす記入シートをどのように準備するのかが，ポイントである．

▶解答

29 エ　30 イ　31 カ　32 ク　33 オ
34 コ

① 29 設問より，問われているチェックシートは，不適合が発生する都度記録して，発生した不適合の種類や内容を記録するチェックシート，とあ

るので，選択肢の“不適合項目”又は“不適合要因”が考えられる．このうち，“不適合要因”は，不適合が発生する都度記録するには，検討する時間が必要なため要因が即時には判明しない場合もあり得るので，解答としては適切ではない．選択肢の**不適合項目**のみが該当する．よって，正解はエである．

② **30** 設問より，時間別，機械別，材料別，作業者別，作業方法別に記入する，とあるので，これらの記入内容から**層別**が目的であると推測される．よって，正解はイである．

層別とは，結果系のデータを要因のクラスやグループ別に分類することである．

31 設問より，不適合の原因を追究するために発生状況を層別して記入する，とあるので，**不適合要因**が該当する．よって，正解はカである．

③ **32** 設問より，“不適合が発生するたびに，その発生位置にチェックマークを記入する”とあるので，選択肢の**不適合位置**が該当する．よって，正解はクである．

④ **33** 設問より，“品質特性値が寸法・温度・高度・濃度・収量など”とあり，これらは連続量の数値であるので，選択肢の**計量値**が該当する．よって，正解はオである．なお，選択肢の“計数値”は，個数を数える場合などの離散値を示すものである．

34 設問より，“特性値を級分けしておき，データが得られるたびに該当する級にチェックマークを記入する”とあるので，データを級分けし，ヒストグラム（度数分布表）を作成することを示している．選択肢の**工程分布または度数分布**が該当する．よって，正解はコである．

解説 34.6

この問題は，ヒストグラムについて，分布の形状から母集団の状態を検討する考え方を問うものである．ヒストグラムの形状からデータ収集や工程の状態に関する必要な情報が得られるかどうかが，ポイントである．

解答

35 オ　36 エ　37 ケ　38 イ　39 キ
40 ウ　41 ア

35　安定した工程から得られた計量値のデータは左右対称の釣鐘型になることが多く，正規分布に近いものになる．正規分布の中心は平均値であり，釣鐘型のように中心が最も多く，左右対称で中心から離れるに従い度数が少なくなる形になる．母集団の工程が安定状態であれば，ヒストグラムの形は一般的にこの形になりやすく，**一般形**と呼ぶ．正解はオである．

36　ヒストグラムを作成する手順として，データが存在する範囲をいくつかの区間に分けて，その区間内に入るデータの個数をカウントする．この区間の幅は測定値の最小測定単位である“測定のきざみ”の整数倍にすることが大切である．これは各区間に入る存在可能なデータの数値の数が一定になるようにするものである．整数倍にしなければ，区間により存在可能なデータの数値の数に大小ができてしまう．その結果としてヒストグラムの形が存在可能なデータの数値の数が多い区間は多くのデータの個数がカウントされ，少ない区間にはデータの個数が少なくカウントされ，それが交互に現れることからヒストグラムの形はギザギザになることが多い．

また，区間の幅を測定のきざみの整数倍に設定しても，測定してデータを得る際にかたよった数値を読み取るくせがあるような測定の場合には，そのかたよりの影響で存在可能なデータが多く入る区間と少なく入る区間が交互に出てくるギザギザの形になることが多い．このようなギザギザを**歯抜け形**又はくし歯形と呼んでいる．正解はエである．

37 工程が安定状態にあり，母集団が正規分布している場合には，左右対称に近いヒストグラムになるが，測定値がある一定の値に何らかの条件で押さえられているような場合，形が左右に歪む場合がある．濃度，純度のように 0%以下の値を物理的に取り得ないような場合である．

また規格等により一定の値を限界（上限又は下限）として設定管理しているような場合にも左右に歪むことがある．このように形が左右に歪んだ場合，平均値が分布の中心から左右に寄り，反対側に裾をひく形になるため，左に裾を引く場合は**左裾引き形**，右に裾を引く場合は**右裾引き形**と呼ぶ．正解はケである．

38 ある値を境にデータが存在しなくなるようなヒストグラムが得られることがある．これは，その特性を作り込むプロセスを経た後に，得られた特性を検査し，規格値から外れたものを取り除いた場合である．分布の左右の裾が切除され，左右どちらかに絶壁が現れるような形のヒストグラムができる．これを左側に絶壁が現れる場合は**左絶壁形**，右側に絶壁が現れる場合は**右絶壁形**と呼ぶ．正解はイである．

39，40 同じ製品を複数の設備・ラインにおいて作り込むような場合，同じねらい値に設定してばらつきが小さくなるように管理するのが一般的である．しかし，設備ごとのくせにより，結果として異なった平均値になることがある．

二つもしくは二つ以上の違った中心を持った分布のデータを同時にヒストグラムを作成すると，一般形のヒストグラムを重ね合わせるようなヒストグラムが得られる．二つの場合には二つの山を持ったふた山形になり，**ふた山形**と呼ぶ．三つ以上の場合には中心である山の頂上がいくつも並ぶことで，ヒストグラムの中央部分が平坦になるような高原状の形になり，**高原形**と呼ぶ．

このようなヒストグラムは，いくつかの異なった分布が混ざっているものであり，元データの層別を行い，それぞれの分布を吟味する必要がある．39の正解はキ，40の正解はウである．

41 データを収集する際に，何らかのミスにより違った母集団からのデータを混入させた場合や，測定ミスなどによる異常な値が混入した場合に，全体のデータとかけ離れたデータが存在することになり，データの大部分が存在する山とは離れたところにデータが存在するヒストグラムになることがある．この離れた部分を“離れ小島”と呼び，得られたヒストグラムを**離れ小島形**と呼ぶ．

この場合には，その離れ小島のデータが得られた状況をよく調べて原因追究し，再発防止策を講じてばらつきを小さくする必要がある．正解はアである．

解説 34.7

この問題は，新 QC 七つ道具に関して，場面設定から使用する手法名及びその手法の特徴を選択する問題である．新 QC 七つ道具の名称やその特徴だけでなく，活用の場面までを理解しているかどうかが，ポイントである．新 QC 七つ道具のそれぞれの図をイメージとして覚えておくとよい．

▶解答

42 イ　**43** ウ　**44** オ　**45** ア　**46** ウ
47 エ　**48** イ　**49** ア

42～**45** 選択肢アは，“二元的に配置された数値データ”や“代表特性”がキーワードとなり，マトリックス・データ解析法の説明であることがわかる．数値データを対象とする新 QC 七つ道具は，マトリックス・データ解析法のみであることからも導き出せる．選択肢イは，“類似性”や“統合された表題のもとでまとめる”がキーワードとなり，親和図法の説明であることがわかる．選択肢ウは，“要因間の関係を整理”や“手段を多段階に展開”がキーワードとなり，系統図法の説明であることがわかる．選択肢エは，“事態の進展”，“想定される問題”，“望ましい結果に行き着くプロセス”がキーワードとなり，PDPC 法の説明であることがわかる．選択肢オは，“ネットワーク”や“日程計画”がキーワードとなり，アローダイアグラム法の説明であることがわかる．よって，42 はイ，43 はウ，44 はオ，45 はアが正解である．

46 ～ 49　選択肢アは，汚れ不良の現象と原因を取り扱っていることから，言語データが対象であり，かつ二元表であることからマトリックス図法の説明であることがわかる．選択肢イは，“予測されるさまざまな事態を想定”がキーワードとなり，想定された事態について回避するための方策を検討し，それらの流れを明らかにすることから PDPC 法の説明であることがわかる．選択肢ウは，“類似性”や“少数の事項に整理”がキーワードとなり，親和図法の説明であることがわかる．選択肢エは，“原因間の因果関係を明確に図示する”がキーワードとなり，連関図法の説明であることがわかる．選択肢オは，“各作業の順序関係”や“スケジュール”がキーワードとなり，アローダイアグラム法の説明であることがわかる．よって，46 はウ，47 はエ，48 はイ，49 はアが正解である．

解説 34.8

この問題は，品質に対する概念やとらえ方について問うものである．JIS で定義されている品質の理解や，顧客が製品から感じ取る品質とは何かを用語として知っておくことがポイントである．

解答

50	エ	51	ア	52	キ	53	イ	54	コ
55	オ	56	ウ						

① 50，51　品質を表す尺度には，強度や耐久回数など数値で測定できる特性のほかにも，人間の五感（視覚，聴覚，嗅覚，味覚，触覚）をとおして得られる人の感覚によって評価される特性がある．これら感覚器官によっ

て感知される特性を**官能特性**と呼ぶ.

品質特性を知りたいとき，コストや測定に時間がかかるなど，真の特性が測定できない場合や，官能特性のような感覚を数値で表したい場合には，真の特性と強い関連性のある品質特性を**代用特性**として測定することがある.

したがって，50はエ，51はアが正解である.

② 52～54　品質の定義には，いろいろな視点で呼び方が分類されており，その一つに工程や部門など役割によって分類される設計品質と製造品質がある．設計品質とは，その製品の品質特性を設計図や仕様書などでQCDを考慮して目標値を明確にする品質であり，**ねらいの品質**とも呼ぶ．ねらいの品質とは顧客の要求にどれだけ合致しているかが指標となる.

一方，製造品質とは，ロットや環境など日々の変化に影響を受けて製造した実際の特性であり，**できばえの品質**と呼ぶ.

また，製造品質の中でも，設計品質で決められた規格や公差に対して，どの程度合致しているかを表す品質を**適合**の品質と呼ぶ.

したがって，52はキ，53はイ，54はコが正解である.

③ 55，56　顧客側が主導的に評価する品質には，製品の品質特性が充足されないと不満に感じ，たとえその特性が充足されていても特に満足ではないと感じる品質要素を，付加されて当然と受け止められることから**当たり前品質**と呼ぶ.

また，充足されていなくても不満はないものの，充足されていれば満足だと感じる品質要素を**魅力的品質**と呼ぶ．言い換えると製品に対する期待を更に超える価値が付加した品質といえる.

したがって，55はオ，56はウが正解である.

解説 34.9

この問題は，QC ストーリーの手順に関する問題である．問題解決型，課題達成型の各ストーリーの手順を理解しているかどうかがポイントである．今回は出題されていないが，各手順で実施すべき内容や有効な QC 手法なども併せて勉強しておきたい．

▶解答

57 エ　58 ウ　59 カ　60 オ　61 イ
62 エ

57 ～ 62　QC ストーリーとは，問題を解決するときに取り組むプロセスや手順の筋道のことである．経験や勘に頼らず，事実に基づいて QC ストーリーに沿って進めていけば，効果的かつ効率的に問題解決を進めることができる．

QC ストーリーには，現状の問題を解決することを目的とする**問題解決型**と現状を改善することで課題や目標の達成を目的とする**課題達成型**がある．

つまり，取り上げるテーマによってどちらのストーリーを用いるのかが決まる．両者のステップは**解説図 34.9-1** のように定義されている．

以上より，57 はエの課題達成，58 はウの問題解決が正解である．また，課題達成型ストーリーの 59 はカ，60 はオが正解であり，問題解決型ストーリーの 61 はイが正解である．最後にどちらのストーリーでも共通である 62 はエが正解である．

QC ストーリーは職場のさまざまな場面で活用されることが期待されるが，問題や課題の解決程度に加え，次に向けてどうするかという点も押さえておきたい．実施した手順を振り返って反省してみることで，次からより良い改善を行うことができるようなヒントを見いだしたり，あるいは目標は達成しているもののやり残したことや同じ改善を水平展開できる可能性などを検討しておくことが，次の仕事や改善につながる大切なことである．

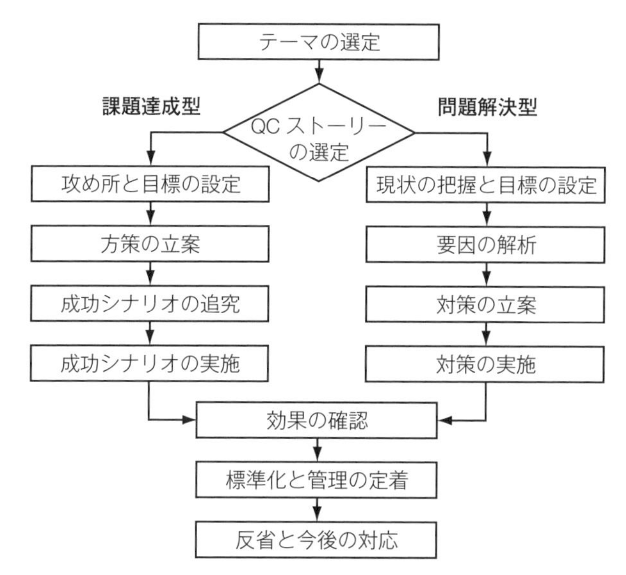

解説図 34.9-1　課題達成型と問題解決型手順の比較
吉澤正編(2004)：クォリティマネジメント用語辞典，p.89，日本規格協会

解説 34.10

この問題は，QC的なものの見方・考え方について問うものである．QC的なものの見方・考え方を示す用語をしっかり理解しているかどうかがポイントである．

▶解答

① 63 説明文を言い換えると，ミスが発生しても機械に影響を及ぼさないように機械を作動しなくする仕組みのことである．これはフールプルーフもしくは**エラープルーフ**と呼ばれている．よって，正解はオである．

② 64 管理板は，管理のための情報を掲示した板やホワイトボードのことであり，工具管理板は工具の管理情報を掲示する．使用されている工具が

一目でわかり，いつから誰が使用しているかなどの情報も見ることができる．このように工具の管理状態を目で見て把握することができることから，**目で見る管理**が最も関係の深い用語である．よって，正解はアである．

③ **65** 説明文の最初の“なるべく早い段階”での対応を示す用語がある選択肢を探すと，“源流”だけが早い段階，すなわち製造工程では前工程などの上流工程，製品開発では設計や生産準備段階などの上流の段階を示している．**源流管理**は上流で品質を作り込むことであり，説明内容に最も関係の深い用語である．よって，正解はウである．

④ **66** 説明文の最後の“評価項目”に使われる，もしくは似た用語を選択肢から探すと **QCD** だけが評価項目に使われる用語である．仕事の成果は Q（品質面），C（コスト面），D（納期・スピード面）で評価することができる．同じアルファベットの用語の“PDCA”は Plan，Do，Check，Act の管理のサイクルであり評価項目とは関係がない．“Win-Win”も自分が勝ち，相手も勝つというお互いが利益を得られることを示しており，評価項目とは関係がない．よって，正解はカである．

⑤ **67** 説明文の最初の“消費者”に関連する用語は，選択肢の中では“マーケット”だけであり，消費者の要求する品質を把握することに関係の深いのは**マーケットイン**である．選択肢には“プロダクトアウト”があるが，これはモノを消費する，使う側ではなく，モノを作る側が作れる，作りたい品質のものを把握し提供することであり，マーケットインと反対の用語である．よって，正解はケである．

解説 34.11

この問題は，管理活動の一つである日常管理について問うものである．日常管理の考え方や進め方などを理解しているかどうかが，ポイントである．日常管理については，方針管理との違いや関連性に関する問題も含めると，類似問題がほぼ毎回出題されるので，しっかりと復習しておこう．

▶解答

68 イ　69 エ　70 キ　71 ア　72 ク

68 ～ 72 問題文を通読すると，日常管理には二つの活動，すなわち“維持活動”と“改善活動”があることがわかる．生産工程を想定すると，維持活動とは不具合が発生していない安定的な現状を維持する活動であり，改善活動とは，何らかの原因で発生した不具合の真因を突き止めて対策を行う，あるいは挑戦的な目標を設けてレベルアップを図る活動である．現状を維持する場合には，主に現状行っていることの標準（取り決め）の確認から始まる**SDCA サイクル**を回す活動が求められ，不具合が発生したときの改善活動には，問題点の把握，改善目標の設定などの計画から始まる**PDCA サイクル**を回す活動が推奨されている．

問題文から，日常管理の進め方について SDCA と PDCA が維持活動と改善活動に対応するように記述されて，その特徴が問われていることがわかる． 68 ～ 70 を含む文章は，維持活動の定義に相当している．その維持活動の方法論が SDCA サイクルである．SDCA は Standardize（標準化），Do（実施），Check（チェック），Act（処置）の頭文字である．業務遂行のための取り決め事項が**標準**であり，その判断・評価項目が**管理項目**である．さらに，結果の判断や評価をやりやすいように定量化することが**管理水準**を決めるということである．

一方，改善活動は前述のように PDCA サイクルが方法論で，計画を立て，実行し，成果を目標と比較確認，達成ならばその進め方を標準化し，未達ならば再計画するのである．ちなみに，SDCA は PDCA の P が S に置き換えられたものと理解してよい．

以上より，正解は 68 がイ， 69 はエ， 70 はキ， 71 はア， 72 はクである．

なお，選択肢ウの PDPC とは，新 QC 七つ道具の一つで，業務の流れ（プロセスフロー，ワークフローとも呼ばれる）を表す図法である（**ポイント解**

説 32.9 参照).

解説 34.12

この問題は，新製品開発のプロセスでの品質保証についての基本的な考え方に関する用語や知識を問うものである．新製品の設計・開発の計画のプロセスは何か，設計段階での検討プロセスや検証プロセスなど設計・開発に関する内容と用語を理解しているかどうかが，ポイントである．

▶解答

73	イ	74	エ	75	イ	76	オ	77	キ

① 73, 74 設計・開発の計画では，設計・開発の対象，目標，段階，責任及び日程を明確にし，適切な運営管理を進めることが重要である．まず，設計・開発プロセスを明確にし，どの段階でどこの部署が何を実施するかを明確にするとともに，それぞれの段階で責任者を明確にし，それぞれの役割と役割を果たすための責任と権限や必要な力量を明らかにし，適切な要員と人材の確保などの必要な資源を明確にすることが重要である．したがって，73 は**責任と権限**が該当すると考えられ，イが正解である．“設計・開発には多くの人がかかわる”ということから，“関係者間の 74 を…”の空欄に入る事柄が何かを考えると，選択肢から**相互連携**が該当すると考えられる．したがって，74 はエが正解である．

② 75 新製品の開発では，どのような製品を開発するか，抽象から具体への基本設計，詳細設計へと展開するが，そのプロセスの途中で設計・開発内容の評価をすることが重要である．その一つが**デザインレビュー**（DR）である．設計・開発の各プロセスを完全に実施するために，当事者だけでなく，社内各部門の専門家の知識を活用し，効果的な DR を実施し，次の段階に進めてよいかを判断することが重要である．したがって，イが正解である．

③　76，77　ボールペンの例えのように設計・開発からの所望である書き味が目標に達しているかどうかを顧客の立場から，主観的でなく**客観的**な確認判断をすることが必要である．したがって，76はオが正解である．また，“最終製品が顧客の77を満たせるかどうか”の文面から，77は選択肢から**ニーズ**が妥当であると考えられる．したがって，77はキが正解である．

解説 34.13

この問題は，品質保証について問うものである．QC 的ものの見方・考え方の一つにプロセス重視があり，良い結果は良いプロセスからと言われている．プロセスで品質を保証するために必要なことについて理解しているかどうかが，ポイントである．

▶解答

78 イ　79 キ　80 エ　81 ク　82 カ

①　78～80　QC 工程図は QC 工程表とも呼ばれ，製品・サービスの生産・提供に関する一連のプロセス（工程）を図表に表し，プロセスの各段階での管理方法を示したものである．QC 工程図で表したプロセスの流れに沿ってプロセスの各段階で担保すべき品質特性に対して，誰が，いつ，どこで，何を，どのように管理したらよいか，また，良い品質の製品・サービスを生産・提供するために，各プロセスのアウトプットに影響する要因系の条件及びその管理方法を確実に実行するための項目を一覧化したものである．この担保することを**保証**といい，実行は確実に行われなければならないので，**順(遵)守実行**されなければならないこととなる．良い結果は良いプロセスからと言われるとおり，プロセスによる保証を行っていくうえで QC 工程図は，**品質を工程で作り込む**ための重要なツールである．

したがって，78はイ，79はキ，80はエが解答となる．

② 81, 82 工程で保証すべき品質特性がどの程度規格を満足しているかを定量的に把握する方法として，規格の幅（規格上限と規格下限の差）を品質特性データの標準偏差の 6 倍の値で除した指標で見ることができる．分母の標準偏差の 6 倍は，母平均 μ が規格の中心に位置するとして $\mu \pm 3\sigma$ の区間を考えると，正規分布に従う品質特性ならば，その中に入る確率は 99.7%となる．このことが意味するところは，規格幅の中に 99.7%のデータが入る範囲との比を見ていることとなる．この値を**工程能力指数**といい，1.33（規格の幅に標準偏差の 8 倍すなわち $\mu \pm 4\sigma$ の区間が入る場合）より大きければ，ほとんどの製品が規格に適合することが予測できる．このことから，工程能力指数は**顧客満足**につながる重要な指標ということができる．

したがって，81 はク，82 はカが解答となる．

なお，工程能力数は C_p や C_{pk} で表され，前者の C_p は規格の幅と対象とした品質特性の $\pm 3\sigma$ の比となるが，後者の C_{pk} は分布の中心と規格の中心のずれを考慮したものである．算出方法は煩雑になっており，規格の半分の値から規格の中心と分布の中心のずれ量を引いた値を分子として，それを 3σ で除して，それに絶対値をとった値となるので，覚えておくとよい．

工程能力指数については解説 34.4 を併せて参照するとよい．

解説 34.14

本問は，方針管理及び日常管理に関する問題である．方針管理及び日常管理について，これらの概要や進め方などの基本事項を理解しているかどうかがポイントである．

▶解答

83 ア　84 イ　85 ア　86 ア

① 83 方針管理では，経営トップは年度の会社方針，重点課題，目標，方策を各部門に展開し，各部門はこれを受けて部門の重点課題，目標，方策

を策定し，実施計画を立案する．問題文に，“計画を立案するときは，上位の目標や重点課題，方策などを考慮して進める”と記載されている箇所があるので，この問題文は方針管理の特徴を記述したものである．よって，アが正解である．

② **84** 日常管理では，それぞれの部門の職務分掌（分掌業務）において，業務目的，部門の役割，責任分担などを明確にし，その業務目的を効率的に達成するため，外部環境などの変化に対応して改善のサイクル（PDCA）を回しつつ活動する．また，業務目的の達成度合いを測る尺度として，管理項目及び管理水準（目標）を定めて活動している．問題文に，“職務分掌にて，自分の役割，やるべきことを整理し，管理項目およびその目標値を決めて PDCA を回しながら”と記載されている箇所があるので，この問題文は日常管理の特徴を記述したものである．よって，イが正解である．

③ **85** 方針管理では，年度末に目標達成状況について経営トップが診断を行い，当年度の評価，反省，目標未達の分析などの結果は次年度の方針に反映させる．問題文に，年度目標達成状況について“経営トップが年度末に診断”及び“問題や課題を整理して次年度の方針に反映させる”と記載されている箇所があるので，この問題文は方針管理の特徴を記述したものである．よって，アが正解である．

④ **86** 方針管理とは，“経営基本方針に基づき，長・中期経営計画や短期経営方針を定め，それらを効果的・効率的に達成するために，企業組織全体の協力のもとに行われる活動”[3)] である．問題文に，“中長期計画および年度方針を定めて”及び“社内の全組織が協力して効率的な活動”と記載されている箇所があるので，この問題文は方針管理の特徴を記述したものである．よって，アが正解である．

解説 34.15

この問題は，品質マネジメントシステムにおける，外部のプロセス，製品，サービスの管理について，問うものである．

品質マネジメントシステムは，組織が顧客に提供する製品やサービスの品質について，継続的に改善する仕組みである．広く知られているISO 9001は，品質マネジメントシステムのガイドラインとなる国際規格である．

本問では，近年企業活動における分業化が進み，増加が顕著な外部プロセスについて，管理の考え方や，外部から提供される製品・サービスにおける検査の方法，外部組織の監査の方法について理解しているかどうかが，ポイントである．

▶解答

87 ア　88 カ　89 オ　90 カ　91 エ
92 オ　93 イ　94 ケ

---

① 87 設問より，“供給者の品質保証に関する組織としての能力を 87 し”とあるので，選択肢より**評価**が考えられる．他の選択肢に適切なものがないことから，正解はアである．

88 設問より，“組織としての能力”とあるので，選択肢より**マネジメント力**が考えられる．他に適切な選択肢がないことから，正解はカである．

89 設問より，“能力を正しく評価するために 89 を明確にしておく必要がある”とあるので，選択肢より**基準**が考えられる．他に適切な選択肢がないことから，正解はオである．

② 90 設問より，“製品のすべてを適合品と不適合品とに区別する”とあるので，すべての意味を含む選択肢である**全数検査**が該当する．他に適切な選択肢がないことから，正解はカである．

91 設問より，“ほかの品質情報でロットを合否判定する”とあるので，選択肢より**無試験**のみが該当する．よって，正解はエである．

92 設問より，“能力，実績，影響の**92**を考慮して検査方法を決定”とあるので，選択肢より**程度**のみが該当する．よって，正解はオである．

③ **93** 設問より，“作業が適切に**93**されていることを把握する”とあるので，選択肢より**実行**のみが該当する．よって，正解はイである．

94 設問より，アウトソース先に対するプロセスの検証を問いているので，選択肢より**第二者監査**が該当する．よって，正解はケである．

他の選択肢である“第三者監査”の“第三者”は，自社とアウトソース先のどちらにも利害関係のない機関／組織を意味する．したがって，“第三者監査”は解答としては該当しない．

解説 34.16

この問題は，TQMの実践における人材育成の取組みを問うものである．個人に必要な力量や，組織における品質管理の考え方について，教育の進め方を理解しているかどうかが，ポイントである．

▶解答

95 ウ　**96** エ　**97** キ　**98** ア

① **95** TQMは，トップがリーダーシップをとり，組織を構成するメンバーが同じ方向性の考え方にあることが大切であり，そのためには構成メンバーに組織が目指す方針・進め方を提示し，共有化する必要がある．また，提供する製品やサービスに関係する価値観を共有し，実際の業務に活かすために必要な知識や技能を身につけられるような人材育成を図らなければならない．

それには，メンバーが製品やサービスを提供するプロセスを実現する**実務**をきちんと行うことが求められるため，必要な価値観，知識や技能，実務への適応力の向上を目指す教育・訓練を，品質管理教育として体系的に実施することが重要となる．正解はウである．

② **96**, **97** 顧客や社会のニーズを満たすため，TQMでは維持管理と改善活動を繰り返すことにより管理レベルの向上に常に取り組む必要がある．顧客や社会のニーズは時々刻々と変化していくため，取組みは断続的なものではなく，**継続的**に行わなければならない．**96**の正解はエである．

維持管理や改善は，品質管理についての知識・技能を品質管理教育により身につけることで，効果的に進めることができる．品質管理教育の内容は，組織で働く一人ひとりに，基本的な品質管理の考え方と日常よく使う簡単な手法を含めて実施すべきである．この品質管理教育の効果を上げるためには，ベースの知識として，品質・質，プロセス，システム，維持・改善といった**用語や概念**を理解できるようにすることから始める必要がある．用語や概念を理解したうえで，品質管理的な考え方をきちんと正確に理解し，適応力の醸成につなげていくことが品質管理教育の進め方としてポイントになる．**97**の正解はキである．

③ **98** ①の設問で述べられているが，TQMの実践には組織能力の醸成のための人材育成は重要な経営活動である．人材育成における品質管理教育は企業活動の要でもある．ただ，人材育成は短期間において容易に効果をあげられるものではないため，計画的に進めなければならない．また，企業を構成するメンバー全員に必要な教育を施すことは，企業内の各部署の調整・連携が欠かせない．このように企業内の諸活動を**総合的**にとらえて，うまく効果をあげられるように配慮すべきである．正解はアである．

実践現場での活用方法

問7で新QC七つ道具に関する問題が出題された．QC七つ道具に比べると，まだまだ活用が十分でないのが実状であろう．しかし，新QC七つ道具は，多くの場面で活用できる有効な手法であることは間違いない．

会社などで，あるテーマについて会議で議論することが多いであろうが，いろいろな人がさまざまな意見を次々に言うので，なかなかまとまらないという経験をしたことがあるかと思う．意見をそのまま出し合っても，すべての意見が記憶に残っているわけではないので，自分の思いだけで脈絡なく意見を出してしまう．こういうときに役立つのが新QC七つ道具の親和図である．親和図もいきなり書くことは難しいので，次のやり方を推奨する．

まず，ホワイトボードもしくは大きめの模造紙及びのり付き付箋（人数×10枚程度）を用意する．次に，テーマに関して，思いつくまま自分の意見を一つずつ付箋に書く．それを読み上げながらホワイトボードもしくは模造紙に貼り付けていく．同じような意見をまとめながら貼り直していく．同じような意見に対しては，それらをペンで囲んでキーワードを書き入れる．さらに，意見があれば追加する．キーワードがつけられたもの同士で，共通のキーワードが見つかれば，さらに大きな囲いをする．これを繰り返すのである．こうして親和図ができあがる．

このやり方の良いところは，それぞれの意見が目で見てわかること，同じような意見をまとめることによって最終的な結論を得やすいことがある．また，必ず全員で付箋に意見を書いてもらうので，恥ずかしがって意見を言わない遠慮がちな人たちの考え方も確実に反映できることが最大のメリットといえる．

このように親和図は，品質にかかわることだけでなく，どのようなテーマにも応用できる手法である．読者の会社でも活用する場面は多いであろう．

図Aに親和図の事例を示す．これは，“これからの社員教育はどう進めるべきか”をテーマに意見が出され，最終的に“教育の重要性を経営計画の中で明確にし，職務階層別のプログラムに基づいて教育する”という結論に至った事例である．

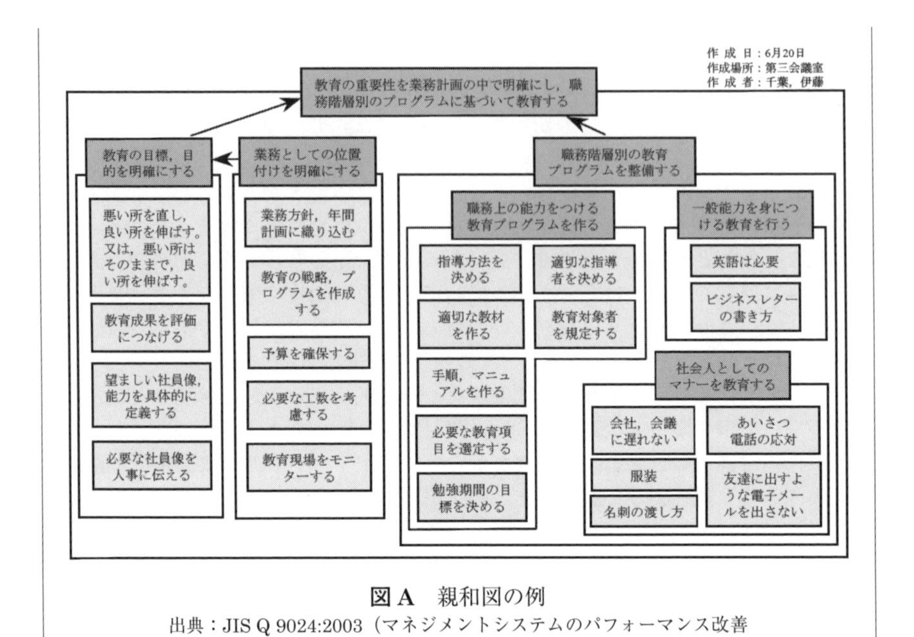

図 A 親和図の例

出典：JIS Q 9024:2003（マネジメントシステムのパフォーマンス改善—継続的改善の手順及び技法の指針） 7.2.6 親和図 図 13 より引用

解　　説

第 35 回の出題問題数は大問が 17 問，設問全体では 99 問であった．3 級の試験時間は 90 分であるので，各問題に取り組む時間配分などを検討しておく必要がある．出題内容の内訳は，手法分野が大問 8（設問 49），実践分野が大問 9（設問 50）とほぼ半々の傾向であり，これは従来と同様である．手法分野では定番である QC 七つ道具に関する問題が約半数を占めており，QC 七つ道具についてはすべての手法について，作成方法，見方，活用方法を勉強しておくとよい．

一方，実践分野の出題内容は，QC 的ものの見方・考え方やプロセス保証，日常管理，標準化といった非常に幅広い分野から出題されており，第 34 回に出題されなかった小集団活動の問題も今回は出題された．3 級の試験範囲に記載されている用語の理解とともに，過去問をしっかりと勉強しておく必要がある．

第35回　基準解答

問	番号	解答
問1	1	エ
	2	ウ
	3	ク
	4	キ
	5	ア
	6	ア
問2	7	ア
	8	ク
	9	オ
	10	ア
問3	11	ケ
	12	エ
	13	キ
	14	ク
	15	コ
	16	エ
問4	17	ア
	18	ウ
	19	エ
	20	イ
	21	エ
	22	ウ
問5	23	ア
	24	エ
	25	イ

問	番号	解答
問5	26	ア
	27	エ
	28	ウ
	29	ウ
問6	30	ウ
	31	ア
	32	オ
	33	ウ
	34	ア
	35	ウ
問7	36	ウ
	37	キ
	38	ケ
	39	イ
	40	エ
	41	オ
	42	カ
問8	43	オ
	44	キ
	45	ア
	46	エ
	47	ウ
	48	カ
	49	イ
問9	50	イ

問	番号	解答
問9	51	ケ
	52	カ
	53	オ
	54	エ
	55	カ
	56	ウ
問10	57	ア
	58	イ
	59	ウ
	60	イ
問11	61	オ
	62	エ
	63	イ
	64	エ
	65	カ
問12	66	イ
	67	カ
	68	オ
	69	キ
	70	ク
問13	71	オ
	72	ウ
	73	ク
	74	キ
	75	ア

問	番号	解答
問 14	76	エ
	77	ウ
	78	ア
	79	カ
	80	ウ
	81	ア
問 15	82	エ
	83	カ
	84	イ
	85	キ
	86	ウ
	87	エ
	88	オ
問 16	89	キ
	90	ウ
	91	イ
	92	カ
問 17	93	ア
	94	オ
	95	キ
	96	カ
	97	ケ
	98	ア
	99	エ

※問 1～問 8 は「品質管理の手法」，問 9～問 17 は「品質管理の実践」として出題

解説 35.1

この問題は，基本統計量と正規分布に関するものである．平均値，メディアン，平方和，不偏分散の求め方について理解しているだけでなく，正規分布における確率計算についても理解しているかどうかが，ポイントである．類似の問題は毎回のように出題されているので，復習しておくとよい．

▶解答

1 エ　2 ウ　3 ク　4 キ　5 ア
6 ア

① 1 問題で与えられた5個のデータを x_i（$i=1, 2, 3, 4, 5$）とすると，平均値 $\bar{x}$ は次のように求めることができる．

$$\bar{x}=\frac{\text{データの総和}}{\text{データ数}}=\frac{\sum_{i=1}^{5}x_i}{5}=\frac{x_1+x_2+x_3+x_4+x_5}{5}$$

$$=\frac{2+6+3+4+10}{5}=\frac{25}{5}=5$$

よって，エが正解である．

2 メディアン $\tilde{x}$ は，データを大きさの順に並べて，データが奇数個なら中央に位置するデータの値，偶数個なら中央に位置する二つのデータの平均である．

五つのデータを大きさの順に並べると，2, 3, 4, 6, 10 となる．今回は奇数個であるから中央に位置する4が，メディアン $\tilde{x}$ である．

よって，ウが正解である．

3, 4 問題で与えられた5個のデータを x_i（$i=1, 2, 3, 4, 5$）とすると，平方和 S と不偏分散 s^2（$=V$）は次のように求めることができる．なお，平方和 S は単に各データを2乗した値の和ではなく，各データの偏差（平均からのずれ量：$x_i-\bar{x}$）を2乗した値の和であり，偏差平方和とも呼ばれる．

$$S=\sum_{i=1}^{5}(x_i-\overline{x})^2=\sum_{i=1}^{5}{x_i}^2-\frac{\left(\sum_{i=1}^{5}x_i\right)^2}{5}$$

$$=(2^2+6^2+3^2+4^2+10^2)-\frac{(2+6+3+4+10)^2}{5}$$

$$=165-\frac{25^2}{5}=40$$

$$s^2=V=\frac{\text{平方和}\,S}{\text{データ数}-1}=\frac{40}{5-1}=10$$

よって，**3** はク，**4** はキが正解である．

② **5** 平均 10.0，標準偏差 2.00 の正規母集団（正規分布に従う母集団）を規準化（**解説図 35.1-1**）し，ランダムに抽出された一つのサンプルが 5 から 15 の間の値をとる確率を求める．

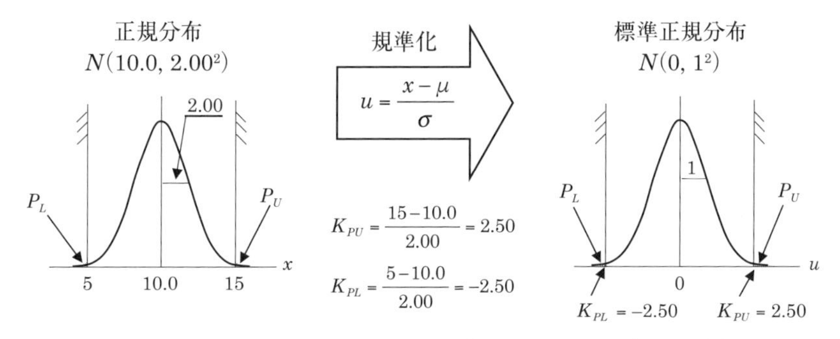

解説図 35.1-1　平均 10.0，標準偏差 2.00 の正規分布の規準化

サンプルが 5 から 15 の間の値をとる確率 P は，規準化後の横軸の値 K_{PU} と K_{PL} を使って，付表 1 の正規分布表（Ⅰ）から確率 P_L と P_U を求め，$P=1-P_U-P_L$ を計算すると得られる．

$$P_U=\Pr\{x\geqq 15\}=\Pr\{u\geqq K_{PU}\}=\Pr\{u\geqq 2.50\}=0.0062$$

$$P_L=\Pr\{x\leqq 5\}=\Pr\{u\leqq K_{PL}\}=\Pr\{u\leqq -2.50\}=0.0062$$

$$P=1-P_U-P_L=1-0.0062-0.0062=0.9876\fallingdotseq 0.99$$

計算結果より確率 P は，0.99 となる．

よって，アが正解である．

6 平均 10.0，標準偏差 2.00 の正規母集団からランダムに取り出された 50 個のサンプルが，5 から 15 の間の値をとる確率は 0.99 なので，50 個中 49 個以上（50 個×0.99＝49.5）のサンプルがこの範囲内の値をとる，又は，この範囲外の値をとるサンプルは 1 個以下と推定される．一方，選択肢のアのヒストグラムは，区間の幅が 2 で，5 から 15 の間の値にすべてのサンプルが入っている．

よって，アが正解である．

解説 35.2

この問題は，QC 七つ道具の一つであるパレート図について，具体的にパレート図を例示し，そこから不適合の状況を判断する方法を問うものである．

パレート図は，品質上の不適合を中心にさまざまな不適合のデータについて，不適合の内容別に分類して，発生数の多い順に並べた棒グラフと折れ線グラフを組み合わせたものであり，重点的に改善すべき点を把握しやすくすることができる．

本問では，設問のデータをもとにパレート図の具体的な作り方や使い方を理解しているかどうかが，ポイントである．

▶解答

7 ア　**8** ク　**9** オ　**10** ア

7 図 2.1 のパレート図について，3 番目に不適合数が多い項目 C は，表 2.1 の不適合数が 3 番目に多い項目である，“メッキ不良”と判断できる．よって，正解はアである．

8 パレート図では，横軸の項目の右端は“その他”を設定することになっている．図 2.1 のパレート図について，項目 E は横軸の最も右端に位置するので，“その他”に該当する．よって，正解はクである．

9　最上位の項目は，表 2.1 より “キズ不良” である．その不適合数は 80 であるので，全体に対する割合は，

$$\frac{\text{キズ不良不適合数}}{\text{総不適合数}} = \frac{80}{200} = 0.4 \quad (40\%)$$

である．よって，正解はオである．

10　設問より，全体の 70%を占める上位項目を求める．図 2.1 のパレート図の右側の縦軸で累積百分率 70%の位置に着目すると，折れ線グラフとの交点より，項目 A と項目 B の 2 項目が該当する（**解説図 35.2-1** 参照）．よって，正解はアである．

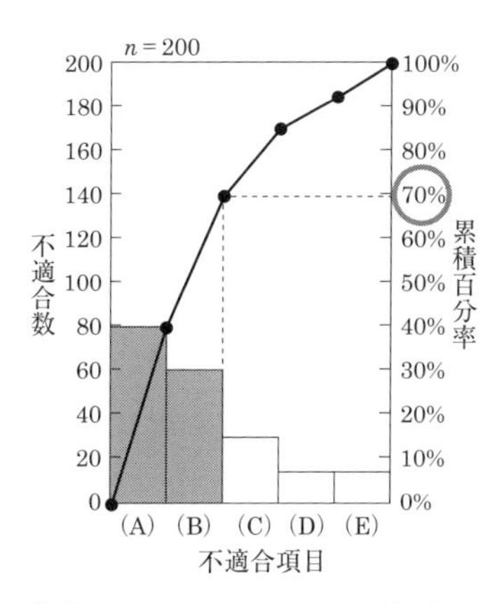

解説図 35.2-1　図 2.1 の補足図

解説 35.3

この問題は，$\bar{X}$–R 管理図について，管理線の求め方とそれを使って管理状態にあるかどうかの判定について問うものである．JIS Z 9020-2（管理図－第 2 部：シューハート管理図）に示されている判定ルールを理解しているかどうかが，ポイントである．

▶解答

11 ケ　12 エ　13 キ　14 ク　15 コ
16 エ

標準値が与えられていない場合の $\bar{X}$–R 管理図は，群ごとに平均値 $\bar{X}$ と範囲 R を計算し，その値をもとに中心線と管理限界線を以下のようにして求める．

$\bar{X}$ 管理図

$$CL = \bar{\bar{X}} = \frac{\sum_{i=1}^{k} \bar{X}_i}{k} \tag{1}$$

$$UCL = \bar{\bar{X}} + A_2 \bar{R} \tag{2}$$

$$LCL = \bar{\bar{X}} - A_2 \bar{R} \tag{3}$$

R 管理図

$$CL = \bar{R} = \frac{\sum_{i=1}^{k} R_i}{k} \tag{4}$$

$$UCL = D_4 \bar{R} \tag{5}$$

$$LCL = D_3 \bar{R} \tag{6}$$

なお，A_2, D_4, D_3 は表 3.2（管理限界線を計算するための係数表）から該当する数値を読み取ることで計算する．

① 11　$\bar{X}$ 管理図の中心線 CL を表 3.1 のデータ表の値を使って求める．式(1)における k は群の数であり，この場合は 25 である．また表 3.1 より $\sum_{i=1}^{k} \bar{X}_i = 165.50$ だから，

$$CL = \bar{\bar{X}} = \frac{\sum_{i=1}^{k} \bar{X}_i}{k} = \frac{165.50}{25} = 6.620$$

となる．よって，正解はケである．

12　$\bar{X}$ 管理図の上側管理限界 UCL，及び下側管理限界 LCL は中心線

CL から 3σ の幅を $A_2\bar{R}$ を計算することにより求める．この設問においては毎日５個ずつ測定して得られたものを群としているため，表 3.2 より A_2 を読み取るとき，群の大きさ n は５の場合の 0.577 で考える．また，$\bar{R}$ は表 3.1 から範囲 R の合計 40.0 を群の数 k で割ることにより求める．

よって式(2)，式(3)に代入すると，

$$UCL = \bar{\bar{X}} + A_2\bar{R} = CL + 0.577 \times \frac{40.0}{25} = 6.620 + 0.923 = 7.543$$

$$LCL = \bar{\bar{X}} - A_2\bar{R} = 6.620 - 0.923 = 5.697$$

となる．よって，正解はエである．

② **13**　R 管理図の中心線 CL は式(4)より

$$CL = \bar{R} = \frac{\sum_{i=1}^{k} R_i}{k} = \frac{40.0}{25} = 1.600$$

となる．よって，正解はキである．

14，**15**　R 管理図の管理限界線も先に述べたように表 3.2 から $n=5$ の係数 D_4，D_3 を読み取る．この場合は $D_4 = 2.114$ であるが，D_3 は $n=6$ 以下の場合は示されておらず，“—”となっていることから考えない．よって式(5)，式(6)は

$$UCL = D_4\bar{R} = 2.114 \times 1.600 = 3.3824$$

$$LCL = D_3\bar{R} \ (\text{考えない})$$

となる．よって，**14** の正解はク，**15** の正解はコである．

③ **16**　ここまでの計算結果を使って $\bar{X}$–R 管理図を作成すると，**解説図 35.3-1** のようになる．

R 管理図は管理限界外の点はなく，点の並び方のくせもなく，安定状態にあると判定する．一方，$\bar{X}$ 管理図は群番号３及び 22 の点が管理限界外にあり，安定状態にないと判定する．また，JIS Z 9020-2:2023（シューハート管理図）附属書 B に示されている異常パターンのルール（**解説図 35.3-2** 参照）を採用すると，群番号 17 と 18 の点が管理限界線に近いゾーンに並んでおり，ルール５の“連続する３点のうち２点が中心線の片側のゾーン A

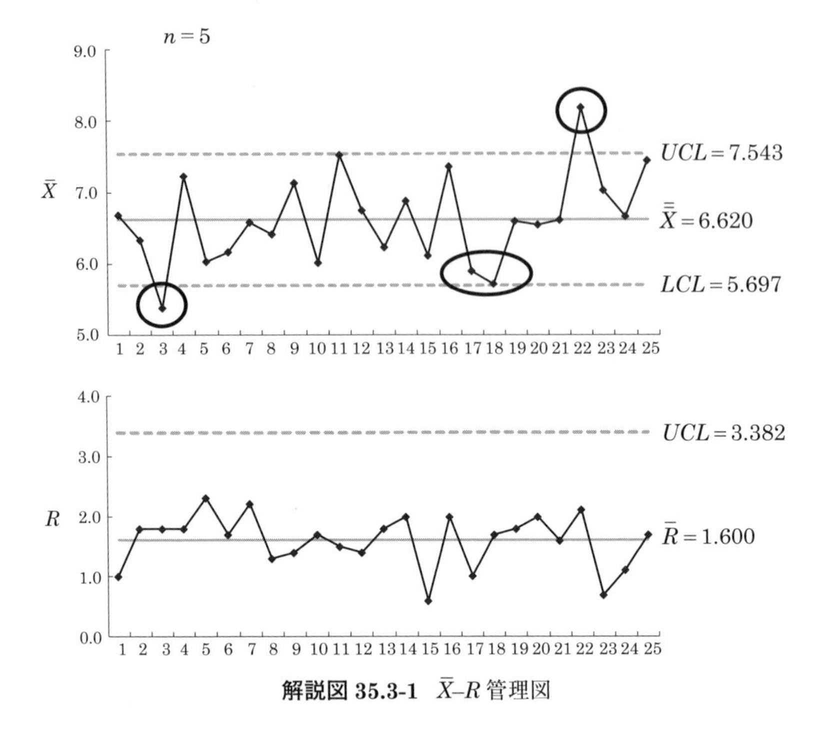

解説図 35.3-1 $\bar{X}$–R 管理図

にある”に該当する．よって，正解はエである．

なお，**解説図 35.3-2** に示した異常判定ルールについて，実用上どのように用いるかは JIS Z 9020-2:2023 を参照のこと．

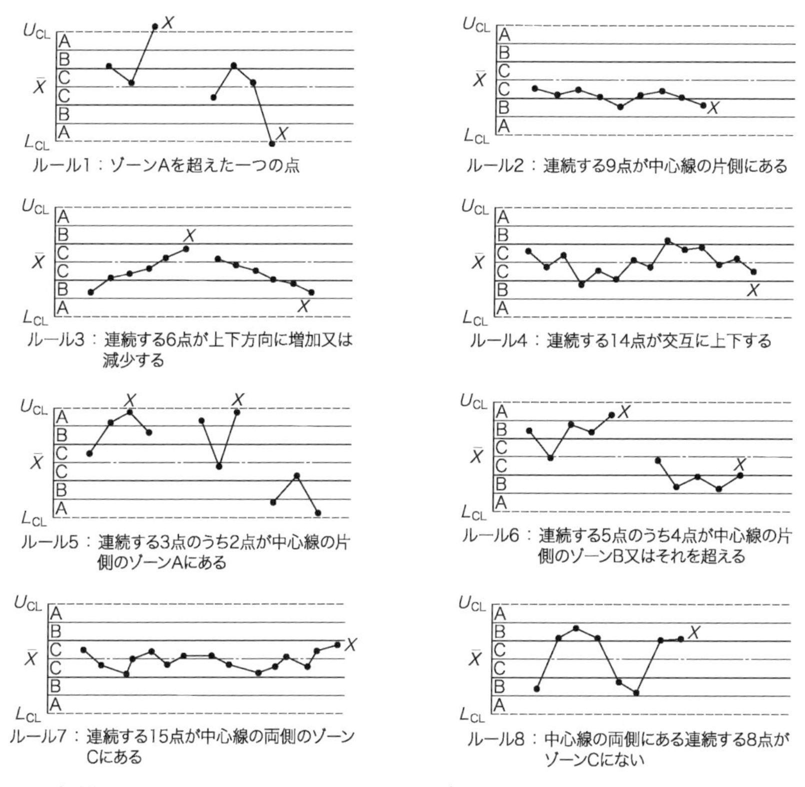

解説図 35.3-2　JIS Z 9020-2:2023 附属書 B に示された異常判定ルール

解説 35.4

この問題は，サンプリングについて問うものである．ランダムサンプリングを行う意味やサンプリングを行う際に生じる誤差について理解しているかどうかが，ポイントである．

▶解答

17 ア　18 ウ　19 エ　20 イ　21 エ
22 ウ

① 17 ～ 19 問題文では“母集団から標本（サンプル）をとり出す”となっているが，これはデータを収集するという意味である．このデータを収集する行為のことを，サンプルをとるという意味で**サンプリング**という．

また，サンプリングを行うときに重要なことは，どれくらいの標本を収集するかという点である．標本は大きければ大きいほど正しい判断ができる可能性は高まるが，その分手間や時間がかかってしまう．人も時間も限られている状況で，正しい判断をするために，最も効率的で有効な標本の大きさとすることが重要である．この標本の数や単位を決定することを標本の**大きさ**を決めるという．なお，標本の大きさをサンプルサイズともいう．

さらに，正確なデータを得るためには，製品・部品をただ眺めているのではなく，しっかりと決められた手順に基づいて測らなければならない．この測る行為を**測定**という．よって，17 はア，18 はウ，19 はエが正解である．

② 20 ～ 22 母集団を正確に知るためには，母集団を構成する要素をすべて調べることができればよいが，一般的にはそれができないので，全要素から一部をサンプリングする．一部をサンプリングすることから，サンプリングを繰り返し行った場合，その結果は常に同じとはならない．つまり，サンプリング結果には繰返しの再現性がない．これを**サンプリング誤差**という．このとき，サンプリングにかたよりがあったならば結果にかたよりの誤

差が生じる．これを小さくするには，抽出した標本が全体を代表する標本となるように無作為なサンプリングが必要である．このことを**ランダムサンプリング**という．無作為に抽出するということは，母集団の中から標本を抽出する確率がすべて同じ（**等確率**）であることを意味する．よって，20 はイ，21 はエ，22 はウが正解である．

ランダムサンプリングは標本を無作為に抽出することであるが，無作為でない場合は有意サンプリングといい，有意とは意識的に，わざとという意味である．

解説 35.5

この問題は，相関について問うものである．二つの特性の関係を表す相関係数の意味や，散布図の見方について理解しておくことがポイントである．

▶解答

23 ア　24 エ　25 イ　26 ア　27 エ
28 ウ　29 ウ

① 23 二つの特性 x と y の間に関係があるかどうかを，それぞれ縦軸と横軸に目盛り，視覚的に表した図を**散布図**と呼ぶ．散布図はQC七つ道具の一つであり，二つの変数間の関係を知りたいときに用いられる．したがって，アが正解である．

② 24, 25 散布図では，打点の全体形状を見ることで，ある程度の関係性を知ることができるが，より客観的に直線関係（相関）の強さを数量で表す指標の一つに，**相関係数**がよく用いられる．

相関係数は記号 r で表し，以下の式で求めることができる．

$$\text{相関係数}\ r = \frac{x\text{と}y\text{の共分散}}{x\text{の標準偏差}\times y\text{の標準偏差}}$$

$$= \frac{V_{xy}}{\sqrt{V_x}\sqrt{V_y}} = \frac{\sum_{i=1}^{n}(x_i - \overline{x})(y_i - \overline{y})}{\sqrt{\sum_{i=1}^{n}(x_i - \overline{x})^2}\sqrt{\sum_{i=1}^{n}(y_i - \overline{y})^2}}, \quad (i = 1, 2, \cdots, n)$$

相関係数 r がとる範囲は，$\mathbf{-1 \leqq r \leqq 1}$ である．したがって，24 はエ，25 はイが正解である．

ちなみに相関表とは，x と y をそれぞれ適当な区間に分け，組合せに該当する度数を二元表で表したものであり，その度数から相関係数を求めることができる．

③ 26，27 散布図の見方は，大きく三つに分類される．一つ目は**解説図 35.5-1** のように，x が増加すれば y も直線的に増加する場合である．

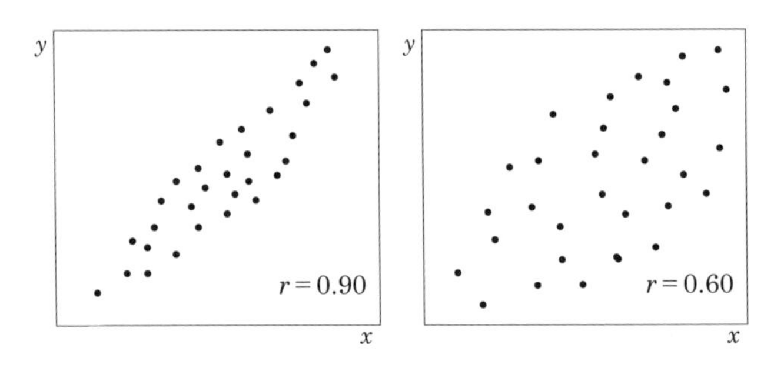

解説図 35.5-1　相関係数の違いによる正の相関がある散布図

このように打点の全体形状が右肩上がりを示すとき，**正の相関**があるという．x が増加しても y には増減傾向が見られない，いわゆる相関がないとき相関係数は 0 に近づき，x の各値に対する y のばらつきが小さく，形状が直線に近づくほど相関係数は 1 に近づく．この特性により，正の相関があるときの r の範囲は $\mathbf{0 < r < 1}$ をとる．したがって，26 はア，27 はエが正解である．

28，29 二つ目は**解説図 35.5-2** のように，x が増加すれば y は直線的に減少する場合である．

このように打点の全体形状が右肩下がりを示すとき，**負の相関**があるという．このとき，相関係数は形状が直線に近づくほど相関係数は－1 に近づ

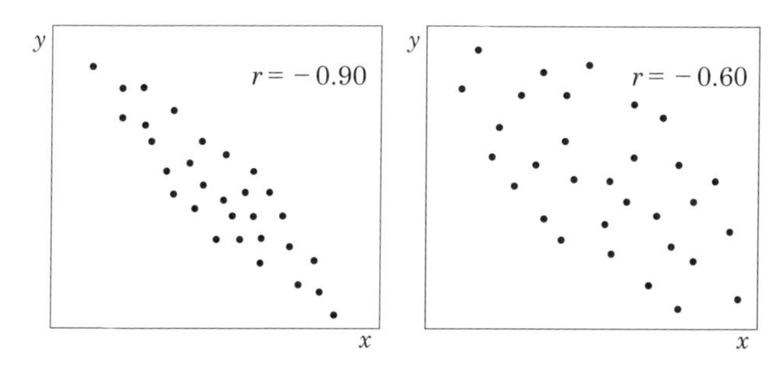

解説図 35.5-2　相関係数の違いによる負の相関がある散布図

く．よって，負の相関があるときの r の範囲は $\mathbf{-1<r<0}$ をとる．したがって，**28** はウ，**29** はウが正解である．

三つ目は，x と y に相関が見られないときの相関係数は 0 に近づき，相関がない，もしくは直線的な関係がないと判断する．

解説 35.6

この問題は，前半部分が基本統計量，後半部分が QC 七つ道具の一つであるヒストグラムに関する問いである．一般的なヒストグラムの見方に加えて，複数のヒストグラムから事実を読み取れるかどうかがポイントである．

30, **31**　基本統計量に関する問いである．範囲 R を求めるにはデータの最大値と最小値がわかればよい．設問より工場 B 製造品の直径 x の最大値は 25.58 mm と示されているが，最小値は示されていないのでヒストグラムと合わせて考える．図 6.2 の層別したヒストグラムより，製品規格の下限を下回る製品が存在するのは工場 B のみであることがわかる．これより，図 6.1 の全体のヒストグラムで製品規格の下限を下回っている七つのデータ

はすべて工場B製造品である．設問よりその最小値は25.01 mmと示されているので，これが工場B製造品の最小値となる．よって工場Bのデータの範囲 R は，25.58－25.01＝0.57 となり，30 はウが正解である．

次に工程能力指数 C_p は以下の式で求める．

$$C_p = \frac{T}{6\sigma}$$

ここで T は規格の幅を表し，設問より 0.22×2＝0.44 である．また，σ は標準偏差を表し，設問より0.134 mmである．それぞれの値を上記式に代入して工程能力指数を求める．

$$C_p = \frac{0.44}{6 \times 0.134} = 0.547$$

よって 31 はアが正解である．

32 ～ 35 ヒストグラムの代表的な形とその説明及び見方を**ポイント解説 35.6**にまとめるので参考にされたい．

図6.2の工場Cのヒストグラムの形は，規格下限（S_L）の度数が最も高く，平均値に対して左右非対称の形をしている．このような左右どちらかが壁のようにそびえ立っている形のヒストグラムを絶壁型と呼んでいる．こういった形になる理由としては，設問のような不適合品を取り除いた場合などがある．よって 32 はオが正解である．

次に工場Dのヒストグラムであるが，こちらは25.33 mm付近を頂点とする山と，25.53 mm付近を頂点とする山が重なり合った形に見える．平均値の異なる二つの集団が混在する場合にこのような形のヒストグラムとなり，これをふた山型と呼んでいる．よって 33 はウ，34 はアが正解である．

不適合品の占める割合を求めるには，不適合品の数を全体の数で割ればよい．全体の数は設問より72個と示されているので，不適合品の数を設問とヒストグラムから読み取る．工場Dの不適合品はすべて製品上限（S_U）を超える製品である．この上限側で不適合品となっている工場は工場Bと工

ポイント解説 35.6

ヒストグラムの見方について

ヒストグラムの見方については毎回のように出題されているので，しっかりと理解したい．ヒストグラムの主な形を**解説表 35.6-1** に示す．

解説表 35.6-1　ヒストグラムで現れる主な分布の形

名　称	形	形の説明	見　方
一般型	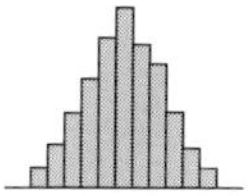	度数は中心付近が最も多い．中心から離れるにしたがって徐々に少なくなる．左右対称である．（ほぼ正規分布とみなせる）	工程が安定状態にあるとき，一般に現れる形である．
歯抜け型 又は くしの歯型	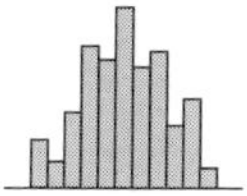	区間の一つおきに度数が少なくなっている． 歯抜けやくしの歯の形になっている．	区間の幅を測定単位の整数倍にしない場合，また測定者の目盛りの読み方にくせがある場合などに現れる．
右すそ引き型 （左すそ引き型）	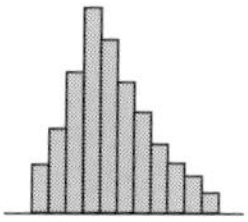	ヒストグラムの平均値が分布の中心より左寄りにあり度数は左側がやや急に，右側はなだらかに少なくなっている． 左右非対称である．	理論的に，あるいは規格などで下限が押さえられており，ある値以下をとらない場合，マイナスがない場合，また0%に近い場合などに現れる．
左絶壁型 （右絶壁型）	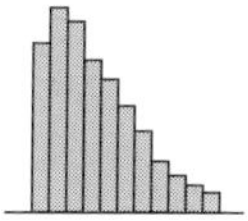	ヒストグラムの平均値が分布の中心より極端に左よりにあり，度数は左側が急に，右側はなだらかに少なくなっている．左右非対称である．	規格以下のものを全数選別して取り除いた場合や測定のごまかし，また測定誤差などがある場合などに現れる．
高原型	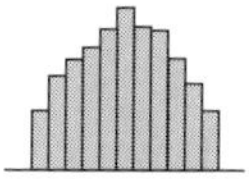	区間に含まれる度数があまり変わらず高原状になっている．	平均値が多少異なるいくつかの集団が混じり合った場合に現れる．
二山（ふた）型	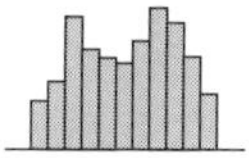	分布の中心付近の度数が少なく，左右に山がある．	平均値の異なる二つの集団が混じり合っている場合に現れる．
離れ小島型	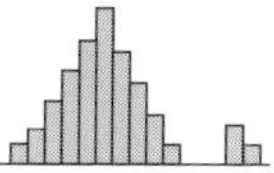	ヒストグラムの右端，又は左端に離れ小島がある．	異なった集団からのデータがわずかに混入した場合，また異常が発生している場合に現れる．

出典　細谷克也編(2009)：［リニューアル版］やさしいQC七つ道具—現場力を伸ばすために，pp.116–117，日本規格協会をもとに作成．

場Dである．設問より図 6.1 のヒストグラムで規格上限を超える不適合品は 17 個，工場 B 製造品で上限を超えた製品は 2 個と示されているので，工場Dの不適合品の数は，17－2＝15 個ということがわかる．よって不適合品の割合は $\frac{15}{72}\times 100 = 20.83\%$ となり，35 はウが正解である．

解説 35.7

この問題は，QC 七つ道具の一つであるグラフについて問うものである．特にグラフの中のレーダーチャートを対象としており，レーダーチャートの作成におけるデータの扱い方やレーダーチャートの見方をしっかり理解しているかどうかが，ポイントである．

▶解答

36 ウ　37 キ　38 ケ　39 イ　40 エ
41 オ　42 カ

36　36 は“使用性”の列の A 社，B 社，C 社のデータの平均値であり，以下のように計算される．

$$\frac{50+40+60}{3} = 50$$

よって，正解はウである．

37　37 は表 7.2 のタイトルである“グラフ化のための評価点の比の値”であり，問題文の下から 3 行目に“各特性の平均が 100 になるようにして求めた比の値”と記述されている．37 は“互換性”の評価点であり，表 7.1 の“互換性”の平均は 80 であることから，これを 100 にするためには，

$$\frac{100}{80} = 1.25$$

つまり表 7.2 の“互換性”の列は，表 7.1 の互換性の列の値を 1.25 倍して求めればよい．表 7.1 ではA社の互換性の評価点は 60 点であることから，

$60 \times 1.25 = 75$

よって，正解はキである．

38　**38** は“移植性”の列のB社の比の値である．表7.1の“移植性”の列の平均は70であることから，これを100にするためには，

$$\frac{100}{70} = 1.43$$

つまり **38** は表7.1の移植性の列のB社の値70を1.43倍して求めればよい．ただ，B社の値70は平均と同じ値であるため，計算しなくても **38** は100だとわかる．

よって，正解はケである．

39　選択肢で示されているグラフは**レーダーチャート**と呼ばれており，表7.1や表7.2の特性を頂点とした正多角形内に特性の値をプロットし，線でつなげることで，各サンプルのバランスや特徴を把握することに使われる．

よって，正解はイである．

40～**42**　問題文の下から3行目に“各特性の平均が100になるようにして求めた比の値をもとにグラフ化することにした”と記述されている．つまり，表7.2の値を使って描かれたレーダーチャートが解答対象である．また，表7.2内に125の値があることから，レーダーチャートの軸の最大が100では描けないため150のレーダーチャートが必要であり，各社の比較を行うために軸の最大値は150で統一する必要がある．これより解答対象となるレーダーチャートは，エ，オ，カに絞られる．

表7.2で値が示された部分を確認すると，B社は“互換性”が125であることから，エ，オ，カのレーダーチャートで互換性が125にプロットされているレーダーチャートを探すとオである．

C社は“互換性”が100であることから，エ，オ，カのレーダーチャートで互換性が100にプロットされているレーダーチャートを探すとカである．

残りのエがA社のレーダーチャートであることがわかるが，エのレーダ

ーチャートの“互換性”のプロットを確認すると75であり，これは既に計算した 37 の値と一致する．

よって， 40 はエ， 41 はオ， 42 はカが正解である．

解説 35.8

この問題は，新QC七つ道具について，個別手法のねらいや使い方を問うものである．図形化した新QC七つ道具の名称からそれぞれの手法の特徴を関連付けて理解しているかどうかが，ポイントである．本問は典型的な問題なので，取りこぼしのないようにしっかりと理解しておきたい．

新QC七つ道具の概要は**ポイント解説 32.9**を参照されたい．

▶解答

43 オ　44 キ　45 ア　46 エ　47 ウ
48 カ　49 イ

43 **親和図法**が図示されている．いくつかのカード化された項目ないし事象がひとかたまりにくくられていることがわかる．キーワードは“統合”である．まとめることによって，問題解決のポイントを明らかにすることができる．また，図示化によって関係者の共通理解が進むのである．よって，正解はオである．

44 **連関図法**が図形化されている．名称からも類推できそうで，事象を関連付けて検討することができる．選択肢エにある“要素の関連度を明らかにして，客観的に比較・検討する”があてはまりそうであるが，選択肢の文章後半の“客観的に比較・検討する”が気になる．事象間の矢印はやや恣意的といえるからである．また，別の選択肢キの“問題の要因を論理的に探索し，主要因を考える”も合致しそうである．ひとまず，エとキを正解候補としておく．

45 **系統図法**が図示されている．図の右手方向に枝分かれし，細分化されていく様子が描かれていることから，キーワードは“枝分かれ”である．選択肢アにある“方策を枝分かれさせながら考え，抜け・漏れをなくす”があてはまる．よって，正解はアである．

46 **マトリックス図法**が図示されている．そもそも“マトリックス”とは“行列”の意味である．行の要素（項目）と列の要素（項目）から構成された二元表から，問題のポイントやヒントを得るものである．二元表の交点（セル）に注目すると，◎，○，△の記号がある．これは関係する要素（項目）間の重み付け（関係性の度合い）で，客観的な評価であると推察する．選択肢エにある“要素の関連度を明らかにして，客観的に比較・検討する”があてはまりそうである．よって，正解はエである．

この時点で，前述の **44** 連関図法は選択肢キの“問題の要因を論理的に探索し，主要因を考える”であることがわかる．さかのぼって **44** の正解はキである．

まぎらわしく，少しでも判断に迷うときは，確実に正解を得ることができるほかの問題を先に解くことが秘訣である．

47 **マトリックス・データ解析法**の散布図が図示されている．マトリックス・データ解析法は，主成分分析と呼ばれる多変量解析法の一手法で，新QC七つ道具の中で唯一の数値データを扱う手法である．“主成分”と呼ぶ総合特性値（合成変数）を求めることによって，データ全体の様子を散布図に描画して，位置関係を明らかにすることができる．選択肢ウにある“ポジショニング（位置付け）により，例えば，ものの強みを浮き彫りにする”があてはまる．よって，正解はウである．

48 **PDPC法**の流れ図が示されている．PDPCとは，Process Decision Program Chart（プロセス決定計画図）の頭文字をとった略称である．目標達成のためのプロセス（実施項目）が日程に沿って順次上から下へと描かれる．その際に，想定されるトラブルを回避できるような対策プロセスも併せてフロー化する．キーワードは“トラブル回避”である．選択肢カにある“目指す目標・方向への障害の除去などの策定をあらかじめしておく”があてはまるまる．よって，正解はカである．

49 **アローダイアグラム法**の模式的な流れ図が示されている．図中の○は，ノード（結合点）と呼ばれ，ノード間の矢印（アロー）が作業項目を表す．作業項目には所要日程（工期，工数）が併記され，日の上段には最早結合点日程（作業開始時点からの単純な積算日程），下段には最遅結合点日程（完了時からの逆算日程）と呼ばれる日程を記入して，進捗管理のツールとする．キーワードは“日程”，“進捗管理”である．選択肢イにある“完成までの手順を最適な日程計画を立てて効率よく進捗管理する”があてはまる．よって，正解はイである．なお，詳細な作成法は参考文献 1）を参照されたい．

解説 35.9

この問題は，QC 的なものの見方・考え方に関して問うものである．管理の改善と維持，職場問題の原因への対処方法，適切な品質を提供するためのプロセス管理，原因追究のための再発防止と未然防止について理解しているかどうかが，ポイントである．

▶解答

50 イ　**51** ケ　**52** カ　**53** オ　**54** エ
55 カ　**56** ウ

① **50**，**51** 管理とは，“経営目的に沿って，人，物，金，情報などをさまざまな資源を最適に計画し，運用し，統制する手続及びその活動（JIS Z 8141:2022）”をいう．Plan-Do-Check-Act の頭文字をとった PDCA の管理のサイクルで行われる改善の活動と，向上した状態を**維持**するための活動，すなわち改善した内容を標準化して Standardize-Do-Check-Act の頭文字をとった **SDCA** のサイクルで行われる維持活動による取組みである．よって，**50** はイ，**51** はケが正解である．

② **52**，**53** 職場においてさまざまな問題が発生するが，その原因に対

処するために必要な費用，時間，人員などの経営**資源**は限られている．そのため，網羅的にすべて取り組むのではなく結果に大きく影響を及ぼす原因について優先順位を与えて優先順位の高いものから取り上げ，その解決に取り組んでいくという**重点指向**の考え方が大事である．よって，52 はカ，53 はオが正解である．

③ 54 顧客に適切な品質を提供するためには，結果を生み出す仕組みややり方であるプロセスに着目して，プロセスの維持・改善を行うことが大事である．このことを“プロセスで品質を**作り込む**”という．よって，エが正解である．

④ 55, 56 顕在化した不適合品に対しては，不適合品を発生させた原因を除去することが必要である．今後二度と同じ原因で不適合品を発生させないような歯止めを行うことを“**再発防止を図る**”という．よって，55 はカが正解である．

また，製品・サービスの特性や構成要素などからFMEA手法などを活用して潜在的な不適合事象の発生を予測し，不適合事象に処置して対策を講じておくことが重要である．このことを“**未然防止を図る**”という．よって，56 はウが正解である．

解説 35.10

この問題は，品質保証の一つである新製品開発について問うものである．製品を世の中に送り出す際の，会社として果たすべき社会的品質や，顧客の立場から考えたときの品質の要素について理解できているかが，ポイントである．

▶解答

57 ア　58 イ　59 ウ　60 イ

① 57 社会的品質とは，商品・サービスが購入者・使用者以外の社会や環境に及ぼす影響の程度のことで，代表的なものに，二酸化炭素をはじめと

する温室効果ガスによる地球温暖化問題が挙げられる．この代表例からわかるように，二酸化炭素などの温室効果ガスが地球温暖化に及ぼす影響は，供給者，購入者・使用者だけでなく，それ以外の不特定多数にも及ぶ．このことから，供給者以外の購入者・使用者だけでも，供給者を含む購入者・使用者だけでもないことがわかる．

したがって，アが解答となる．

② **58** 新製品の茶飲料で設計部門が設定した抽出温度と抽出時間は，現行の生産設備では対応できず，製造品質に問題が出そう，とのことである．このような場合でも半ば強引に製品を生産し，検査に頼ってしまっては，工程能力も満足せず，不適合品の山ができてしまう．また，設計品質の問題ではないと決めつけ，放置しても何の解決も得られない．このことから，設計品質の問題ととらえて設計部門で再検討することが必要となる．

したがって，イが解答となる．

③ **59** 顧客の立場から考えた品質要素にはさまざまなものがある．それぞれの品質を二元的な認識方法で表した図（狩野モデル）に基づき解説する．

- 魅力的品質（一点鎖線）は物理的充足状況が充足されていれば満足となり，充足していなくても仕方ないと受け入れられる．
- 一元的品質（実線）は，物理的充足状況が充足されていれば満足となり，充足していなければ不満となる．
- 当たり前品質（破線）は，物理的充足状況が充足されていても満足とも不満足ともならないが，充足していなければ不満となる．

ここで問題文より，新製品企画課のC課長の発言は，“当たり前品質の物理的特性をより充足すれば，魅力的品質と受け取られ，満足度を高められる”となっており，この発言に対する指導内容として適切なものが問われている．

解説図 35.10-1 より，当たり前品質の物理的特性は，充足させていっても魅力的品質となることはない．また，魅力的品質の対象となる物理的特性

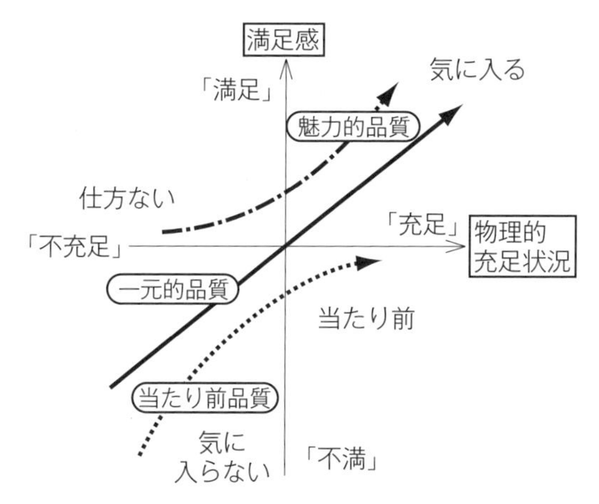

解説図 35.10-1　物理的充足状況と使用者の満足感との対応関係概念図
出典　狩野紀昭他(1984)：魅力的品質と当たり前品質，品質，Vol.14，No.2，pp.39–48

は，不充足であっても仕方ないと受け取られるので，不満を引き起こすことはない．

したがって，C 課長の発言に対して適切な指導をしているウが適切な解答となる．

④ **60** 新製品開発において設計品質を検討する場合のインプット情報には，会社の事業方針や競合他社の動向などがある．近年，社会全体の健康意識の高まりを受け，健康に配慮した機能性飲料の開発は飲料メーカーが取り組むべき重要項目といっても過言ではない．また，事業方針には，会社の存続に不可欠な売上高と利益に関する項目に加え，新製品開発や環境に関する内容が入れられることもある．

したがって，イが解答となる．

解説 35.11

本問はプロセス保証に関する問題である．QC ストーリーや管理図の種類とその内容，工程能力指数について理解しているかどうかが，ポイントである．

▶解答

61 オ　62 エ　63 イ　64 エ　65 カ

改善を進めるうえで有効な手順には，次のようないくつかの種類がある．文献によっては，各手順のステップ名や内容の表現が多少異なっている場合もある．

【問題解決型 QC ストーリー】

現に発生している問題を取り上げ，あるべき姿を目指して解決する手順．この手順の“代表的なものは，「テーマの選定」，「現状の把握と目標の設定」，「要因の解析」，「対策の検討」，「対策の実施」，「効果の確認」，「標準化と管理の定着（歯止め）」，「反省と今後の対応」というステップによって構成されている”[3)]．

活用場面としては，工程の不適合品率の改善，工程や市場で発生した不適合の改善，コスト改善，納期遅れ改善などがある．

【課題達成型 QC ストーリー】

“新規業務への対応や，現状を大幅に改善する場合（現状打破）など”[3)]，将来のありたい姿を実現する手順．この手順は，“「テーマの選定」，「攻め所と目標の設定」，「方策の立案」，「成功シナリオの追究」，「成功シナリオの実施」，「効果の確認」，「標準化と管理の定着」，「反省と今後の対応」の八つのステップ”[3)] によって構成されている．ちなみに，成功シナリオとは最適策のことである．

活用場面としては，画期的な新製品開発，超高精度な加工技術開発，これまでにない魅力的品質をもつ家電製品の開発などがある．

【施策実行型 QC ストーリー】

問題点に対する対策が既にわかっていて，早期に問題解決を進める手順．この手順は，「テーマの選定」，「現状把握と対策のねらい所」，「目標の設定」，「対策の検討と実施」，「効果の確認」，「標準化と管理の定着」，「反省と今後の対応」というステップで構成されている．

活用場面としては，原因追究まで必要としない問題を対象とする場合である．

① **61** 本問の場合は，市場で現に発生している商品の不適合の改善であるので，**問題解決型** QC ストーリーを活用するのが適切である．よって，オが正解である．

62 問題解決型 QC ストーリーで，問題がなぜ起きたのか要因を解析し，原因を特定するステップは，**要因の解析**である．よって，エが正解である．

② **63** 品質管理では，事実に基づく管理を重視しており，“問題解決への取組みにあたって，物事の本質を見極めようとするときに大切なことは“現場に行って現物を観察して現実的に検討する”ことである．”[5] このように現場に出向き，現物をじっくり見ながら，現実的に検討していくことを**三現主義**と呼ぶ．これは，現状把握の場合も同様で，三現主義に基づき，データで事実を客観的に把握していくことが大切である．よって，イが正解である．

③ **64** 問題文に，“1 日の生産分を 1 ロットとし，その中から 5 個のサンプルを抜き取って特性を測り”，“1 か月のロットについて平均値とばらつきの時系列変化を調べた”，“工程は安定状態であることがわかった”との記述があるので，計量値データの管理図を用いたことがわかる．さらに，管理図の種類は，平均値（$\bar{X}$）とばらつき（範囲 R 又は標準偏差 s）を用いていることから，$\bar{X}$–R 管理図又は $\bar{X}$–s 管理図のどちらかであるが，今回はサンプル数が 1 ロットあたり 5 個（群の大きさが 5）で 10 個未満なので，$\bar{X}$–R 管理図を用いる．$\bar{X}$–s 管理図は，サンプル数が 1 ロットあたり 10 個以上（群

の大きさが 10 以上）のときに用いる．よって，エが正解である．

65 工程能力とは，“統計的管理状態にあることが実証されたプロセスについての，特性の成果に関する統計的推定値であり，プロセスが特性に関する要求事項を実現する能力を記述したもの”[6] である．

工程能力指数 C_p 及び C_{pk} は，どちらも工程能力レベルの評価指標で，一般的に 1.33 以上であれば，工程能力は十分であるといえる．C_p は，平均値のかたよりを考慮しない評価指標で，平均値が規格中心になるよう工程が管理された安定状態であるとき，あるいは平均値の調節が容易なときに有効な指標である．一方，C_{pk} は，平均値のかたよりを考慮した評価指標で，平均値が規格の中心とずれている場合は，C_p だけでなく C_{pk} も求める必要がある．平均値が規格の中心に一致していない場合は，$C_p > C_{pk}$ の関係がある．

今回の場合，$C_p = 1.50 > C_{pk} = 0.78$ なので，平均値が規格中心（ねらいの値）とずれているといえる．しかし，C_p は 1.33 以上なので，平均値が規格中心に一致している場合の工程能力は十分で，ばらつきに問題はない．今後の改善内容としては，平均値を規格中心に合わせればよい．よって，カが正解である．

解説 35.12

この問題は，品質保証の基本的な考え方や，その具体的な方法である出荷検査やプロセスによる保証について問うものである．特に出荷検査は，結果の保証とも呼ばれ，品質保証の重要な位置付けであることなどの考え方を理解しているかどうかが，ポイントである．

▶解答

66 イ　67 カ　68 オ　69 キ　70 ク

① 66 設問は，品質保証について消費者と社会に対する位置付けを問うている．品質保証は，品質管理や改善活動などの企業内部の活動ではなく，

消費者や社会に対し，品質に関して問題のないことを**約束**することである．このことは，組織の約束であることを意味する．よって，正解はイである．

67，68　設問は，出荷品質における製品の適合に関する考え方やその責任について問うている．出荷検査は，製品の**出荷段階**で適合していることを確認するものである．よって，67の正解はカである．また，その責任の範囲は消費者の**将来にわたって**の利用に関するすべてのケースである．よって，68の正解はオである．

② 69　設問は，出荷検査について何を担保するために実施するのかを問うている．出荷検査は，出荷された製品が適合品であること，つまり**結果の保証**を担保することを意味する．よって，正解はキである．

③ 70　設問では，工程での品質の作り込みのための活動を問うている．工程の作り込みは，**プロセスによる保証**とも呼ばれており，出荷検査によらずに，工程能力の確保やプロセス異常への対応などの工程での品質向上活動を意味する．よって，正解はクである．

解説 35.13

この問題は，QC的ものの見方・考え方について問うものである．市場トラブル発生時の対応とそれを未然防止する考え方を理解しているかどうかが，ポイントである．

解答

71 オ　72 ウ　73 ク　74 キ　75 ア

① 71，72　顧客に提供した製品やサービスの市場トラブルへの対応は，起きた事象をきちんと把握することが重要である．そのため，組織に対して顧客などからの通報や苦情の申し出があった場合には，その内容を抽象的な表現にとどめることなく，**具体的**に，そしてできれば三現主義で事実を把握するように努めることが大事である．これは通報や苦情申出者である顧客へ

対応するために，提供した製品やサービスのどのようなことが顧客に**不満・不具合**を発生させたかを正確につかみ，顧客への対応につなげていくことである．よって，71 の正解はオ，72 の正解はウである．

② 73 組織は顧客からの通報や苦情の申し出を受けたら，できるだけ速やかに対応し問題を解決する必要がある．手段としては製品の修理・交換を急ぎ，顧客のトラブルを解消して，不満を最小限に抑えることが大切である．また，拡大損害が発生している場合にはその損害賠償についても速やかに実施していくことで，顧客の安心感を高めるように努めることが重要である．よって，正解はクの**トラブル解消策**である．

74 組織が市場トラブルの通報や苦情の申し出を受けてその処置を行うことは，苦情処理と呼ばれることがあるが，製品やサービスの品質問題を解決する活動でもある．この問題解決に重要なポイントは問題についての現状把握から引き起こした**原因を究明**し，その原因に対策を施すことにより再発防止につなげることである．よって，正解はキである．

③ 75 組織は問題解決により市場トラブルや苦情の再発防止を図るが，顧客満足を考えると問題を引き起こさない**未然防止**が重要である．未然防止の進め方にはさまざまな方法が提唱されているが，先に述べた一連の問題解決に関する情報を記録・収集して解析することにより問題の発生メカニズムをとらえて，製品やサービスの根本的な改善につなげていく方法もある．よって，正解はアである．

解説 35.14

この問題は，プロセス保証について問うものである．プロセス保証のために必要な工程解析における基本的実施事項や，その考え方について理解しているかどうかが，ポイントである．

▶解答

76 エ　77 ウ　78 ア　79 カ　80 ウ
81 ア

① 76 製品の品質特性と要因との因果関係を調査・確認する品質保証の過程を何というかが問われている．製品の品質特性は工程で作り込まれるが，求められる結果を出すためには，要因を押さえることが大切であり，その要因は工程に存在している．それを調査・確認するということは，**工程解析**を行うことにほかならない．よって，エが正解である．

② 77, 78 仕事が標準どおり行われていることが工程解析の前提条件となる．標準どおり行われていなければ，まずは標準どおりに行わせることが優先となり，工程解析はその後となってしまう．仕事が標準どおりに行われているかどうかは，ヒアリングなどのように間接的に確認するのではなく，**直接**確認することが重要である．結果に影響を及ぼす要因は，一つではない．さまざまな要因が**多数存在**し，複雑にかかわりあっている．しかし，その多数の要因を網羅的に調査することは無理があり，効率的ではない．よって，77 はウ，78 はアが正解である．

③ 79～81 工程で製品を生産している場合，求められる特性値が一瞬だけ良い結果を出しているのではなく，それが引き続き保たれて，どの一瞬でも同じような状況，つまり工程が予測可能な状態であることが重要である．これは**工程の安定状態**を意味する．工程に何ら異常がなく，いつもと同じ状況であれば問題はないのであるが，**工程に異常が発生している**と判断されれば，対応は必須となる．製品のできばえから，工程が安定しているかどうかを判断し，管理することは工程管理の基本である．このことは**品質で工程の良し悪しを管理する**といわれる．よって，79 はカ，80 はウ，81 はアが正解である．

解説 35.15

この問題は，日常管理の考え方や運用方法について問うものである．日常管理における管理のサイクルの意味と具体的な管理方法を理解することがポイントである．

▶解答

82 エ　83 カ　84 イ　85 キ　86 ウ
87 エ　88 オ

① 82 ～ 85 　日常管理とは，仕事の基盤となる活動の一つであり，各部門が目標を達成するために，日々の業務を効率的かつ効果的に遂行する仕組みである．それぞれが受け持つ業務を**職務分掌**で明確にし，順守することで維持しながら改善することを目的としている．

管理のサイクルはPDCAが一般的に定着しているが，PDCAの考え方が方針管理や改善活動に適用するのに対し，日常管理のように主に維持管理を目的とする場合は，SDCAの考え方が適している．SDCAのSは**標準化**（Standardize）のことであり，現状や改善後の成果を維持するために，しっかりと標準化を行い，定着させた後に次の改善へと進めることが重要である．

以降，標準化した業務を実行し，**確認**することで標準や業務に不備があったときは，適切な**処置**を行い，標準を見直しもしくは規定することで再発防止となり，より強固な維持管理を定着することができる．したがって，82 はエ，83 はカ，84 はイ，85 はキが正解である．

このSDCAの日常管理のサイクルを回すことで，現状を維持し，更なる改善をPDCAの改善のサイクルと併用し，交互に回すことで維持と改善の両立が可能となる．

② 86 ～ 88 　日常管理では，品質を維持するために，まず管理する対象を選定する必要がある．管理する対象を管理項目と呼び，製造における管理

項目の場合，機能に影響を与える重要な特性や，コスト，作業性などを十分考慮して決めなければならない．

管理項目を決めたら，次にその管理特性値が，どの値を示せば工程に異常が発生したかを判断する管理限界を決める必要がある．この管理限界の判断基準を**管理水準**と呼び，安定状態又は計画どおりであるかを判定する．日常管理を行った結果として，ねらいの品質に対してのできばえや，売上高や生産高などのように，目標に対し達成できたか否かを結果系として管理する項目を**管理点**と呼ぶ．また，主に結果系を示す管理点に対し，自らがコントロールすることで異常を未然に防止したり，工程の異常発生時に原因を追究したりできる要因系の管理項目を**点検点**と呼ぶ．したがって，86 はウ，87 はエ，88 はオが正解である．

解説 35.16

この問題は，品質管理の要素の一つに含まれる標準化に関する問題である．国際標準，国家標準といった社外標準の理解，社内標準化のねらいや活用・維持をするうえでのポイントを理解しているかどうかがポイントである．

解答

89 キ　90 ウ　91 イ　92 カ

①～④　89～92　選択肢より標準の名前に該当する選択肢を探すとウの JIS とキの ISO の二つが挙げられる．**JIS** は日本産業規格（Japanese Industrial Standards）であり，**ISO** は国際標準化機構（International Organization for Standardization）である．よって国際標準の 89 はキ，国家標準の 90 はウが正解である．

社内標準化の効果には以下のようなものがある．

- 個人の固有技術を，会社の技術として蓄積できる
- 蓄積された技術をベースに，技術力向上を図ることができる

・類似製品・部品や類似作業の整合を図ることができ，社内全体の作業性向上や利便性を上げることができる　など

また，標準は一度作成したらそれで終わりではない．設定した標準を使用して，効果が出ているか，使用している側に守りにくい点がないか，もっと作業性の良くなる方法はないか，などの使う側の情報や，上位の標準（例えば国際標準や国家標準など）の改訂情報などを収集して**定期的**に内容を見直すことが大切である．よって 91 はイ，92 はカが正解である．

解説 35.17

この問題は，小集団活動について問うものである．小集団活動の定義や活動を進めるための考え方，また小集団活動で改善を進めるときの代表的な手順をしっかり理解しているかどうかが，ポイントである．

▶解答

93	ア	94	オ	95	キ	96	カ	97	ケ
98	ア	99	エ						

① 93, 94 小集団活動（QC サークル活動）の定義を覚えていれば選択肢から該当する用語を選べばよいが，覚えていない場合には空欄前後の文章から推測し，選択肢の用語で最もあてはまる用語を選べばよい．まず，93 に入れて文章として成り立つのは，選択肢からは“継続的”，“散発的”，“階層的”，“自主的”である．個別に検討すると，“散発的”は第一線の職場で働く人々が散発的に管理・改善を行うことになるが，小集団活動は散発的に行う活動ではないため不適である．“階層的”は階層的に管理・改善を行うことになるが，階層の対象が不明確であり不適である．“継続的”と“自主的”はどちらが入っても意味がとおる．

そこで 94 を見ると，93 と同様に，文章として成り立つのは，選択肢からは“継続的”，“散発的”，“階層的”，“自主的”である．ここでも“散

発的”，“階層的”は意味がとおらないため不適である．“継続的”と“自主的”はどちらが入っても意味がとおるが，“運営は継続的に行い”よりも“運営は**自主的**に行い”のほうが運営について，そのやり方を表現しているため適している．

よって，93はア，94はオが正解である．

95　95に入れて文章として成り立つのは，選択肢の中では“創造性”と“革新性”の二つである．両者は簡単にいえば，“創造性”はアイデアを出す力，“革新性”は今までにないものを新しく生み出す力である．小集団活動では，さまざまなテーマに対して改善活動を行うことになるが，そこでは革新性が求められることは少なく，さまざまなテーマに対して多くのアイデアを出して活動を進める**創造性**のほうが求められる．

よって，創造性があてはまり，正解はキである．

② **96**，**97**　空欄に入れて文章として成り立つのは，選択肢の中では“問題解決”と“課題達成”の二つである．

96の前には，“困りごとは何かを明確にして原因究明などを行う”とある．これは問題を明確にして，問題を発生させている原因を見つけて対策し，解決していくという**問題解決**型である．

97の前には，“ありたい姿と現状とのギャップを明確にして攻め所を決める”とある．これは，課題を明確にして攻め所を決め，攻め所に対して方策を立案して実施し課題を達成していくという**課題達成**型である．

よって，96はカ，97はケが正解である．

③ **98**　98の前に“活動を効率的に行うための”とある．効率を上げるための手段になる選択肢を探すと**教育・訓練**だけである．“残業時間の確保”では時間を増やしてしまい非効率である．“人間関係”，“自己実現”，“給与への反映”はモチベーションを上げることは可能かもしれないが，効率を上げるための手段としては関連性が弱い．

よって，正解はアである．

99　99の前に“活動が効果的に運営されれば…，個人レベルでは能力向上”とある．活動の運営の結果として個人レベルで能力向上と並んで獲得できることを選択肢から探すと，“自己実現”か“給与への反映”である．ただ“給与への反映”は金銭の獲得が目的ということで自主的に運営する小集団活動の目的としては適さない．**自己実現**は能力向上と同様に，個人の内面の成長につながることであり，この表現のほうが適している．

よって，正解はエである．

参考までに，出題元となった“QC サークルの基本”を**ポイント解説 35.17** に示す．

ポイント解説 35.17

QC サークルの基本について

QC サークルの基本は，“QC サークル活動とは”と“QC サークル活動の基本理念”で構成される．

■ QC サークル活動とは

QC サークルとは，

第一線の職場で働く人々が

継続的に製品・サービス・仕事などの質の管理・改善を行う

小グループである．

この小グループは，

運営を自主的に行い

QC の考え方・手法などを活用し

創造性を発揮し

自己啓発・相互啓発をはかり

活動を進める．

この活動は，

QC サークルメンバーの能力向上・自己実現

明るく活力に満ちた生きがいのある職場づくり

お客様満足の向上及び社会への貢献

をめざす.

経営者・管理者は,

この活動を企業の体質改善・発展に寄与させるために

人材育成・職場活性化の重要な活動として位置づけ

自らTQMなどの全社的活動を実践するとともに

人間性を尊重し全員参加をめざした指導・支援

を行う.

■ **QCサークル活動の基本理念**

人間の能力を発揮し，無限の可能性を引き出す.

人間性を尊重して，生きがいのある明るい職場をつくる.

企業の体質改善・発展に寄与する.

引用・参考文献

・QCサークル本部編(1996)：QCサークルの基本，p.1，日本科学技術連盟

実践現場での活用方法

問5ではQC七つ道具の散布図と相関係数，問6ではQC七つ道具のヒストグラムと工程能力指数が出題されている．どちらもデータの特徴を視覚的に表す図と，データを要約した数値である．

手法を勉強したての頃はデータを散布図やヒストグラムなどのQC七つ道具を用いて視覚化し，データの概要を確認したうえで相関係数や工程能力指数といった数値を計算して，得られた結果に応じたアクションを実施するという基本に忠実な仕事の進め方を実施されると思うが，ある程度の経験を重ねていくとデータの視覚化を省略し，数値のみの判断により仕事を進めがちになってしまう傾向が強い．残念ながら数値のみの判断ではデータの中に潜む異常値などを発見することは難しい．

有名な例として“アンスコムの数値例”を紹介する．一つひとつの生データは省略するが，下記の四つの散布図は x, y の平均値，x と y の相関係数が全く同じデータを散布図に示したものである．

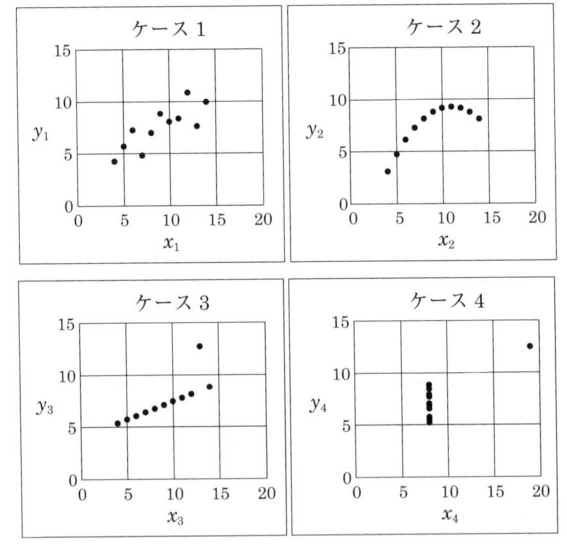

図 A　平均値，相関係数が同じ四つのケースの散布図

見てもらえばわかると思うが，ケース3，4には明らかに異常値がある．ケース1，2では散布図を描けば容易にxとyの関係が異なることが判断できるが，相関係数だけで判断する場合は見逃してしまうリスクが高い．これは極端なケースであるが，実際の実務でも同様の事象が起き得る可能性は十分にあるので，データを扱う場合には，まずは視覚化によりデータの特徴を把握したうえで，統計量などの数値で判断するという癖をつけていただきたい．

参考文献

Anscombe, F.J.(1973)：Graphs in Statistical Analysis, The American Statistician, Vol. 27, No.1, pp.17–21

解　　説

今回の問題は，大問では手法分野が8問，実践分野が8問，計16問で半分ずつとなっている．また，設問数は手法分野が52問，実践分野が49問，計101問となっており，手法分野と実践分野がほぼ半数ずつで計100問程度なので，レベル表が改定された第20回以降とほぼ同じ傾向である．

手法分野の問題は，基本統計量の計算，QC七つ道具（今回は，チェックシート，ヒストグラム，散布図，グラフ，パレート図），新QC七つ道具が順当に出題されている．さらに，正規分布に関する問題の問4では，確率(母不適合品率)計算だけでなく，工程能力指数（C_p, C_{pk}）計算や与えられた母不適合品率から規格上限を求める問題が出題されており，やや難易度が上がっている．

実践分野の問題は，QC的ものの見方・考え方，品質の概念，品質保証(新製品開発，プロセス保証)，品質経営の要素（方針管理，日常管理，標準化，小集団活動）からかたよりなく出題されている．人材育成と品質マネジメントシステムからは今回出題されていないが，従来，全出題範囲から満遍なく出題される傾向があるので，幅広く学習しておくことが望まれる．

第 36 回　基準解答

問	番号	解答
問 1	1	ウ
	2	ウ
	3	オ
	4	イ
	5	ア
問 2	6	エ
	7	オ
	8	ウ
	9	カ
問 3	10	イ
	11	カ
	12	エ
	13	ウ
	14	オ
	15	エ
	16	ク
	17	ケ
問 4	18	ウ
	19	イ
	20	ク
	21	ウ
	22	ウ
問 5	23	イ
	24	エ
	25	ア
	26	ウ
	27	オ
問 6	28	オ
	29	ア
	30	エ
	31	イ
	32	ウ
	33	ア
	34	ウ
	35	カ
	36	イ
	37	エ
問 7	38	イ
	39	ウ
	40	ウ
	41	イ
	42	ウ
	43	ア
	44	イ
問 8	45	エ
	46	ウ
	47	ア
	48	オ
	49	エ
	50	ア
	51	オ
	52	イ
問 9	53	ア
	54	ウ
	55	オ
	56	カ
問 10	57	カ
	58	ア
	59	ウ
	60	エ
	61	オ
	62	ア
	63	イ
問 11	64	ウ
	65	カ
	66	ク
	67	キ
	68	イ
	69	ク
	70	オ
	71	キ
問 12	72	イ
	73	エ
	74	キ
	75	ア

問	番号	解答
問 12	76	カ
	77	エ
問 13	78	カ
	79	ア
	80	イ
	81	ウ
	82	イ
	83	エ
問 14	84	イ
	85	オ
	86	エ
	87	ク
	88	ケ
問 15	89	ク
	90	エ
	91	ア
	92	ウ
	93	キ
	94	オ
	95	ア
	96	イ

問	番号	解答
問 16	97	キ
	98	カ
	99	ウ
	100	オ
	101	イ

※問 1 ～問 8 は「品質管理の手法」，問 9 ～問 16 は「品質管理の実践」として出題

解説 36.1

この問題は，チェックシートの作成方法と見方について問うものである．事例に基づいたチェックシートから，目的に応じた作成方法と集計方法を理解することがポイントである．

▶解答

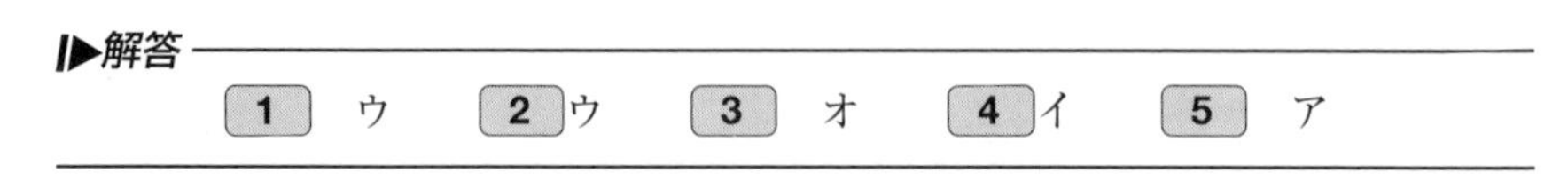

① 1 図 1.1 は，日ごとに不適合項目を製品表面の発生位置に記号で記入するチェックシートになっている．製品のどの位置に不適合が発生するのかが把握できるので，これは**不適合位置調査用**チェックシートである．不適合項目調査用チェックシートとして不適合項目の数のみを把握したいのであれば，不適合項目別に“正”の字などで数が把握できる，日付と不適合項目の二元表チェックシートが好ましい．したがって，ウが正解である．

② 2, 3 図 1.1 のチェックシートの結果を表でまとめたものが表 1.1 の集計表である．記入済みのチェックシートをもとに集計表を完成させると**解説表 36.1-1** となる．したがって，2 はウ，3 はオが正解である．

解説表 36.1-1　位置別発生状況の集計表

位置	4 月 1 日	4 月 2 日	4 月 3 日	4 月 4 日	計
A	1	2	1	0	**4**
B	1	1	2	1	5
C	2	**3**	1	1	7
D	2	1	1	2	6
計	6	7	**5**	4	22

③ 4 同様に不適合項目別に図 1.1 をもとに集計表を作成すると**解説表 36.1-2** となる．同表より不適合が最も多い項目は**バリ**である．したがって，イが正解である．

解説表 36.1-2　不適合項目別発生状況の集計表

不適合項目	4月1日	4月2日	4月3日	4月4日	計
欠　け	3	1	1	2	7
バ　リ	3	3	2	1	**9**
き　ず	0	1	2	1	4
その他	0	2	0	0	2
計	6	7	5	4	22

5　**解説表 36.1-1** の位置別発生状況の集計表より，不適合が最も少ない位置は **A** であることがわかる．したがって，アが正解である．

解説 36.2

この問題は，得られたデータの基本統計量について問うものである．数値変換したときの算出方法を理解しておくことがポイントである．

▶解答

6 エ　**7** オ　**8** ウ　**9** カ

6　中央値はメジアンとも呼ばれる値で，データを大きさの順に並べたときにちょうど中央に位置する値である．ただし，データの個数が偶数の場合は中央の値が存在しないので，中央順位２個の値の平均値を中央値とする．表 2.1 よりライン No.2 のデータ数は６個であるので，データを大きさの順に並べたときの３番目と４番目の値の平均値を中央値とする．データを大きさの順に並べると，3.2, 3.4, 3.4, 3.5, 3.6, 5.2 となるので３番目の 3.4 と４番目の 3.5 の値から平均値を求め，それが中央値である．

$$\frac{3.4+3.5}{2}=3.45$$

よって，エが正解である．

7　（不偏）分散はデータの散らばりの度合いを表す値で，偏差（データと平均値との差）の 2 乗（偏差平方和 S）を自由度（データ数－1）で割ることで計算できる．

$$S=\sum x_i^{\,2}-\frac{\left(\sum x_i\right)^2}{n}$$
$$=(3.4^2+3.2^2+5.2^2+3.5^2+3.4^2+3.6^2)$$
$$-\frac{(3.4+3.2+5.2+3.5+3.4+3.6)^2}{6}$$
$$=85.61-\frac{(22.3)^2}{6}=2.728$$

$$V=\frac{S}{n-1}=\frac{2.728}{6-1}=0.5456$$

よって，オが正解である．

8，**9**　標準偏差も(不偏)分散同様にデータの散らばり度合いを表す値であり，(不偏)分散の平方根(ルート)をとった値である．ライン No.1 の標準偏差は表 2.2 に(不偏)分散 0.036 が与えられているので，$\sqrt{0.036}=0.190$ となる．ライン No.2 の標準偏差は **7** で求めた(不偏)分散 0.546 を用いて，$\sqrt{0.5456}=0.7386$ となる．よって，**8** はウ，**9** はカが正解である．

解説 36.3

この問題は，QC 七つ道具の一つであるヒストグラムについて問うものである．特にヒストグラムの作成方法について，各手順におけるポイントをしっかり理解し，必要な計算を正確にできるかどうかが，ポイントである．

▶解答

10	イ	**11**	カ	**12**	エ	**13**	ウ	**14**	オ
15	エ	**16**	ク	**17**	ケ				

10　問題内の表 3.1 に示された測定データを見ると，データは小数点以下 2 桁まで示されている．よって，測定単位は 0.01 であり，正解はイである．

11　表3.1の下側にある“各週の最大値”の中で最も大きい値は6.40である．“各週の最小値”の中で最も小さい値は6.13である．これより，測定データの範囲Rは，

$$R = 6.40 - 6.13 = 0.27$$

となる．よって，正解はカである．

12　区間の幅は，測定データの範囲を区間の数で割り，測定単位の整数倍に丸めて求める．

$$\text{区間の幅} = \frac{R}{\text{区間の数}} = \frac{0.27}{10} = 0.027$$

0.027を測定単位0.01の整数倍に丸めると0.03となる．よって，正解はエである．

13　最初の区間の下側境界値は，問題内に示されている式を使う．

$$\text{最小値} - \frac{\text{測定単位}}{2} = 6.13 - \frac{0.01}{2} = 6.125$$

よって，正解はウである．

14　最初の区間の上側境界値は，下側境界値に区間の幅を足せばよい．

$$\text{最初の区間の下側境界値} + \text{区間の幅} = 6.125 + 0.03 = 6.155$$

よって，正解はオである．

15　最初の区間の中心値は，下側境界値に上側境界値を足して2で割ればよい．

$$\frac{\text{下側境界値} + \text{上側境界値}}{2} = \frac{6.125 + 6.155}{2} = 6.140$$

よって，正解はエである．

16　区間の数は10あることから，最初の区間から最後の区間の前までの区間の数は$10-1=9$区間．最後の区間の下側境界値は，最初の区間の下側境界値に（区間の数-1）×区間の幅 を足せばよい．

$$\text{最初の区間の下側境界値} + (\text{区間の数} - 1) \times \text{区間の幅}$$
$$= 6.125 + 9 \times 0.03 = 6.395$$

よって，正解はクである．

17 最後の区間の上側境界値は，最後の区間の下側境界値に区間の幅を足せばよい．

最後の区間の下側境界値＋区間の幅＝6.395＋0.03＝6.425

よって，正解はケである．

解説 36.4

この問題は正規分布について，いくつかの知識を問うものである．標準正規分布の数表や工程能力指数の算出手順を理解しているかどうかが，ポイントである．正規分布に関する問題は毎回出題されるので，取りこぼしがないように理解しておきたい．特に，第31回問1（2021年），第34回問2（2022年）は本問と類似しているので，解説を含めて参考になる．

解答

18 ウ　**19** イ　**20** ク　**21** ウ　**22** ウ

① **18**〜**20** データが正規分布であると仮定すると，**かたよりを考慮した工程能力指数** C_{pk} は次のように算出する．

$$C_{pk} = \min\left\{\frac{S_U - \bar{X}}{3s}, \frac{\bar{X} - S_L}{3s}\right\}$$

ここで S_U, S_L は上限規格，下限規格を，$\bar{X}$, s はデータの平均，標準偏差を表す．上式の右辺｛　｝内から計算を始める．

$$\frac{S_U - \bar{X}_1}{3s} = \frac{(5.000 + 0.130) - 4.973}{3 \times 0.064} = 0.818$$

$$\frac{\bar{X}_1 - S_L}{3s} = \frac{4.973 - (5.000 - 0.130)}{3 \times 0.064} = 0.536$$

$$C_{pk} = \min\{0.818, 0.536\} = 0.536$$

よって，**18** の正解はウである．

19, 20 はいわゆる“工程能力指数と不良率”の関係を問う問題である．文意を図解すると**解説図 36.4-1** のような概念図になる．

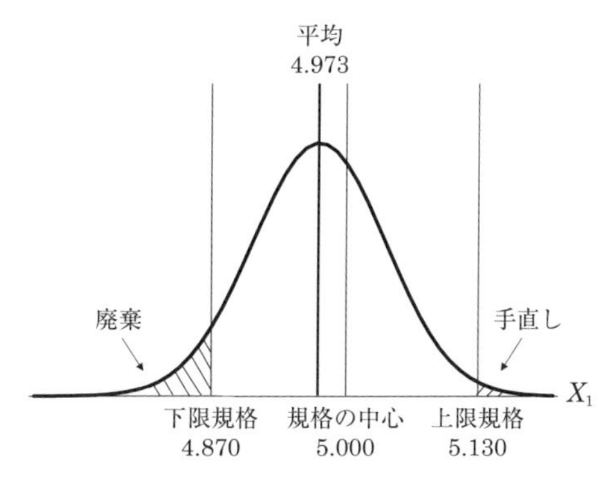

解説図 36.4-1　19, 20 の概念図

19 は X_1 が上限規格を超えた部品の手直し率を求めることである．このような問題の場合，次のようにデータを**規準化**（標準化ともいう）して，付表の正規分布表を利用することによって算出することができる．付表の正規分布表は標準正規分布表と呼ばれ，規準化された正規分布表である．規準化の図解イメージは**解説図 31.1-1** を参照していただきたい．

規準化は新たに u の記号を用いて，次のように計算する．

$$u=\frac{X_1-\bar{X}_1}{s}=\frac{X_1-4.973}{0.064}$$

上限規格 $S_U=5.130$ を規準化すると，

$$u(S_U)=\frac{S_U-\bar{X}_1}{s}=\frac{5.130-4.973}{0.064}=2.453$$

手直し率は，X_1 が上限規格 S_U より大きい場合の斜線面積（確率なので Pr と記す）である．便宜上，手直し率を Pa と記すと，斜線面積である手直し率 Pa は下記である．

$$\mathrm{Pa}=\mathrm{Pr}\{u\geqq u(S_U)=2.453\}$$

この 2.453 の意味は，付表の正規分布表“（Ⅰ）K_P から P を求める表”

の K_P に相当している．$K_P = 2.453$ に対する P は表に掲載されていないが，$K_P = 2.45$ に対して $K_P = 2.4^*$ の行と $^* = 5$ の列の交点を探すと，$P = .0071$ を得る．同様に $K_P = 2.46$ に対しては $P = .0069$ であるので，$K_P = 2.453$ に対応する P の値はこれらの値の間にあることがわかる．該当する選択肢はイの 0.007 だけなので，19 の正解はイである．

20 は，まず下限規格を下回る廃棄の割合 Pb を求める．前述と同様に，

$$u(S_L) = \frac{S_L - \bar{X}_1}{s} = \frac{4.870 - 4.973}{0.064} = -1.61$$

$$\mathrm{Pb} = \Pr\{u \leqq u(S_L) = -1.61\} = \Pr\{u \geqq 1.61\} = 0.0537$$

手直しと廃棄の両方を不適合品とみなすときの母不適合品率は，

$$\mathrm{Pa} + \mathrm{Pb} = 0.007 + 0.054 = 0.061 \fallingdotseq 0.06$$

よって，20 の正解はクである．

② 21 前問①と逆の考え方をする．そのために，付表の正規分布表“(Ⅱ) P から K_P を求める表”を用いる．母不適合品率 1.0% ということは，上限規格を超える割合と下限規格を下回る割合の和が 0.01 であることに注意する．また平均が 0 ということは，平均が規格値 $\pm d$ の中心にあるので，上限規格を上回る確率と下限規格を下回る確率は等しく，それぞれ母不適合品率 0.01 の半分となる．すなわち，付表を利用する際の引数は 0.005 としなければならない．

付表Ⅱの $P = 0.005$ の K_P は 2.576 である．すなわち，

$$\frac{S_L - (\overline{X_1 - X_2})}{s} = \frac{d - 0}{0.004} = 2.576$$

$$d = 2.576 \times 0.004 = 0.010$$

よって，正解はウである．

22 両側規格の工程能力指数 C_p は次にように計算する．

$$C_p = \frac{\text{規格幅}}{6 \times s} = \frac{2 \times 0.010}{6 \times 0.004} = 0.833$$

末尾の数字を丸めて $C_p = 0.83$ となる．よって，正解はウである．

ポイント解説 36.4

工程能力指数の計算式とその評価基準

工程能力とは，工程が規格を満足する程度であり，その評価尺度が工程能力指数である．工程能力指数は加工や作業の再現性の高さを示す指標ともいえよう．

工程能力指数は，対象工程のデータが正規分布に従う計量値の場合に，下記のような計算式を用いる．ここで，上限規格を S_U，下限規格を S_L，データ x の平均を $\bar{x}$，標準偏差を s とする．

(1)　工程能力指数の計算式

①　両側規格のデータ（例えば，外径寸法）の工程能力指数 C_p

$$C_p = \frac{S_U - S_L}{6s}$$

かたよりを考慮した工程能力指数 C_{pk}

$$C_{pk} = \min\left\{\frac{S_U - \bar{x}}{3s}, \frac{\bar{x} - S_L}{3s}\right\}$$

②　上限規格のみのデータ（例えば，表面粗さ）の工程能力指数 C_{pU}

$$C_{pU} = \frac{S_U - \bar{x}}{3s}$$

③　下限規格のみのデータ（例えば，引張強度）の工程能力指数 C_{pL}

$$C_{pL} = \frac{\bar{x} - S_L}{3s}$$

(2)　工程能力指数の評価基準

工程能力指数 C_p の一般的評価は一つの目安として経験的に次のようにいわれている．

$C_p > 1.33$　工程能力は十分にある

$1.33 \geqq C_p \geqq 1$　工程能力は十分にあるとはいえないがまずまずである．

$C_p < 1$　工程能力は不足している

なお，この一般的評価基準は，データが正規分布となっていることを前提としているので，正規分布となっていないデータや方向性をもったデータにはあてはまらない場合がある．データを採取した段階で，ヒストグラムや散布図を描くことを勧める．

解説 36.5

この問題は，QC 七つ道具の一つである散布図とその相関係数について問うものである．時系列データから描かれた散布図の表し方やその散布図からの相関係数の大きさについて理解しているかどうかが，ポイントである．

▶解答

23 イ　24 エ　25 ア　26 ウ　27 オ

23 ～ 26 　文面のとおりに 1 時点前のデータと現時点のデータとの関係を調べるために，表 5.1 の時系列データ①～④を 1 時点前のデータ y_1 と現時点のデータ y_2 を対としたデータで表すと**解説表 36.5-1** になる．このデータ

解説表 36.5-1　1 時点前のデータと現時点のデータを対としたデータ表

時系列①の場合

1 時点前 y_1	1	2	3	4	5	6	7	8	9	10	11	12	13	14	15	16	17	18
現時点 y_2	2	3	4	5	6	7	8	9	10	11	12	13	14	15	16	17	18	19

時系列②の場合

1 時点前 y_1	1	19	2	18	3	17	4	16	5	15	6	14	7	13	8	12	9	11
現時点 y_2	19	2	18	3	17	4	16	5	15	6	14	7	13	8	12	9	11	10

時系列③の場合

1 時点前 y_1	10	12	14	16	18	19	17	15	13	11	9	7	5	3	1	2	4	6
現時点 y_2	12	14	16	18	19	17	15	13	11	9	7	5	3	1	2	4	6	8

時系列④の場合

1 時点前 y_1	19	14	17	8	2	13	6	15	1	9	7	4	10	12	16	18	11	3
現時点 y_2	14	17	8	2	13	6	15	1	9	7	4	10	12	16	18	11	3	5

をもとに散布図を描く（データを可視化する）と選択肢の散布図ア～オとの比較ができる．

a） **解説表 36.5-1** の時系列①から描かれる散布図は，イが該当する．

b） **解説表 36.5-1** の時系列②から描かれる散布図は，エが該当する．

c） **解説表 36.5-1** の時系列③から描かれる散布図は，アが該当する．

d） **解説表 36.5-1** の時系列④から描かれる散布図は，ウが該当する．

よって，23 はイ，24 はエ，25 はア，26 はウが正解である．

27 散布図は可視化することで直線関係の正・負の相関及び強弱でおおよその相関係数が導き出せる．相関係数は対になった変数間の直線関係の強さを表す統計量で，$-1 \leqq r \leqq 1$ の値で表せる．相関係数 r の絶対値が１に近づくほど，２変数間の直線性が強くなる．また，$r=0$ の場合は，対のデータ間に相関がない（無相関という）ことを示す．

解説表 36.5-1 の時系列データ①～④の散布図イ，エ，ア，ウを考察すると，次のとおりとなる．

時系列①（散布図イ）は，右上がりの直線の関係になっているので，相関係数は＋1 であると考えられる．

時系列②（散布図エ）は，時系列の①とは逆の右下がりの直線になっており，相関係数はほぼ−1 であると考えられる．

時系列③（散布図ア）は，打点の並びが右上がりの直線性の傾向を示すことから相関係数は＋1 に近い値を示すと考えられる．

時系列④（散布図ウ）は，打点の並びに直線性がないので，相関はなさそうである．相関係数は０に近い値であると考えられる．

したがって，相関係数の値に対して大きさの順に並べると

時系列②＜時系列④＜時系列③＜時系列①

となる．よって，オが正解である．

参考に，上記の時系列データの相関係数を計算してみる．相関係数 r は，下記の式で計算できる（ただし，x_i：１時点前データ，y_i：現時点データ）．

$$S_{xx} = \sum x_i^2 - \frac{\left(\sum x_i\right)^2}{n}$$

$$S_{yy} = \sum y_i^2 - \frac{\left(\sum y_i\right)^2}{n}$$

$$S_{xy} = \sum x_i y_i - \frac{\left(\sum x_i\right)\left(\sum y_i\right)}{n}$$

相関係数 $r = \dfrac{S_{xy}}{\sqrt{S_{xx} \times S_{yy}}}$

時系列①の場合，$r = 1.0$　$S_{xx} = 484.5$　$S_{yy} = 484.5$　$S_{xy} = 484.5$

時系列②の場合，$r = -0.999$　$S_{xx} = 570$　$S_{yy} = 484.5$　$S_{xy} = -525$

時系列③の場合，$r = 0.942$　$S_{xx} = 565.8$　$S_{yy} = 570$　$S_{xy} = 535$

時系列④の場合，$r = 0.227$　$S_{xx} = 595.8$　$S_{yy} = 484.5$　$S_{xy} = 122$

よって，相関係数の大きさの順は

時系列② $r = -0.999$ ＜時系列④ $r = 0.227$ ＜時系列③ $r = 0.942$
＜時系列① $r = 1.0$

となり，散布図からの考察と同じであることがわかる．

ただし，相関係数は正か負の方向をもつと解釈するならば，相関係数の大きさは，同方向（同等号）内で比較する．

解説 36.6

この問題は，QC 七つ道具の一つであるグラフについて問うものである．グラフにはさまざまな種類があり，目的に応じてどのようなグラフを活用するか，また，その概略図，名称について理解できているかが，ポイントである．

▶解答

28	オ	29	ア	30	エ	31	イ	32	ウ
33	ア	34	ウ	35	カ	36	イ	37	エ

28, **33** 目的は“月ごとの売上高の変化を捉えたい”となっており，月別の売上高のデータがそろっている．このデータをグラフにする場合，縦軸を売上高，横軸を月として月ごとの売上高の推移を折れ線で表したグラフが視覚的にわかりやすい．このグラフのことを**折れ線グラフ**という．したがって，28はオ，33はアが解答となる．

29, **34** 目的は“ある一定期間における各ラインのいくつかの不適合項目の比率を比較したい”となっており，各ラインの不適合項目の比率のデータがそろっている．このデータをグラフにする場合，縦に各ラインが並び，横に0%～100%とした不適合項目の比率を表したグラフが視覚的にわかりやすい．さらに，各ラインの不適合項目ごとの比率の大小をわかりやすくするために線でつなぐ場合もある．このグラフのことを**帯グラフ**という．したがって，29はア，34はウが解答となる．

30, **35** 目的は“各従業員において複数の能力の評価を可視化したい”となっており，各従業員それぞれの評価項目のデータがそろっている．このデータをグラフにする場合，いくつかの評価項目間のバランスを見るために円の半径の長さに目盛をつけ，円周上に項目ごとのデータを打点し，線でつなげたグラフが視覚的にわかりやすい．このグラフのことを**レーダーチャート**という．したがって，30はエ，35はカが解答となる．

31, **36** 目的は“いくつかの製品の生産個数を比較したい”となっており，各製品の生産個数のデータがそろっている．このデータをグラフにする場合，縦軸を生産個数，横軸を各製品として各製品の生産個数の大小を棒で表したグラフが視覚的にわかりやすい．このグラフのことを**棒グラフ**という．したがって，31はイ，36はイが解答となる．

32, **37** 目的は“ある会社の製品の売上構成比率を示したい”となっており，各製品の売上げから算出された比率のデータがそろっている．このデータをグラフにする場合，円を100%として，その中で比率ごとに製品を大きい製品から時計回りに並べたグラフが視覚的にわかりやすい．このグラフのことを**円グラフ**という．したがって，32はウ，37はエが解答となる．

なお，解答の選択肢として一つ残った“カ”のグラフについては，縦を実施項目，横を日程としたグラフで，それぞれの実施項目に対して計画を細線や破線で入れ，実績を太線で記入することで仕事が計画どおりに進んでいるかどうかが視覚的にわかりやすくなる．このグラフのことを“ガントチャート”という．

解説 36.7

この問題は，パレート図とヒストグラム及び層別に関するものである．パレート図とヒストグラムの見方や層別の目的について理解しているかどうかが，ポイントである．

▶解答

38	イ	39	ウ	40	ウ	41	イ	42	ウ
43	ア	44	イ						

① 38, 39 パレート図とは，“項目別に層別して，出現頻度の大きさの順に並べるとともに，累積和を示した図．例えば，不適合品を不適合の内容の別に**分類**し，不適合数の順に並べてパレート図を作ると不適合の重点順位がわかる”[2)]．よって，38 はイが正解である．

また，“機械別，原材料別，作業方法別又は作業者別などのように，データの共通点や，くせ，特徴に着目して，同じ共通点や特徴をもつ幾つかのグループ（層という）に分けることを**層別**という”[2)]．よって，39 はウが正解である．

② 40, 41 **ヒストグラム**とは，“計量特性の度数分布のグラフ表示の一つ．測定値の存在する範囲を幾つかの区間に分けた場合，各区間を底辺とし，その区間に属する測定値の度数に比例する面積をもつ長方形を並べた図．ヒストグラムで用いられた区間の幅が一定ならば，長方形の高さは各区間に属する値の度数に比例する．したがって，この場合には高さに対して度

数の目盛を与えることができる”[2)]．ここでは，計量特性である寸法について，41～43の選択肢のような図を作成したので，ヒストグラムを作成したことになる．よって，40はウが正解である．

また，正規分布は，製品の寸法や質量のように，計量値として得られるデータの代表的な分布である．その形は平均値を中心にして左右対称な山のような形で，鐘の形に似ていることからベル・カーブ（鐘形曲線）ともいう．今回作成したヒストグラムは，問題文で“正規分布とはいえない形であった”と述べているので，41～43の選択肢ア，イ，ウの中では，左右非対称で規格下限 S_L 側にすそを長く引いたイが該当する．よって，41はイが正解である．

③　42～44　ここでは，寸法データを作業者で層別し，作業者Ａと作業者Ｂのヒストグラムを作成した．41～43の選択肢ア，イ，ウのうちイのヒストグラムは設問②から作業者Ａと作業者Ｂのデータを合わせたものであるので，ア又はウが作業者Ａ又は作業者Ｂのヒストグラムである．問題文では，“平均値では作業者Ｂが規格中心からずれており，ばらつきは作業者Ａが大きい”と述べている．アとウのヒストグラムは山のような形で左右対称なので正規分布と考えられる．アとウのヒストグラムを正規分布と考えると，山の頂上付近に対応した横軸の値が平均値に相当するので，アのヒストグラムの平均値が規格中心から規格上限 S_U 側にずれているといえる．また，アとウのヒストグラムを正規分布と考えると，山の左右のすそを長く引くほうがばらつきが大きいことになる．アとウのヒストグラムではウのほうが左右のすそが長いので，ばらつきが大きいといえる．

二つのヒストグラムの平均値の位置関係やばらつきの程度（山の左右のすその長さ）を比較する場合，これらの情報は横軸方向に現れるので，目盛を合わせたうえで，横軸を合わせて上下（縦）に並べるとわかりやすい．よって，42はウ，43はア，44はイが正解である．

解説 36.8

この問題では，新 QC 七つ道具の各手法の図が連鎖的につながっており，それらの図の名称と説明を問うものである．

新 QC 七つ道具は，主に知識・経験といった言語情報を対象としており，企業の品質管理や企画業務においての主要な情報源であるユーザーのコメントなどの言語情報を整理するのに幅広く活用されている．QC 七つ道具が，数値である定量データを対象としているのに対して，新 QC 七つ道具は，言語情報を中心とする定性データを対象としている．

ここでは，新 QC 七つ道具に含まれる七つの手法の形状や概要を理解しているかどうかが，ポイントである．新 QC 七つ道具の概要は，**ポイント解説 32.9** を参照されたい．

▶解答

45 エ　46 ウ　47 ア　48 オ　49 エ
50 ア　51 オ　52 イ

45, 49 この問題で求められているのは，図 8.1 の左上の部分（**解説図 36.8-1**）である．ここでは，複数の知識・経験情報（言語データ）が，一つひとつの黒い長方形として示されており，それらが線で囲まれてグループ化されている．このように個々の要素を線で囲みグループ化して整理する手法は**親和図法**と呼ばれている．そして示されている選択肢において，親和図法の説明に該当するのは，“課題について事実や意見などを言語データとして

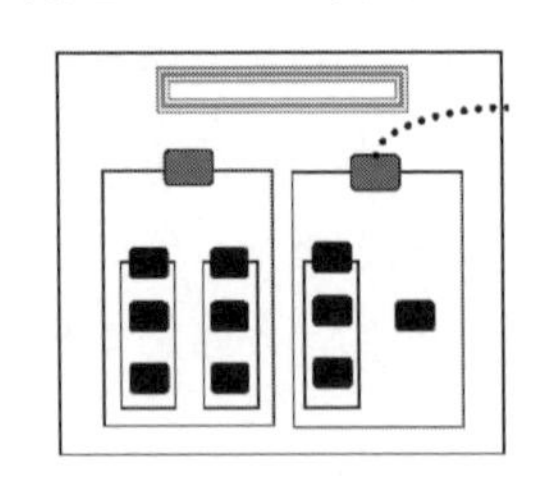

解説図 36.8-1　補助図 1

とらえ”及び“類似性に基づいて整理”との記述がある選択肢エである．

よって，45 はエ，49 はエが正解である．

46，50　この問題で求められているのは，図 8.1 の右上の部分（**解説図 36.8-2**）である．ここでは，左側の親和図でまとめられたグループから点線が引かれて，同図の中心の長方形に接続している．また，その周りには，いくつかの長方形が示されており，それぞれの間が矢線で接続されている．このように，混沌とした問題を，原因—結果，目的—手段などの関係について論理的に示した図を用いる手法は，**連関図法**と呼ばれている．そして示されている選択肢において，連関図法の説明に該当するのは，“因果関係を矢印で結ぶ”及び“複雑に絡み合った原因”との記述がある選択肢アである．

よって，46 はウ，50 はアが正解である．

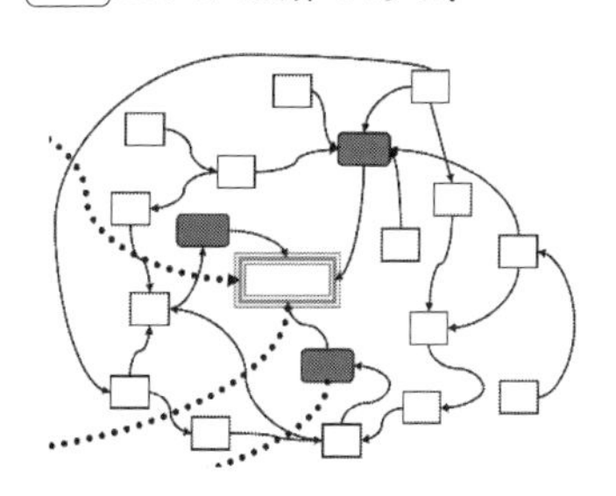

解説図 36.8-2　補助図 2

47，48，51　この問題で求められているのは，図 8.1 の左下の部分（**解説図 36.8-3**）である．この図は，左側半分の図と右側半分の表の組合せである．まず，左側の図は，連関図より点線でつながった要素が左側に配置さ

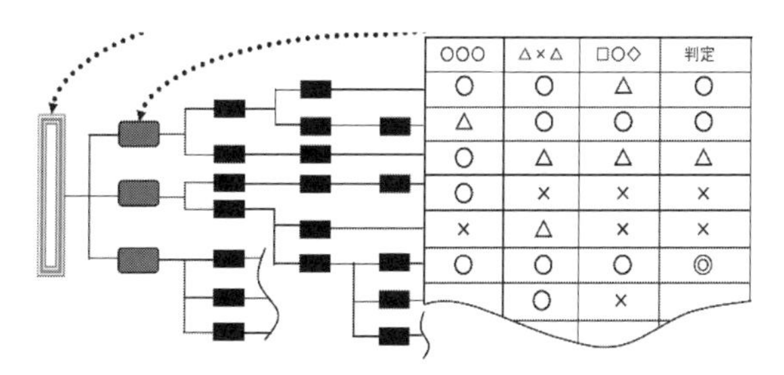

解説図 36.8-3　補助図 3

れ，そこから右へ線が枝分けする形状で展開され，その中で複数の長方形につながっている．このような，ゴールに至るための手段や方策となる事柄を系統付けて展開する図を用いる手法は，**系統図法**と呼ばれている．

さらに右側の表では，四つの評価項目が列として配置され，表中には○△×◎などの評価記号が示されている．このような，行の要素と列の要素で構成される二次元の配置から問題の所在を探るための図を用いる手法は，**マトリックス図法**と呼ばれている．そして，マトリックス図法の説明に該当するのは，"表形式に整理"との記述がある選択肢オである．

よって，**47**はア，**48**はオ，**51**はオが正解である．

52 この問題で求められているのは，図 8.1 の右側の部分（**解説図 36.8-4**）である．ここでは，上端のひし形から，下端の長方形に矢線が引かれている．その途中には，楕円と長方形が複数置かれている．いくつかの楕円には，左右からの矢線が接続されている．このように，計画を中央の縦線で表現して，考えられる不測のトラブルを左右の横線に分岐する形で流れを表現する図は，**PDPC 法**と呼ばれている．そして，示されている選択肢の中で，PDPC 法の説明に該当するのは，"不測の事態"及び"流れを図示"との記述がある選択肢イである．

よって，イが正解である．

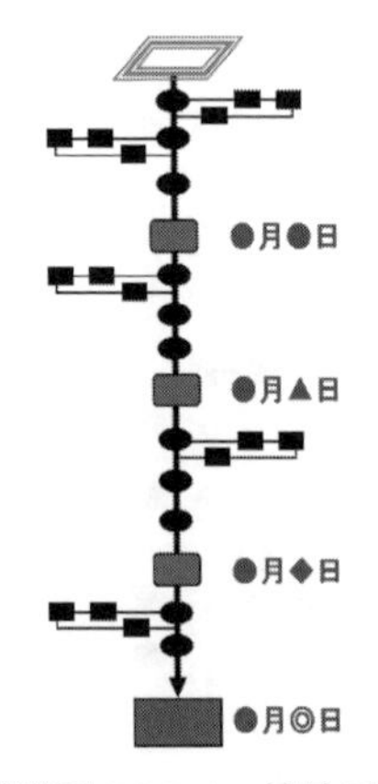

解説図 36.8-4　補助図 4

解説 36.9

この問題は，品質管理の基本的な考え方を問うものである．管理・改善において，事実をもとに QC 手法を使いながら PDCA サイクルを回す進め方などを理解しているかどうかが，ポイントである．

▶解答

53 ア　54 ウ　55 オ　56 カ

① 53 品質管理は，計画を設定して，目的を達成するすべての活動を意味する．このように実践するためには計画をきちんと立てて実施する必要がある．また，その結果を確実なものとするために，実施した結果が目標をクリアしているかどうかを評価し，その結果から必要な処置を施すことが基本的な進め方である．この計画を立てる（Plan），そして実施する（Do），確認する（Check），処置する（Act）の手順を“管理のサイクル”といい，それを回す（実施する）ことを，それぞれの頭文字をとって“**PDCA** を回す”という表現を使う．よって，正解はアである．

② 54 組織の活動においては合理的・効率的な進め方が求められる．解決すべき問題を限られた時間内に限られたコストで進めるには，重要と考えられる事項に焦点を絞って取り組んでいくことにより，大きな効果を収めるようにする“重点指向”の考え方がある．QC 手法の中でも比較的簡単に使うことができる QC 七つ道具の一つとして**パレート図**があり，解決すべき事案の中で大きな効果が得られることが見込まれる事案を見つけ出し，それに時間・資源などを集中させて進める．よって，正解はウである．

③ 55 改善活動はその時点における状態（現状）を把握し，設定した目標をクリアすることを必要とする．目標に到達していない状態を作り出している問題はどのようなことであり，何が要因としてその状態を作り出しているかを解析して見つけ出し対策を施す．現状の把握には主観的な思いではなく，客観的なデータを用い，要因を解析するには**事実**をもとにして進めるこ

とが必要である．担当する人の経験・勘・度胸というKKDは，改善を進めるうえにおいてアイデアを引き出すことで役に立つものではあるが，KKDに基づく考え方だけでは周囲の人々に認められにくい．また，客観的な事実やデータに基づく判断を行わなければ，得られた結果が不満足になって解決への試行を繰り返すムダが生じる．よって，正解はオである．

④ 56 品質管理ではばらつきに着目し，“できばえ”である結果を生み出すプロセスにおける管理を重視する．工程を管理するということは，現場におけるばらつきを作り出す要因である原材料（Material），機械・設備（Machine），作業者（Man），作業・加工方法（Method）という要素の変化をとらえて，それ以外の管理し得ない偶然によるばらつきだけに抑えることが重要である．この四つの要素を頭文字のMをとって**4M**と呼ぶ．よって，正解はカである．

解説 36.10

この問題は，品質の定義や考え方について問うものである．品質という言葉は普段よく使っているが，定義となるとわかっていない人も多いのではないだろうか．これを機にしっかり覚えておくとよい．

▶解答

57 カ　58 ア　59 ウ　60 エ　61 オ
62 ア　63 イ

① 57 JIS Q 9000:2015では，**品質**を“対象に本来備わっている特性の集まりが，要求事項を満たす程度”と定義している．したがって，要求事項を満たせば品質は良い，満たさなければ品質は悪いということになる．“対象”とはありとあらゆるコトやモノを表し，“本来備わっている”とは，後から加えられたものではないことを意味する．例えば希少な骨董品の値段が非常に高い場合がある．これは本来の機能とは関係なく希少という価値を後

から加えられたことになるので，希少価値とかプレミアのような概念は品質に含まれない．

“要求事項”も“明示されている，通常暗黙のうちに了解されている又は義務として要求されている，ニーズ又は期待”と定義されている．こういうものが欲しいというニーズやこうありたいという期待のことであるが，このニーズや期待には三つのパターンがある．これらをホテルを予約するときの例でわかりやすく説明する．一つ目の“明示されているニーズ又は期待”とは，○月○日にチェックイン，○泊，シングル，禁煙とホテルに伝えることが該当する．二つ目の“通常暗黙のうちに了解されているニーズ又は期待”とは，タオルやシーツが洗濯してあることとか，清掃されていること，シャワーから湯が出るなど，言われなくても当たり前に行っておくべきことが該当する．三つ目の“義務として要求されているニーズ又は期待”とは，適用される法規制などが該当する．これらはすべて要求事項であり，これらが満たされていないホテルは品質が悪いということになる．よって，カが正解である．

② 58～60 製品の設計を行い，その設計の結果に基づいて製造が行われる．製造の目的として，設計で定められた品質は“設計品質”といい，**ねらいの品質**ともいわれる．製造では，ねらいの品質をめざして製造するものの，必ずばらつきが生じるため，許容範囲を決める必要がある．その許容範囲のことを**許容差**という．製造した結果の品質を“製造品質”といい，**できばえの品質**ともいわれる．よって，58 はア，59 はウ，60 はエが正解である．

③ 61，62 出張の際にビジネスホテルを利用する機会は多い．清潔で快適な客室，静かな環境であれば不満はないであろう．しかし，これらが満たされていなかったとすれば，ホテルに対してクレームをつけることになる．このように確実に満たさなければならない品質を**当たり前品質**といい，ホテルとして当たり前に満たしてもらわなければいけないことである．一方で，ビジネスホテルにチェックインし客室に入ったら，無料のミネラルウォ

ーターがあったり，ウェルカムドリンクがあったりすると，とてもうれしいものである．しかし，これらはなくても不満にはならない．これらのプラスアルファのサービスなどを**魅力的品質**といい，これがあると他の人にも勧めるであろうし，自分自身もリピーターとして何度も利用することになるであろう．よって，61 はオ，62 はアが正解である．

④ 63 製品やサービスを購入する際には，当然，製品やサービスの品質が自分のニーズや期待を満たしていることを望む．しかし，自分のニーズや期待を満たしていても，製造やサービス提供におけるさまざまな段階で地球環境に悪影響を及ぼしているとなると社会的には望ましいことではない．社会として望んでいるニーズや期待を**社会的品質**という．よって，イが正解である．

解説 36.11

この問題は，品質保証の基本的な考えについて問うものである．特に品質保証の定義と，品質保証体系図の目的や役割を理解することがポイントである．

▶解答

64	ウ	65	カ	66	ク	67	キ	68	イ
69	ク	70	オ	71	キ				

① 64, 65 一般的に品質管理とは，製品やサービスの質を維持・向上させるための手法や方法を実施する活動であるのに対し，品質保証とは，顧客が製品やサービスに必要とする**品質**を作り込むための体系的な活動と定義される．品質管理は品質保証を目的とした手段である．ここでいう品質とは，製品がもつ機能だけではなく，価格，納期，アフターサービスなどすべてが含まれる．

全社的な品質活動とは，企業が顧客の満足度を向上させるために，関係するすべての会社・部門が品質改善に取り組む活動であり，体系的かつ**組織的**

に活動する必要がある．したがって，64はウ，65はカが正解である．

66，67　品質保証体系図とは，製品やサービスを提供する一連の流れを各部門が，どのようなプロセスを担当するのかを明確に示したものであり，製造業の場合，**市場ニーズの把握**から企画・開発，設計，製造，販売，アフターサービスに至るまでのステップを通常**フローチャート**で書き表したものである．したがって，66はク，67はキが正解である．

② 68，69　品質保証体系図は，一般的には縦軸に業務の流れを各ステップで書き記すが，その際，次のステップに問題なく移行するための条件，すなわち**判定基準**を明確にしておくことが重要である．選択肢にある検証者であるが，ステップによっては判定責任者を明確にする必要性はあるものの，一般的には各ステップに検証者を設置する必要はない．

また，横軸に部門を書き示しているのは，その業務における責任の所在を明確にするためであり，部門間の引継ぎにおいては，その業務の責任部署はどこなのか，**移行判定責任**の所在を決めておくことが大切である．したがって，68はイ，69はクが正解である．

70，71　品質保証体系図では，縦軸に業務の流れ，横軸に担当部門の二元フロー図だけではなく，各ステップに対応する会議体や規定・帳票類を書き表すとよい．対応させることにより，それぞれの業務に対する役割や**機能**が明確になる．

品質保証体系図に従い次の新商品を企画する際，前商品が市場へ提供されるまでの一連の流れが当初の目標どおりに進んだかどうかの評価が必要である．活動がうまく達成できたのかを把握するためには，各ステップの検証や，顧客の満足度調査や不具合情報など**品質情報**を入手し，分析することにより，次の商品の品質活動に結び付けなければならない．したがって，70はオ，71はキが正解である．

解説 36.12

この問題は，プロセス保証に関する知識を問うものである．この分野は非常に幅広い分野の知識が求められ，今回は工程で品質を作り込むという考え方やプロセスのコントロールに関する知識が出題されている．

▶解答

72 イ　73 エ　74 キ　75 ア　76 カ
77 エ

① 72 ～ 74 ISO 9000とは“品質関係”の国際規格であり，また“製品”ではなく“マネジメントシステム”の規格である．この品質マネジメントシステムには七つの原則がある．

・顧客重視
・リーダーシップ
・人々の積極的参画
・プロセスアプローチ
・改善
・客観的事実に基づく意思決定
・関係性管理

この中で**プロセスアプローチ**とは，プロセスの相互関係を明確にしたうえで，プロセスを一つひとつ切り分け，それぞれに手順や合格基準などを定めて管理することである．すなわち，プロセスのアウトプットの良し悪しのみを管理するのではなく，インプットされる“材料（**Material**）”，そのプロセスそのものである“機械（Machine）”，“手順（Method）”，“作業員（Man）”など，いわゆる4Mを管理して常に良いものだけをアウトプットするという考え方である．このことはまさに“品質は**工程で作り込め**”という考え方そのものである．以上より，72 はイ，73 はエ，74 はキが正解である．

② [75]～[77]　プロセスを管理する方法として，大きく二つの考え方がある．一つはアウトプットの結果に応じて，プロセスに手を加える**フィードバック**という考え方．もう一つはインプットの状況に応じて，適切なアウトプットになるように事前にプロセスに手を加えるという**フィードフォワード**という考え方である．どちらもプロセスの 4M 及びアウトプットの**監視**を行い，事前に決めたアクションラインから逸脱した場合に速やかに対処することが重要である．また，フィードバックとフィードフォワードについては，どちらが優れていてどちらが劣っているということでもなく，目的に応じた使い分け（あるいは両方を採用）をすることが大切である．以上より，[75]はア，[76]はカ，[77]はエが正解である．

解説 36.13

この問題は，方針管理について問うものである．方針管理の基本的な考え方や，方針管理の中で検討される年度目標の立て方についてしっかり理解しているかどうかが，ポイントである．

▶解答

[78]　カ　[79]　ア　[80]　イ　[81]　ウ　[82]　イ
[83]　エ

[78]　[78]の前後にある“諸活動を効果的に推進する仕組み”と“日本的品質管理の特徴のひとつ”より，**方針管理**を示していることがわかる．選択肢には仕組みを示す用語として“源流管理”があるが，これは工程の上流（源流）まで遡って改善を行う管理のことであり，あてはまらない．よって，正解はカである．

[79]　[79]の前に“年度の”とあり年度ごとに決めることを示している．選択肢の中で年度ごとに決めることは**経営方針**だけである．選択肢には“長期経営計画”があるが，これは 5～10 年程度の期間の経営計画であるため，

あてはまらない．よって，正解はアである．

80 80 の前の“方針の策定，方針の展開，方針の実施，結果の評価と次期への反映”は，方針の策定，方針の展開がPlan，方針の実施がDo，結果の評価がCheck，次期への反映がActであり，PDCAの**管理のサイクル**を示している．よって，正解はイである．

81 81 の前に“上位と下位の方針が一貫性をもったものにする”とあり，このように一貫性をもたせるためには，方針の調整を行っていくことが大切である．この調整を行うことは**方針のすり合わせ**をすることである．よって，正解はウである．

82 A工場の年度の品質目標は“顧客からのクレーム半減”と設定されており，A工場は顧客からのクレームを減らすことを最も重要視していることがわかる．そのうえで，製造課の業務役割は“正しい作業で良品を生産する”と示されている．また，顧客からのクレームである市場クレームの中で“作業不良に起因する件数は全体の80%”であることから，年度目標は**作業不良によるクレーム件数の半減**が最も適切である．選択肢には“ヒューマンエラー件数の半減”があるが，ヒューマンエラーは作業不良の一つの要因であり，市場クレームとは関係ない不具合も含まれるため適切ではない．また，他の選択肢には“作業不良によるロットアウト件数半減”があるが，ロットアウトは工程内において，ある生産ロットすべてが不合格となることであり，工程内の問題である．よって，正解はイである．

83 購買課の業務役割は“良い部品を供給する”と示されている．また市場クレームの中で“部品の不具合に起因する割合は10%”となっていて市場クレームの要因の一つにもなっている．このため，年度目標は**部品不良によるクレーム件数ゼロ**が最も適切である．選択肢には“発注業務ミスによる納期遅れの削減”があるが，納期遅れは部品の品質には関係ないため適切ではない．他の選択肢には“購買・外注先の品質指導回数の倍増”があるが，指導回数が増えれば部品不良が減るとは限らず，市場クレームとも関係性が弱い．よって，正解はエである．

解説 36.14

この問題は，日常管理に関する基本的な用語を問うものである．日常管理でよく使われる用語の意味や使われ方などを理解しているかどうかが，ポイントである．日常管理については，方針管理とともにほぼ毎回出題されるのでよく学習しておきたい．

解答

84 イ　85 オ　86 エ　87 ク　88 ケ

① 84 日常管理の定義が問われている．日常管理とは“組織の各部門において，日常的に実施しなければならない分掌業務について，その業務目的を効率的に達成するために必要な全ての活動”（JIS Q 9026:2016）である．各職場には，固有の責任を果たすべき業務内容や目標を記した公式文書がある．これを**業務分掌**という．よって，正解はイである．

② 85，86 選択肢の点検点と管理点が候補であることに気が付くが，どちらを選ぶかが紛らわしい．“点検”には日常点検や事前の点検という言い回しがあるように，定常的な監視や簡単なチェック作業をするイメージがある．これは“要因―結果”で考えると，要因系である．そこで，要因系の管理項目として**点検点**を選び，結果系の管理項目として**管理点**を選ぶ．よって，正解は 85 がオ，86 がエである．

なお，JIS Q 9026:2016 では，管理項目と点検項目がそれぞれ定義されており，“点検項目は，要因系管理項目と呼ばれることもある”と注記されている．

③ 87 製造部門では，具体的な作業手順を明示するために**QC 工程図**（QC 工程表ともいう）や作業標準書（作業要領書などともいう）を整備する．QC 工程図は一連の工程（プロセス）を図表に表し，工程の流れに沿って各段階で，管理すべき品質特性や管理方法をまとめた文書である．当然ながら，関連する各種のマニュアルや帳票類の整備もされなければならない．

よって，正解はクである．

④ **88** 管理のサイクルについて問われている．問題文に“標準に基づく維持活動”とある．これは，日常管理活動のツールの一つである**SDCA**と呼ばれる管理サイクルを意味している．よって，正解はケである．

なお，SDCAとは，標準化(Standardize)→実施(Do)→確認(Check)→処置(Act)のサイクルを表し，PDCAのPをSに置き換えた維持管理活動のサイクルである．SDCAの図解を**解説図 36.14-1**に示す．

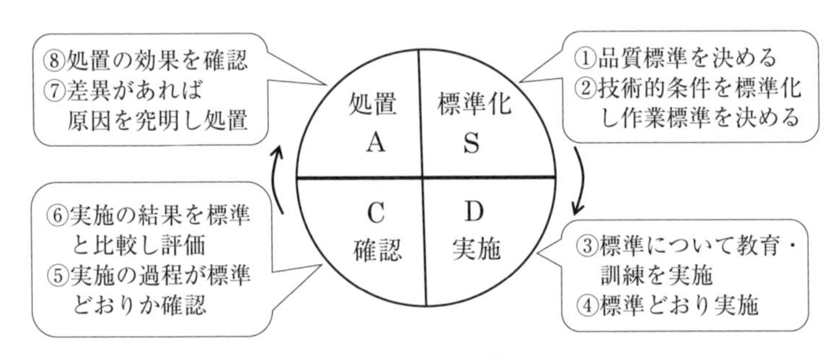

解説図 36.14-1 SDCAの管理のサイクル

また，選択肢のCAPD（キャプドゥと読む）とは，確認(Check)→処置(Act)→計画(Plan)→実施(Do)の流れを意味している．改善活動に取り組む際に，まず現状の評価・確認からスタートする点に特徴があるといわれている．

解説 36.15

この問題は，品質マネジメントシステムを構築するための推進の一つである社内標準化について問うものである．社内標準化の意味，取組みの目的，展開の仕方などについて理解しているかどうかが，ポイントである．

解答

89 ク　90 エ　91 ア　92 ウ　93 キ
94 オ　95 ア　96 イ

① 89 社内標準化の導入にあたっては，方針展開同様に**トップ**が社内標準化の方針を示し，全部門の活動であることを明確にしている．よって，クが正解である．

② 90 社内標準化の取組みは，**品質保証**・コスト管理・安全衛生・環境保全などすべての企業活動を適切に実施するために欠くことのできないものである．よって，エが正解である．

③ 91 社内標準化の推進にあたっては，企業の規模や形態によって整備していくことが重要である．91 は**自社の規模**が適切である．よって，アが正解である．

④ 92 社内標準化の取組みの目的は次のとおりある．

a）部品・製品の互換性やシステムの整合性を向上し，コスト低減に寄与する

b）個人のもっている固有技術を目に見える形で蓄積でき，技術を向上させる

c）ものづくりでは，4Mの管理によってばらつきが低減され，**製品の品質**の安定につながる

よって，ウが正解である．

⑤ 93 社内の開発から出荷までの各段階における標準化には，次のものがある．

a）製品開発及び**製品設計**に関する標準化

b）ものづくり（製造）における標準化

c）仕事の進め方における標準化

よって，キが正解である．

⑥ 94 社内標準は，材料，部品，製品，組織，購買，製造，検査，管理

などの仕事に適用され，**社内関係者**の合意によってさだめた標準である．よって，オが正解である．

⑦ 95 社内標準の作成においては，スタッフや現場の**作業者**を参画させて作成し，作成制定後は実践による教育・訓練を行い，使いやすい，わかりやすい社内標準にすることがポイントである．よって，アが正解である．

⑧ 96 社内標準に関する要素が変更された場合には，必ず現行標準の改訂・**見直し**が必要である．よって，イが正解である．

解説 36.16

この問題は，品質経営の要素の一つである小集団活動について問うものである．小集団活動の活動形態，目的，基本理念について理解できているかが，ポイントである．

▶解答

97 キ　98 カ　99 ウ　100 オ　101 イ

① 97～99 主に 10 人以下の従業員により小集団を構成し，そのグループ活動を通じて労働意欲を高めて，問題の解決や課題の達成を行い，企業の目的を有効に果たすための活動を，**小集団活動**という．この活動は活動形態によって以下の二つに大別される．

一つは，目的別グループで，明確な課題があり，この課題を達成すると**解散**するものである．この代表的な小集団活動がプロジェクトチーム活動である．もう一つは，職場別グループで，同じ職場の人たちが集まり，職場の問題解決を図り，職場がある限り**継続**するものである．この代表的な小集団活動が QC サークル活動である．したがって，97 はキ，98 はカ，99 はウが解答となる．

② 100 QC サークル活動は，第一線の職場で働く人々が，継続的に製品・サービス・仕事などの質の管理・改善を行う小グループの活動のことで，全

社的品質管理活動の一環として自己啓発，相互啓発を行い，QC 手法を活用して職場の管理，改善を継続的に全員参加で行うものである．この活動の中で，メンバーの**能力**を高めながら明るい活力に満ちた職場づくりをすることが目的であり，第一線の職場で働く人々が主役で活動することが基本となる．したがって，オが解答となる．

③ **101** QC サークルは 1962 年に始められ，現場の改善などを行う活動の仕組み，あるいはその小集団を指す．いわゆる小集団活動の別名として，世界的にも QC サークルといわれている．その基本理念は，以下の三つである．

・企業の体質改善・発展に寄与する

・人間性を尊重して，**生きがい**のある明るい職場をつくる

・人間の能力を発揮し，無限の可能性を引き出す

この基本理念に基づき，人材育成やコミュニケーションの向上の手段に活用している企業も多い．したがって，イが解答となる．

実践現場での活用方法

今回，問2では組立て後の製品の重量測定データから分散や標準偏差を求める問題が出題された．ここでは部品の組合せ方によって，組合せ後の製品ばらつき（標準偏差）がどう変化するか，以下の例題[1]で考えてみる．

〔**例題**〕

下図のように，厚さの平均が1 mmの薄い鋼板から部品（コア）をプレスで打ち抜き，6枚重ねて製品（積層コア）を作製している．コアの組合せ方を二とおり考え，積層コアの厚みのばらつき（標準偏差）を比較する．ただし，鋼板間の厚さ w の標準偏差は $\sigma=0.01$ mmとする．1枚の鋼板内の厚さは一定とする．

(1)　ある1枚の鋼板から打ち抜いた部品（コア）を6枚重ねる場合

6枚とも同じ1枚の鋼板から打ち抜いたものなので厚さは同じになる．

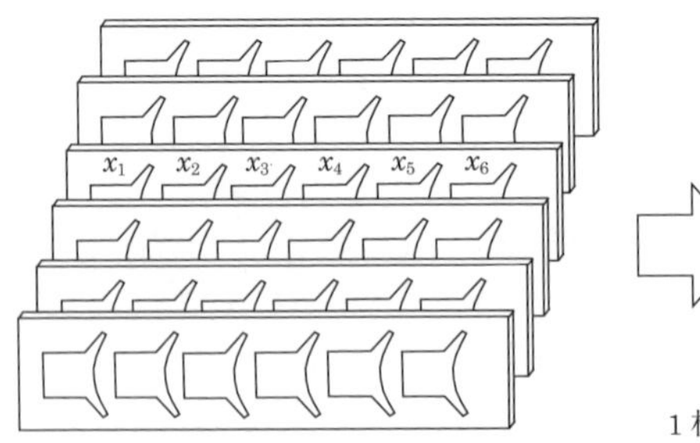

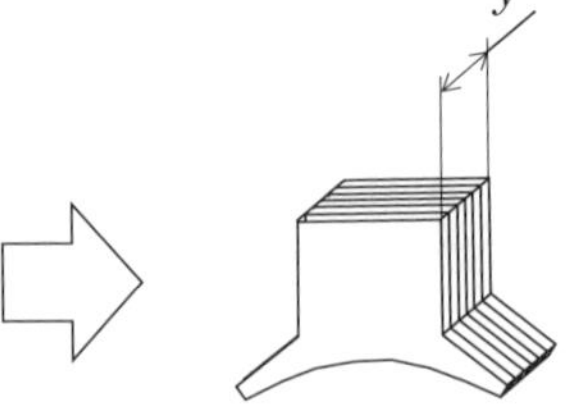

$y=x_1+x_2+x_3+x_4+x_5+x_6$

1枚の鋼板から打ち抜いた部品を6枚重ねる

$$\text{分散 } V(y)=V(x_1+x_2+x_3+x_4+x_5+x_6)=V(6\times x_1)$$
$$=36V(x_1)=36\times 0.01^2=0.0036$$
$$(\because x_1=x_2=x_3=x_4=x_5=x_6)$$
$$\text{標準偏差 } D(y)=\sqrt{V(y)}=\sqrt{0.0036}=0.0600$$

(2)　多数の鋼板から打ち抜いた部品をランダムに取り出し６枚重ねる場合

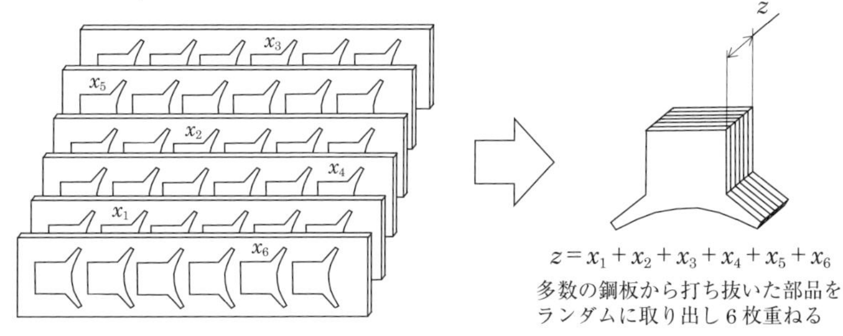

$z = x_1 + x_2 + x_3 + x_4 + x_5 + x_6$
多数の鋼板から打ち抜いた部品をランダムに取り出し６枚重ねる

$$\begin{aligned}
\text{分散 } V(z) &= V(x_1 + x_2 + x_3 + x_4 + x_5 + x_6) \\
&= V(x_1) + V(x_2) + V(x_3) + V(x_4) + V(x_5) + V(x_6) \\
&= 0.01^2 + 0.01^2 + 0.01^2 + 0.01^2 + 0.01^2 + 0.01^2 \\
&= 6 \times 0.01^2 = 0.0006
\end{aligned}$$

$$\text{標準偏差 } D(z) = \sqrt{V(z)} = \sqrt{0.0006} = 0.0245$$

(1)の場合は重ねる各部品が独立でないので，分散の加法性が成り立たず，yの標準偏差は個々の部品の標準偏差の６倍にもなる．(2)のように各部品が独立の場合は，分散の加法性が成り立ち，この事例ではzの標準偏差はyの半分以下で済む．鋼板間の厚さのばらつきが小さい場合は，(1)のように重ねるほうが効率がよいが，鋼板間の厚さのばらつきが大きい場合は，(2)のように重ねると(1)の場合と比較して部品の厚さのばらつきを小さくすることができる．

参考文献

1)　日本規格協会名古屋QC教育研究会編(1998)：実践SQC虎の巻，日本規格協会

引用・参考文献

引用した文献については，原則として，文献中の引用箇所（ページ数等）を示してあります．また，一部参考文献についても，学習の参考としていただくためにページ数を含めているものがあります．

また，引用したJISについては，原則として，解説文中にJIS番号を示しました．

●第31回

1）永田靖(1992)：入門統計解析法，日科技連出版社
2）吉澤正編(2004)：クォリティマネジメント用語辞典，p.591，p.592，日本規格協会
3）日常管理の指針　JSQC-Std 32-001:2013，日本品質管理学会
4）品質管理検定(QC検定) 4級の手引き，日本規格協会内品質管理検定センター

●第32回

1）JIS Q 9026:2016　マネジメントシステムのパフォーマンス改善—日常管理の指針
2）JIS Q 9024:2003　マネジメントシステムのパフォーマンス改善—継続的改善の手順及び技法の指針
3）吉澤正編(2004)：クォリティマネジメント用語辞典，p.126，日本規格協会

●第33回

1）JIS Z 8101-2:1999　統計—用語と記号—第2部：統計的品質管理用語，pp. 15–16
2）JIS Z 8101-2:2015　統計—用語及び記号—第2部：統計の応用
3）永田靖(1992)：入門統計解析法，日科技連出版社
4）JIS Q 9026:2016　マネジメントシステムのパフォーマンス改善—日常管理の指針，p.11
5）吉澤正編(2004)：クォリティマネジメント用語辞典，p.434，日本規格協会
6）仲野彰(2015)：2015年改定レベル表対応 品質管理検定教科書 QC検定3級，日本規格協会
7）吉澤正編(2004)：クォリティマネジメント用語辞典，p.563，日本規格協会

●第34回

1）吉澤正編(2004)：クォリティマネジメント用語辞典，p.148，p.152，日本規格協会

2）JIS Z 8101-2:2015　統計—用語及び記号—第２部：統計の応用
3）吉澤正編(2004)：クォリティマネジメント用語辞典，p.486，日本規格協会
4）仲野彰(2015)：2015年改定レベル表対応 品質管理検定教科書 QC検定３級，日本規格協会

●第35回

1）猪原正守(2009)：新QC七つ道具入門，日科技連出版社
2）吉澤正編(2004)：クォリティマネジメント用語辞典，p.506，pp.581–582，日本規格協会
3）吉澤正編(2004)：クォリティマネジメント用語辞典，p.89，p.126，日本規格協会
4）細谷克也(2000)：すぐわかる問題解決法，p.21，日科技連出版社
5）仲野彰(2015)：2015年改定レベル表対応 品質管理検定教科書 QC検定３級，p.52，日本規格協会
6）JIS Z 8101-2:2015　統計—用語と記号—第２部：統計の応用，p.27
7）山田佳明他(2011)：QCサークル活動の基本と進め方，pp.20–28，日科技連出版社

●第36回

1）吉澤正編(2004)：クォリティマネジメント用語辞典，p.103，p.545，日本規格協会
2）吉澤正編(2004)：クォリティマネジメント用語辞典，p.323，p.419，p.431，日本規格協会
3）JIS Q 9026:2016　マネジメントシステムのパフォーマンス改善—日常管理の指針
4）吉澤正編(2004)：クォリティマネジメント用語辞典，pp.125–126，p.267，p.563，日本規格協会

過去問題で学ぶ QC 検定 3 級　2024 年版

2023 年 12 月 22 日　第 1 版第 1 刷発行
2024 年 5 月 10 日　　　　第 2 刷発行

監　修　仁科　健
発行者　朝日　弘
発行所　一般財団法人　日本規格協会
〒108–0073　東京都港区三田 3 丁目 11–28　三田 Avanti
https://www.jsa.or.jp/
振替　00160–2–195146

製　作　日本規格協会ソリューションズ株式会社
印刷所　三美印刷株式会社

ISBN978–4–542–50529–2

● 当会発行図書，海外規格のお求めは，下記をご利用ください.
JSA Webdesk(オンライン注文)：https://webdesk.jsa.or.jp/
電話：050–1742–6256　E-mail：csd@jsa.or.jp
● 本書及び当会発行図書に関するご感想・ご意見・ご要望等は，
氏名・連絡先等を明記して，下記へお寄せください.
e-mail：dokusya@jsa.or.jp
(個人情報の取り扱いについては，当会の個人情報保護方針によります.)